国家级一流本科专业建设成果教材

化学工业出版社"十四五"普通高等教育规划教材

水污染控制原理与技术

刘海龙　张立国　编

化学工业出版社

·北京·

内容简介

《水污染控制原理与技术》主要介绍了水质与水污染基础知识，污染物成分、危害及水质标准，水处理基本方法、原理和工艺流程，污水处理原理和技术，给水处理原理及技术展开，水处理技术评价与对比等内容。

本书可作为高等学校环境工程、给排水科学与工程、市政工程等专业的教材使用，助力学生系统掌握水污染控制专业知识，为学术研究与职业发展奠定基础；还可供水污染控制领域的科研人员、工程技术人员阅读，以提供理论支撑与实践参考，助其把握行业技术动态，优化工艺设计与技术应用；同时可供环保部门、污水处理厂管理人员阅读，辅助其制定科学政策与管理方案，推动水污染控制工作高效开展。

图书在版编目（CIP）数据

水污染控制原理与技术 / 刘海龙，张立国编.
北京：化学工业出版社，2025. 8.--（国家级一流本科
专业建设成果教材）. -- ISBN 978-7-122-48519-9

Ⅰ. X520. 6

中国国家版本馆 CIP 数据核字第 2025L3M877 号

责任编辑：满悦芝　　　　　　文字编辑：张　琳
责任校对：王鹏飞　　　　　　装帧设计：张　辉

出版发行：化学工业出版社
　　　　　（北京市东城区青年湖南街 13 号　邮政编码 100011）
印　　装：三河市双峰印刷装订有限公司
787mm×1092mm　1/16　印张 11¾　字数 284 千字
2025 年 9 月北京第 1 版第 1 次印刷

购书咨询：010-64518888　　　　售后服务：010-64518899
网　　址：http://www.cip.com.cn

前 言

水，自生命诞生之初便扮演着不可或缺的角色。它是万物生长的摇篮，是经济繁荣的命脉，水的社会循环量更是与人类文明的兴衰、生活品质的提升紧密相连。从古老的灌溉农业到现代的工业文明，从个体的生命维持到区域的经济发展，水始终是推动社会进步的核心动力之一。然而，在工业化与城市化的浪潮席卷全球、人类活动日益频繁的当下，这份珍贵的自然资源正面临着巨大的威胁。

水污染的形成是一个复杂的物理、化学和生物过程。通过对各种污染物在水体中的迁移、转化规律等的系统认知，能够清晰地理解污染物是如何进入水体，又是如何在水的介质中发生变化的。例如，有机物的生物降解过程、化学物质的氧化还原反应、沉淀与溶解等，这些原理是制定水污染控制策略的科学依据。只有深入掌握了这些原理，才能准确地把握水污染的本质，从而有的放矢地采取相应的控制措施。

与此同时，围绕水质与用水需求，诸多亟待解答的问题也成为本书关注的焦点。何种水质能满足特定功能需求？哪些杂质会影响水的健康属性？从天然水到各类商品饮用水，不同取水方式背后隐藏着怎样的处理技术？如何以高效、经济的手段实现水质达标？这些技术又会对水资源总量、生产生活成本、社会发展以及自然生态产生何种影响？对这些核心问题的深入探讨，贯穿于本书始终，力求为读者构建完整的水污染控制知识体系。

本书系统介绍了各种水污染控制技术，涵盖了物理、化学和生物等多个领域。物理处理技术，如沉淀、过滤、吸附等，采用此类技术能够有效地去除水中的悬浮颗粒、胶体物质和部分溶解性物质；化学处理技术，如混凝、氧化、还原等，采用此类技术可以将水中的污染物转化为无害或易于分离的物质；生物处理技术，则利用微生物的代谢作用，对有机污染物进行降解和转化。此外，本书还介绍了一些新兴的水污染控制技术，如厌氧氨氧化、膜分离技术等，这些技术为解决复杂的水污染问题提供了新的思路和方法。

水污染控制不仅是一项科学技术问题，更是一个涉及社会、经济、环境等多个方面的综合性问题。水处理技术不断发展，样式繁多，效能各异。不同的处理技术和工艺不仅意味着不同的水处理能力和水质效果，而且意味着差异明显的构建成本和运行成本。如何选择水处理技术及工艺，是每个水处理用户面临的选择。社会对水处理技术、设施与设备的科学评估体系存在迫切需求。此外，随着国家"双碳"目标的确定，对水污染控制原理和技术的认识提升到一个新的高度。本书梳理了水处理技术的目标体系，把低碳纳入水处理的目标体系，梳理技术发展的内在逻辑、经济动力和发展脉络，尝试对水污染控制原理和技术进行实质性地评估，引导进一步优化和改善。

全书共六章，第一章聚焦水质与水污染基础知识；第二章深入剖析污染物成分、危害及水质标准，为后续学习筑牢认知根基；第三章整合归纳水处理基本方法、原理和工艺流程，梳理水处理面临的主要问题，讨论水处理中的碳排放特征及控制策略；第四章着重介绍污水处理原理和技术，对好氧及厌氧生物处理、脱氮除磷过程的机制、工艺进行系统解读，对比物理处理与化学处理技术，清晰阐释其技术原理与应用场景；第五章围绕给水处理原理及技术展开，讲解混凝沉淀、过滤、消毒、膜分离等去除和降解污染物的方法和原理；第六章则围绕水处理技术评价与对比，从处理效率、经济成本、稳定性、碳排放等维度构建评估框架，并探讨了"精准医疗"式水处理技术与人工智能、大数据结合的发展趋势及低碳化前景。

水污染控制是一项长期而艰巨的任务，需要全社会的共同努力。希望本书的出版能够为广大环保工作者、科研人员、工程技术人员以及相关专业的学生提供有益的参考和借鉴，为推动我国水污染控制事业的发展贡献一份力量。

本书由山西大学刘海龙、张立国共同编写。本书中涉及的相关研究成果和书稿撰写工作在"山西大学学科基础能力建设项目"资助下完成。

由于编者水平有限，书中疏漏之处在所难免，恳请广大读者批评指正。

编　者
2025 年 5 月

目 录

第一章　水的性质　　1

第一节　水 …………………………………………………………………………… 1
　　一、水的功能和性质 ……………………………………………………………… 1
　　二、水的流动和水循环 …………………………………………………………… 2
第二节　水与水质 ………………………………………………………………………… 3
　　一、水中的杂质 …………………………………………………………………… 3
　　二、水质 …………………………………………………………………………… 4
　　三、水质的复杂性 ………………………………………………………………… 6
第三节　污染的水 ………………………………………………………………………… 7
　　一、水污染及其危害 ……………………………………………………………… 7
　　二、污水和废水 …………………………………………………………………… 8
　　三、污水资源化利用 ……………………………………………………………… 8

第二章　水质、功能与水质标准　　10

第一节　自然循环中的水质变化 ………………………………………………………… 10
第二节　水质对生态及经济的影响 ……………………………………………………… 11
　　一、水质对生态的影响 …………………………………………………………… 11
　　二、水质对经济的影响 …………………………………………………………… 12
第三节　水质对健康的影响：水中的生物 ……………………………………………… 14
　　一、概述 …………………………………………………………………………… 14
　　二、微生物的影响 ………………………………………………………………… 15
　　三、生物毒素的影响 ……………………………………………………………… 18

第四节　水质对健康的影响：物理因素 ………………………………… 19
　一、浊度 …………………………………………………………………… 19
　二、温度 …………………………………………………………………… 20
　三、放射性 ………………………………………………………………… 26
第五节　水质对健康的影响：化学因素 …………………………………… 27
　一、pH 值 ………………………………………………………………… 27
　二、水中的化学物质 ……………………………………………………… 31
第六节　水质标准 …………………………………………………………… 51
　一、水质指标和水质标准 ………………………………………………… 51
　二、水质标准制定原则 …………………………………………………… 52
　三、分类和特点 …………………………………………………………… 52
　四、水质标准对经济及社会的影响 ……………………………………… 57

第三章　水污染及水处理原理　　59

第一节　水污染及水处理的实质 …………………………………………… 59
　一、水污染的实质 ………………………………………………………… 60
　二、水处理的实质 ………………………………………………………… 61
第二节　水污染控制 ………………………………………………………… 62
　一、水污染防治概述 ……………………………………………………… 62
　二、污染控制分类 ………………………………………………………… 62
　三、污染控制方法 ………………………………………………………… 64
　四、水处理的主要问题 …………………………………………………… 69
　五、水处理方法的选择 …………………………………………………… 71
第三节　水处理与碳排放 …………………………………………………… 72
　一、水处理过程中碳排放的主要来源 …………………………………… 72
　二、水处理过程中碳排放的影响因素 …………………………………… 72
　三、水处理过程中碳排放的减排策略 …………………………………… 73
　四、未来研究展望 ………………………………………………………… 73
第四节　水质改善与水处理工艺 …………………………………………… 74
　一、污废水处理 …………………………………………………………… 74
　二、给水处理 ……………………………………………………………… 75
　三、水处理技术发展趋势 ………………………………………………… 76

第四章　污水处理原理及技术　　77

第一节　污废水处理 ………………………………………………………… 77
　一、污废水处理的目的 …………………………………………………… 77

二、污废水处理的一般方法···77
三、污水处理程度···78
第二节　生物处理概述···78
一、水中的微生物···79
二、活性污泥中的微生物群落及其作用··79
三、生物膜中的微生物群落及其作用···80
四、污水处理的环境因素··81
五、活性污泥处理对水质的影响··82
第三节　活性污泥法和生物膜法···83
一、好氧活性污泥法的基本特征··83
二、活性污泥法中的微生物···83
三、活性污泥法中污染物的转化··84
四、活性污泥法基本运行条件和主要影响因素·······························84
五、活性污泥动力学··85
六、脱氮和除磷···87
七、好氧处理法和厌氧处理法···87
八、生物膜法和膜生物法··91
第四节　生物脱氮和除磷··93
一、概述··93
二、生物脱氮··93
三、生物除磷···101
第五节　物理化学处理法··103
一、混凝··104
二、吹脱和汽提··104
三、氧化和催化氧化··104
四、吸附和离子交换··105
五、非生物脱氮··105

第五章　给水处理原理及技术　　108

第一节　饮用水处理···108
一、饮用水···108
二、饮用水水源···109
三、饮用水处理原则··109
四、饮用水处理流程··111
第二节　混凝沉淀···111
一、水中颗粒物及其水环境行为··112
二、混凝机理及其作用··120

第三节　过滤···130
一、过滤概述···130
二、过滤形式···131
三、过滤的位置··132
四、过滤机理···132
五、影响过滤的因素···134
六、过滤工艺控制···135
第四节　消毒···139
一、水中的微生物···140
二、微生物的双重角色··140
三、微生物在饮用水处理工艺中的命运···················141
四、消毒概述···143
五、常用消毒技术及机理·······································145
六、消毒副产物的控制··153
第五节　水质深度加工··157
一、膜分离···157
二、矿化、软化和脱盐··165
三、热处理···167

第六章　水处理技术评价与对比　169

第一节　水处理技术评价·······································169
一、水处理技术评价的必要性·································169
二、水处理评价的内容··169
三、解决问题的思路和方法·····································170
四、水处理技术评估体系构建步骤···························170
第二节　对比和筛选···170
一、处理效率···171
二、经济成本···172
三、稳定性···173
四、碳排放···173
第三节　水处理技术展望·······································174
一、"精准医疗"的水处理技术································174
二、"精准医疗"水处理技术与当代科技的结合··········176
三、"精准医疗"水处理技术前景····························177

参考文献　179

第一章　水的性质

　　水是最常见的物质，在自然界中分布广泛。生命每时每刻都在以各种各样的方式与水"打交道"。但水又是神奇的，水的很多特性及其巨大影响至今未能被充分描述和解释，其根源就在于水质与功能之间复杂而且微妙的关系。

　　水（H_2O）是无色、无味的液体，每个水分子由两个氢原子和一个氧原子通过共价键结合而成。水的性质和特性是相对简单的，这已经是人们的普遍认知。然而，日常接触到的水其实不只是水，水质也不单纯指水的性质。水、水中杂质以及相关物理因子共同表现出的复合性能构成水质；水质决定了水的功能。这里所说水的功能有些是人类赋予的，有些是自然界或者其他物种、环境维持一定状态所需要的；不满足上述功能要求的水质会造成相应的污染和毒害。

第一节　水

一、水的功能和性质

　　水在生态系统和生命过程中扮演着至关重要的角色。生命起源于水，没有水的生活难以想象、不可维系。水还有许多神奇的特性，以其无形而有力的威力决定着人类居住的这个星球上所有生物的命运。

　　水在生命过程中的功能，除了形成适宜生命体生存的温和自然环境（如温度、湿度、气候条件等）外，更多引起人们关注的是水对健康和生活的影响。水是人体以及绝大多数生命体最重要的基本成分之一。胎儿体内约有90%的水分，儿童体内约有80%的水分，成年人约有70%的水分，老年人只有50%～60%的水分。纵观人的一生，甚至可以说是丧失水分的过程，失水似乎是老化的主要表现之一。究竟是年轻的生命导致身体含水量高，还是身体含水量高导致生命力旺盛呢？是否保持或恢复体内水分就可以永葆青春和健康，甚至返老还童呢？如果真是这样，是否存在有效的方法可以更好地保持，甚至恢复体内水分占比？这些都成为值得人们深入探讨的未解之谜。

　　水是生命体和物质世界进行物质交流的重要媒介，作为体液的主要成分，它运输营养物质、氧气、代谢产物；水提供代谢过程中必需的 H^+、OH^- 等离子，形成适宜的 pH 环境。食物的消化吸收、营养的输送、血液的循环、废物的排泄、体温的调节等，每一项生理活动都离不开水。

水的性质非常独特，这些性质使得它在地球上的许多自然过程中发挥着关键作用。水的许多物理化学性质，如沸点高、蒸发热大、比热容高、反常膨胀、良好溶解性、分子缔合等在物质化学周期性规律中显得尤为特别。当然，依据无机化学知识可知水的这些性质是由化学结构决定的。正是这些特性使水在自然界和生命中发挥着重要的作用，支持着水的自然功能和社会功能。例如，水的比热容高达 4.186kJ/(kg·℃) 或 1cal/(g·℃)，能够吸收大量的热量而温度变化不大，因而水是良好的温度缓冲剂。水对于维持地球气候稳定非常重要，同时在工业生产的冷热处理环节、生活供暖、日常烹饪等发挥重要作用。由于水分子间存在氢键作用，水具有较高的表面张力，这使得水能够形成水滴和水珠。在大多数物质中，固态形式的密度大于液态，但水的密度与其不同，水在 4℃ 时密度最大；温度低于凝固点 0℃ 时，水会膨胀成冰，密度变小，因此冰会浮在水面上，为冰下水生生物在严寒季节保留了生存机会。水在 0℃ 时结冰，在 100℃ 时沸腾（在标准大气压下），这使得水在常温常压下以液态形式存在，这对于生命活动至关重要。

二、水的流动和水循环

地球上的总水量（含大气中的水）是基本不变的。不论从哪一个层面看，水都是处于运动或流动状态的。正是这永不停息的、大大小小的流动，构成了水的循环、分布并发挥着其功能。雨雪、冰霜、蒸发，以及江河湖海的水文现象等，实质都是水的流动和循环过程中的一些环节。在没有人为干预的情况下，地球上的水在自然循环中运动。在自然循环中，水在大气、土壤、植物、动物和微生物之间相互作用，为形成复杂的生态系统提供了重要的物质条件。水的自然循环在维持地球气候稳定、促进生物生长和繁衍等方面具有重要意义。随着人类社会的发展，对水资源的开发利用和排放活动对水循环产生了重要影响。例如，农田灌溉、工业用水等人类活动增加了地表径流和地下水的消耗，城市排水和污水处理等活动则改变了自然水体的水质和水量。这些过程整体上构成了由于人类社会需求和使用导致的水的社会循环。水的社会循环与自然循环相互交织，形成了复杂的水循环系统。水的自然循环和社会循环是地球上水资源的两大重要循环过程，它们共同维持着地球生态系统的平衡和社会经济的稳定。整个地球生物圈的分布、延续、变迁和兴衰都是依赖水循环及其导致的水分布而实现的。同时，人类社会的生产生活也都是依赖水循环而实现的。因此，在保护水资源、维护水生态安全方面，需要综合考虑自然循环和社会循环的影响，并采取有效措施实现水资源的可持续利用。

水循环和流动的主要能量来源是太阳能以及地球引力。水循环运动蕴含着巨大的能量。地球上的能源中最清洁且易消散的是太阳能，有效利用太阳能和水循环的分布和特点，可能开辟太阳能利用的新途径。

水循环不只是水的运动过程，水质的变化贯穿其中。水循环和运动不只是物理的循环，还涉及水质的变化，水质变化和水循环过程相互交融。水循环过程中的杂质输入和输出、分散和聚集、迁移和转化，有些会造成污染，有些则会实现水质的净化或改善。例如，蒸发会影响水的盐度和矿物质含量，随着水分的蒸发，水中的盐分和矿物质会逐渐浓缩，进而导致水质的变化；同时，蒸发过程可以用于水的净化，形成水蒸气、蒸馏水等产物。通常情况下，蒸馏水可以达到饮用水的标准。此外，在降水过程中，大气中的气体（如二氧化碳、氧气、氮氧化物等）和杂质（如尘埃、花粉、细菌、病毒等）会溶解或悬浮于水中，从而影响水质。降水还会与地表物质进行交换，如酸雨的形成就与大气中的污染物有关。同时，在地表水、地下水等各种水体中发生着多种化学反应。

水中往往含有多种多样的杂质以及物理因子，而水质是水、水中杂质以及相关物理因子等共同作用的表现。水质决定了水的功能和作用。这些功能和作用或许是有益的，或许是有害的，或许影响不明显，或许人们尚未充分认识它们的影响。那么什么样的水可以滋养生命？什么样的水又可以用于生产呢？

第二节　水与水质

一、水中的杂质

1. 水的强分散性

水具有极强的分散能力，能形成溶液、溶胶、悬浊液、乳浊液等多种分散体系。从某种程度上来说，水几乎能与所有物质形成分散体系，在自然界的物质循环和能量流动中发挥着举足轻重的作用，为生命体系提供了丰富的物质基础，也为利用、转化这些物质创造了条件。水对其中物质的物理、化学、生物性能有着重要影响，在有些情况下甚至可以起到决定性作用。然而，如果水中含有的某些杂质达到一定程度（即水体被污染），可能会对生物甚至整个生态系统造成危害。

一种或几种物质分散在另一种物质中所构成的体系称为分散体系，被分散的物质称为分散相，起分散作用的物质称为分散介质或分散剂。整个自然界都是由各种分散体系组成的。分散体系可分为均相分散体系和非均相分散体系。均相分散体系是两种或多种物质之间以分子（或离子）形态分散或混合而形成的，其分散相及分散介质之间无相界面存在，是热力学稳定的系统。溶液就是均相分散体系。非均相分散体系是物质以微相形态分散在分散剂中所形成的存在相界面的多相体系，如胶体、悬浊液、乳浊液等。水是一种良好的分散剂，能与多种物质相互作用，既可以形成溶液，也可以形成胶体或悬浊液、乳浊液。通常水在气态、液态和固态下都会与多种杂质并存，形成复杂的分散体系。因此，自然界中纯净的水是不存在的，几乎所有的物质都可以某种分散形态存于水中。

2. 水的强溶解能力

水具有较高的介电常数以及强大的水化能力等，因而通常具有很强的溶解能力。

物质以分子或离子的形式均匀分散到另一种液体物质中的过程，称为物质的溶解。溶解包括物理的机械扩散和化学的溶剂化，是一种物理化学过程。溶解能力的大小，一方面取决于物质自身的性质，即溶质的特性和溶剂的特性；另一方面与外界条件如温度、压强等有关。水是一种溶解性很强的溶剂，尤其能溶解离子型化合物。水的溶解能力是由其高介电常数和极性以及氢键等决定的，归根结底来源于水分子的特殊结构。

3. 离子晶体的溶解

位于晶体表面的离子同时受到带相反电荷的离子和水分子的作用。水分子和溶质晶体表面的离子会发生强烈的相互作用。当此种作用强度超过晶体内部离子间的内聚力时，离子就脱离晶体表面并形成水合离子，进入溶液并扩散到水中浓度较低的区域。此时，次外层离子显露出来，继续上述水合过程，宏观上形成物质的溶解。

晶体的溶解和结晶过程被认为是一个动态平衡的过程。具体而言，溶解是溶质分子（或离子）进入溶剂的过程，具有一定的速率；同时，部分溶质离子或分子重新结晶回到未溶晶体的结构表面，该过程也有一定的速率，且该速率随着溶液浓度的增大而增大。当溶解速率与结晶速率相一致时，溶质晶体就不再溶解，也不再结晶，达到溶解-结晶平衡状态。但溶解和结晶的过程就溶质离子或分子而言仍在进行中。这里所说的速率是指单位时间内溶解或沉淀结晶的离子或分子数量。这种溶解-沉淀（结晶）的动态平衡，是指单位时间内发生溶解或沉淀结晶的离子或分子数量相等。在一定条件下，某种晶体单位时间内溶解或沉淀结晶的离子数量，属于该物质的基本特征。这些特征虽在化学反应中有所涉及，但其作用和控制等仍属待深入研究的领域。

通常人们采用介质的相对介电常数表征在介质中两电荷之间相互作用相对于在真空中作用强度的减少程度。在溶解过程中，晶体表面上溶剂减弱两个符号相反的电荷之间相互吸引能量的程度，取决于溶剂的相对介电常数。溶剂相对介电常数越高，晶体表面正负离子相互吸引的能量越小，而溶剂和晶体离子之间相互吸引的能量几乎不变。因此，介电常数大的溶剂在溶解-结晶过程中，导致溶质进入溶剂的作用力仍然维持，结晶回到晶体中所需要的作用力减小，所以介电常数高的溶剂对离子晶体物质的溶解能力强。

不仅如此，水作为分散介质还能形成多种溶胶体系〔如墨水、$Fe(OH)_3$ 等胶体〕、悬浊液（如泥沙、泥浆、含有微生物等的悬浮体系）和乳浊液等。从这个角度而言，水具备与几乎所有物质形成分散体系的能力，也就是说几乎所有的物质都可能以某种方式分散于水中，成为水中的杂质。因此，水为生物提供了丰富的物质，滋养了生命；水是多种物质运输、转化的媒介，参与各类生命活动。但同时，水也容易掺杂多种污染物质，可能对相关生命体甚至整个生态系统，以及物品、设备、生产工艺等造成危害。

二、水质

1. 水质不只是水的性质

水是良好的分散剂，能够溶解或分散世界上几乎所有的物质。自然界中几乎不存在天然的纯净水，绝大多数的液态水都是水溶液（分散系），都是由水和其包含的杂质组成，它们共同体现水溶液的特性、发挥作用。水质就是水和其中杂质共同表现的综合特性，也就是水分散系的性质。

水中的杂质种类繁多，包括水中的植物、动物等，含量差异也很大。这些杂质对水质及其变化均有一定的影响。不同杂质成分的水在物理性质、化学性质及生物性质等方面存在巨大差异。这些差异关系到人类健康、安全和生活品质，关系到产品生产的顺利进行和产品质量，关系到生态环境质量及稳定。水质决定了水的使用价值（功能），也决定了可供利用的水量。目前全球水资源短缺问题中，除去水资源分布不均外，最关键、最根本的问题就是水质问题。

2. 水中常见污染物及来源

水中常见的污染物，按化学性质可分为无机污染物和有机污染物；按物理性质可分为悬浮性物质、胶体物质和溶解性物质。此外，水污染物还可以按以下方式分类。

（1）一般的有机污染物

有机污染物是生活污水和某些工业废水（如食品加工废水、化工废水等）中的主要污染物，是导致水体环境恶化的重要原因之一，也是污水处理中主要去除的污染物，以及水处理中严格控制的污染物。一般有机污染物包括耗氧有机污染物、难降解有机污染物等。有机污染物种类繁多，难以逐一鉴别或加以处理，且实际操作中也没有这种必要，通常用化学需氧量（COD）、生化需氧量（BOD）、总需氧量（TOD）、总有机碳（TOC）来表征该类物质在水中的整体含量。虽然该种表示方式并不十分精确，但能大致反映相应有机物的整体污染水平。如果确有必要针对某种或某几种耗氧有机污染物展开研究，可以采用气相色谱、液相色谱以及其他具体测试方法测定其具体含量。近年来，三维荧光、紫外-可见差异吸收等技术不断发展并逐渐完善，为原位快速测定具有一定特征或基团的有机物提供了有效手段。

耗氧有机污染物包括碳水化合物、蛋白质、脂肪、腐殖质、有机代谢中间产物等天然有机物，以及污废水中所含的可降解有机物，其种类繁多，成分复杂。这类污染物的共同特点是在有氧或无氧的条件下，通过微生物的代谢作用降解为其他有机物或无机物。实际上，化学氧化或转化过程（如溶解氧的氧化、光化学氧化、光催化氧化等）同样存在，只是通常被纳入自然降解（自净作用）过程中，在人工干预的水处理系统中，由于成本和效率等方面的限制，这些化学过程的应用规模或受重视程度低于生物过程。大量耗氧有机污染物在水中会消耗溶解氧，造成水体缺氧，导致厌氧降解，是造成水体黑臭的主要原因。

一些有机物如阴离子表面活性剂等，对水质有重要影响。阴离子表面活性剂会产生异味和泡沫，严重影响饮用水的感官性状。《生活饮用水卫生标准》（GB 5749—2022）中规定，阴离子合成洗涤剂含量不得高于 0.3mg/L。

难降解有机污染物的性质一般是稳定的，不仅化学、物理性质稳定，且难以被生物降解，有些甚至难以被光化学降解。难生物降解的有机污染物是指污废水中化学性质稳定，难以被微生物和自然过程降解的有机物。持久性有机污染物（POPs）是难降解的有机污染物中极具代表性的一类。此外，难降解有机污染物还包括一些人工合成的化学性质稳定的化合物，纤维素、木质素等植物残体，某些化学溶剂，对生物有毒害或起到抑制作用的有机物等。

（2）无直接毒害作用的污染物

无直接毒害作用的污染物是指对生命体没有直接损害，但在一定程度上会对环境造成危害，且不排除对机体有间接危害的污染物，主要包括以下三种物质。

① 颗粒状无机杂质。包括泥沙、矿渣等，其本身无毒害作用，但会影响水体的透明度、流态等物理性质。在有些情况下，这些颗粒物或成为微生物的栖息场所，或成为某些其他污染物吸附、黏附的位点，甚至可能成为催化反应的位点，对污染物的扩散、转化，甚至毒性或功能产生重要影响。

② 氮、磷等生物营养物质。主要来源于人体及动物排泄物、化肥等，是自然水体中生物生长，尤其是藻类生长的限制因子。氮、磷化合物浓度升高是导致湖泊、水库、海湾等水体富营养化的主要因素。

③ 无毒盐类物质。很多矿物盐类物质在常规浓度范围内没有毒害作用，但会对生物所处的环境产生复杂影响。如高浓度的盐类会对生物反应池中的微生物产生影响，往往导致污水处理效果不佳，浓度过高时甚至会导致处理工艺崩溃。

（3）有直接毒害作用的污染物

有直接毒害作用的污染物主要是指生命体通过消化道摄入、皮肤接触、呼吸吸入等方式，尤其是饮水方式，对机体造成损害，甚至危及生命的污染物，常见的主要有：有机氯类及有机磷类农药，如滴滴涕、六六六等，具有致癌性，能引起消化道癌、肺癌、白血病等；酚类化合物，属于高毒物质，为原生质毒物，能使蛋白质凝固，有致癌风险，可导致全身中毒，人体可以通过皮肤接触、呼吸道吸入和饮食摄入酚类化合物，水中的酚类化合物主要有苯酚、甲酚、氯酚、苯二酚等；芳香烃类化合物，主要是苯系化合物，如苯、二甲苯、苯乙烯、氯苯、苯并[a]芘等，能引起造血功能障碍、神经损伤等。此外，还有氰化物、砷化物和重金属离子，如汞、镉、铬、锌、铜、钴、镍、锡等；消毒副产物如氯仿、卤乙酸等以及放射性物质。这些物质有的毒性强，仅少量与机体接触，就可能产生严重的后果，比如汞、镉、氰化物等；放射性物质通过饮水进入人体内可产生内照射，形成的电离辐射有不同程度的致癌作用。有些污染物具有长期危害或在生物机体内积累、富集造成危害，如氯仿、卤乙酸、苯并[a]芘等，已被列为致癌物或可疑致癌物。

（4）生物污染物

水中的生物污染物主要是指某些致病性微生物，如各种细菌、病毒、原生动物和寄生虫等，它们能引起各种传染病。生物污染物主要来自生物制品厂、饲养场的废水以及生活污水、医疗废水等。藻类也属于生物污染物。藻类是水体富营养化的重要参与者，其生命体和代谢产物等在不同程度上影响水质，作用复杂。生物污染物最重要的特征是其繁殖功能强大。它不依赖于外源持续输入，只要有少量微生物，条件许可时就可以自我催化、快速增殖，造成严重的后果。生物污染物是水媒介传染病的最主要根源，也是水处理中要去除或控制的主要污染物。

三、水质的复杂性

水中的杂质种类繁多，各种成分的含量及其比例关系等让水质更加复杂。大量单一污染物的物理化学性质和环境毒性效应已被揭示，其危害足以让人警醒。然而在实际环境中，通常有多种污染物与水体中的正常组分共存，会产生联合作用。以铅离子的生物效应为例，铅能破坏酶的活性，损伤细胞膜，并与蛋白质、氨基酸的官能团结合，从而干扰人体内多项生理活动，而且是一种潜在的致癌物。铅进入人体内，会处于多种多样的离子、分子环境中，尤其是蛋白质等活性分子环境。因此，只研究铅的单一生物效应显然是不够的，铅和其他金属、酶、氨基酸等物质的联合作用既至关重要，又非常复杂。然而，目前铅联合作用的相关研究进展仍非常有限。

水中的杂质以及整体水质随时间发生着不同程度、不同速率的变化。水中杂质本身、杂质之间以及杂质及其转化形态与水之间，存在着不同方式、速率和程度的相互作用。例如，无毒污染物并非始终无毒，有毒污染物与无毒污染物之间会随着环境条件的改变发生一定程度的转变。例如，糖类、蛋白类、细胞残留物等原先属于无毒物质，但经过生物或化学转化后，可能会形成有毒的杂质，如细胞毒素、藻毒素等。这些变化表明，水质分析必须考虑时间维度的影响。这一认识应该和食品饮料都要有保质期的常识同等明确。

水质不仅包括水及其杂质，还包含温度、折射率、比热容、导电性等物理特征。水中的物理因子影响着其中生物、化学等杂质的存在和转化。

人们对水质-功能的关系理解容易出现偏差，通常表现在：①只关注毒性，却忽视剂量；②评价危险程度时，缺乏数量级对比；③过度强调风险，却未明确条件和应用情境。或失于疏漏，或有意夸大其词，这种错误认识较普遍。其原因可能是专业知识过于复杂、难懂，使得部分人选择捕风捉影、人云亦云，用想当然替代实证、逻辑和理智。另一个重要原因是商业利益。在商品设计和营销策划中，健康水或功能水等涉水题材是一个重要内容，而水质-功能关系的模糊性，正是商品营销中最核心同时最诱人的部分。正是这些人们普遍关注甚至担忧，却无法准确测评的水质-功能关系问题，成为一些商家研发相关产品和服务、诱导消费的工具。

水质的复杂性不断对快速、准确的水质监测技术提出更高的要求。不仅如此，水质的复杂性决定了水功能的复杂性，以及在此基础上人们对用水需求和水质标准等认识上的局限性。因此，人们对水质及其功能的认知仍有巨大的提升空间。

水中杂质成分复杂，加之其与物理因子之间的相互影响，因而水质是非常复杂的，可以说是"千水千面"。"人不能两次踏进同一条河流"，同样，人不可能两次接触到同样的水。人类的设备、建筑等也同样如此，不可能两次接触到同样的水。但这并未削减人们认识和控制水质的意愿，以期在一定程度上实现这种控制。按照水中杂质的类型，可将其划分为生物性、化学性、物理性等类别；按照杂质粒径和分散程度，可将水中杂质分为颗粒物、胶体和溶解性物质等。如果进一步探寻水质的层次感，还可以从静态、动态的角度，以时间为维度，描述水质的特征；从独立作用、联合作用、相互作用等角度分析、研判水质在多种因子影响下的特征等。

对于深层次的、动态的水质及其功能的探索，催生出了水质分析方法（如化学分析、动态分析）、水质与机体健康的关系、水质与产品质量及加工过程的相互影响等方面的探索。具备一定功能的水必然有相应的水质要求，不同用途的水也应该满足相应的水质要求。根据这种思路，揭示出了水质的另一面，人们可以根据功能的要求设计水质，通过调整水质，满足水质要求。

第三节　污染的水

一、水污染及其危害

水中的杂质或者物理因子含量超出其本底值，并对水质功能产生不良影响的现象就是水污染。

在水污染的定义里，"超出"可以理解为数值超过本底值，也可以理解为明显偏离本底值。如果把水污染认定为对水质功能产生不良影响的水质原因，那么水污染可分为正污染和负污染两种类型。通常，人们默认的水污染类型是正污染，也就是水中的杂质（污染物）含量超过本底值的情况。实际上，负污染的情况并不少见。水的侵蚀性就是负污染的一个常见例子。在这种理解上，更规范的水质标准或水质要求应该设定必要的指标，部分指标限值应该有高低两个界限。

水污染的危害涉及的范围广泛，包括人体健康、生态安全、财产损失、水体功能下降或丧失等方面。

随着企业生产节水和排污要求日趋严格，单位产品耗水量、单位产值耗水量（行业最高允许排水量）等指标已纳入考核体系。水的多次使用、循环利用等已经非常普遍。尽管这些措施对水资源的浪费起到了一定的抑制作用，实现了耗水量减小、排水量同步减少，但其排污浓度以及污水中的污染物含量有上升的趋势，因而对水处理技术提出更严峻的挑战。在评估水循环使用所获取的收益，与因此导致的水污染强度升高和消除污染所需的处理代价时，应该有更理性的分析和评价。水资源有效利用和水污染控制之间的权衡仍存在巨大的改善空间。

二、污水和废水

污水和废水的定义很多时候会有所混淆。严格来说，废水是不存在的。水并不会"被废掉"，只是其中的某些杂质或者某些物理因子超出了水质既定功能的要求。污染后丧失使用功能或不能满足水质标准、要求的水都可以称为污水。

通常认为，污水和废水之别是其毒性或危害性之别，因此，其处理方法及工艺选择存在显著的差别。污水指的是以无毒杂质为主要污染物的水，处理工艺可以生物处理为主；而废水则是含有显著浓度有毒有害污染物的水，这类水需要经一定预处理后才能进入生物处理工艺，甚至只能采用物理化学法进行处理。尽管"有毒"和"无毒"是个相对的概念，但还是有必要对此加以区分。在当前技术条件下，"有毒"可以认为是对生物处理工艺造成严重冲击，环境污染强度高。

三、污水资源化利用

污水资源化利用已经积累了长期的经验和教训。将水质相对较好的污水用于对水质要求相对较低的用途的做法非常普遍，如污水灌溉，其应用的历史非常久远，可以追溯到有记载的农耕时期。尽管如此，污水资源化的问题仍然吸引着人们的进一步探索。

城市污水资源化面临的技术瓶颈主要有以下几个方面。

① 用户少，用量不稳定。用量不稳定导致不能充分消耗再生水的产生量，使得污水资源化处理的效益不稳定，甚至导致过度处理和成本增加。

② 资源化用水标准不合理。用户不接受污水再生用水的原因主要有心理和物质两个层面。心理层面上，人们对水质存在担忧，担心其中会有些未知污染物，导致危害健康或造成财产损失等。物质层面主要体现在气味、色度、腐蚀性、沉积及微生物含量等方面。这归根结底还是水质问题，导致产生异味、腐蚀管道及设备、结垢、沉积以及形成微生物污泥沉积等，造成用户体验差，产生财产损失等。污水资源化用水标准不合理是这一系列问题的核心。

③ 处理技术不科学。处理技术不科学，工艺较为粗放，缺乏控制标准规程，操作不够规范精准；导致水质不达标或不够稳定，不能满足用户要求。

④ 成本计算不明确。污水资源化处理成本计算不够明确，对比尺度不统一。增加了企业试错成本，限制了污水资源化企业真实竞争力的表现，出现"劣币驱逐良币"现象，给整个社会造成损失。

为解决上述问题，可采取以下措施：一是建立更为合理的污水资源化用水水质标准体系；二是合理评价、筛选相关水处理技术；三是完善污水资源化用水器具和管网等配套设施。

由于成本分析的局限性，污水资源化利用的可行性仍不够明确。从逻辑上判断，地球上的水本身就是处于循环状态，水资源被利用后形成的污水，经过适当的处理后排放到自然水体，而不是直接回用，这一过程有其合理性。处理达标后的水在自然水体中完成进一步净化过程，并在满足用水水源水质要求且有用水需求的时间与空间条件下重新被取用。这是借助水体的自净能力，节约人工处理成本，恢复水质和功能的合理选择。在充分调研污水水质特征并理解水质转化机制的前提下，适当实施污水资源化利用是合理的。但片面夸大水处理作用和环境效益，过度追求污水回用，有悖资源合理、科学利用的初衷。过于激进的目标和盲目的行动，往往会造成巨大的资源浪费或者经济损失，同时动摇人们对环境治理的信心和决心。

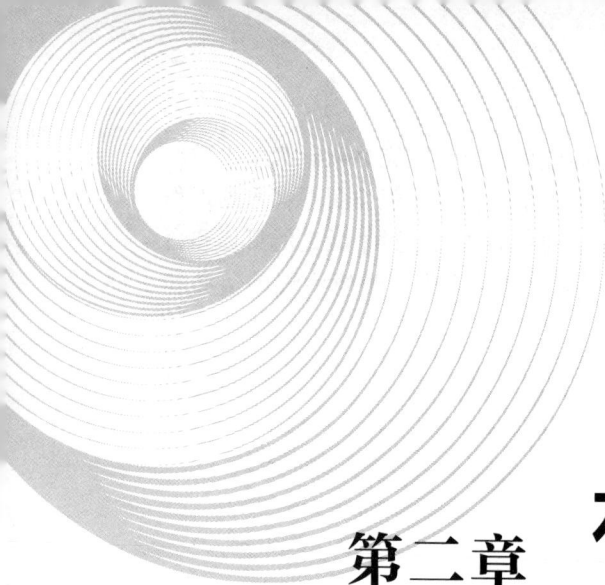

第二章 水质、功能与水质标准

人类总是依水而居。水的分布与水质一起影响着生命的生存边界；水源、水质关系着人类的兴衰。水质特征和功能内涵成为一个充满活力和吸引力的课题，微妙神奇又浩如烟海，影响着人类的健康、人类的生活方式、经济发展、社会繁荣。即使在科学技术快速发展的今天，人们对此的认知仍然非常有限。水功能与水质的真相一直吸引着人们去探索，尽管人们竭尽所能，仍无法充分认知和揭示水质的奥秘。就像希腊哲学家芝诺（Zeno）所说的人的知识像一个圆圈，人所知越多，这个已知的圆越大，圆外的未知就越多。但有理由相信，已知的"圆"越大，人对水质及功能的理解和控制就越有把握。

第一节 自然循环中的水质变化

水与其中的杂质共同造就了丰富的水质，水质不同的水展现出不同的功能。

在水自然循环的过程中，水质会经历一系列变化，这些变化受到多种因素的影响，包括物理、化学和生物过程。图 2-1 为自然环境中的河流。水在自然循环中水质变化的主要方面如下。

（1）蒸发

在蒸发过程中，水从液态变为气态，水中的溶解物质和悬浮颗粒被留在地表。因此，蒸发过程通常会提升地表水体的水质。

（2）凝结

水蒸气凝结成云中的微小水滴时，通常是纯净的，因为大气中的水蒸气主要由纯净的水分子组成。

（3）降水

降水（如雨、雪、冰雹）通常是相对纯净的，但在降落过程中可能会吸收大气中的气体（如二氧化碳、二氧化硫）及吸附颗粒物（如灰尘、污染物），导致水质略有变化。

（4）渗透

降水渗入土壤时，会与土壤中的矿物质和有机物发生反应，水质可能会变得更加复杂。

例如，土壤中的铁、锰、钙、镁等矿物质会溶解到水中。

（5）径流

地表径流会携带土壤、有机物、农药、化肥等污染物，导致水质下降。特别是在农业区和城市地区，径流中的污染物含量可能较高。

（6）地下水

地下水在地下流动过程中，会与岩石和土壤发生化学反应，溶解更多的矿物质。地下水通常比地表水硬度更高（含有更多的钙离子和镁离子），但也可能含有其他污染物，如重金属和有机污染物等。

（7）再蒸发

地表水和地下水再次蒸发时，水质的变化情况与初始蒸发过程类似，杂质被留在地表，水质得到一定程度的净化。

（8）生物过程

在水体中，生物过程（如光合作用、呼吸作用、分解作用）也会影响水质。例如，光合作用会增加水中的氧气含量，而分解作用可能会消耗氧气并产生其他物质。

水在自然循环中的水质变化是一个复杂的过程，涉及多种物理、化学和生物因素。了解这些变化有助于更好地管理和保护水资源，确保水质符合生态和人类使用需求。

图 2-1　自然环境中的河流

第二节　水质对生态及经济的影响

一、水质对生态的影响

地球上借助水的自然分布和水质状况形成了相应的自然生态系统。正常的水体环境中，各类水生生物之间及水生生物与其生存环境之间保持着既相互依存又相互制约的密切关系，形成了稳定的生态平衡状态。在较长时间内，生态系统中的生物和环境之间、生物各个种群之间，通过能量流动、物质循环和信息传递，达到高度适应、协调和统一的状态。当生态系统处于平衡状态时，系统内各组成成分之间保持着一定的比例关系，能量和物质的输入与输出在较长时间内趋于稳定，生态系统的结构和功能处于相对稳定状态。当受到外来干扰时，生态系统能通过自我调节恢复到初始的稳定状态。在生态系统内部，生产者、消费者、分解者和非生物环境之间，在一定时间内维持能量与物质输入、输出动态的相对稳定状态。

生态系统中主要水体发生污染会影响生态系统的稳定，严重的水污染会破坏水环境生态平衡。当水体受到污染而使水环境条件改变时，由于不同的水生生物对环境的要求和适应能力不同，产生不同的反应，将导致其中生物种群发生不同程度的变化。此外，相关生物群落发生改变，生产者、消费者、分解者和非生物环境之间的能量与物质输入、输出动态的相对稳定状态遭到破坏。

作为一个简单的指标，pH 值对水体的影响却非常复杂。pH 值的剧烈变化将改变水中物质的迁移、转化的途径、方式和效率。水体及生态系统中的物质循环、能量流动都会在 pH 值发生变化时受到影响。这种影响可能是非常严重的，甚至会导致整个生态系统的崩溃。以水华为例，当含有大量氮、磷等植物营养物质的污水排入水体，造成水中营养物质过剩时，水体会发生富营养化现象。氮、磷是生物生长尤其是藻类生长的限制因子。在富营养化过程中，水体中的氮、磷对藻类等水生生物的限制作用被打破。在光照和其他环境条件适宜的情况下，水体中的藻类生长失控，过量繁殖，在随后的藻类生长、代谢、死亡和随之而来的异养微生物代谢活动中，水体中的溶解氧出现巨幅波动，甚至可能被耗尽，造成水体质量恶化和水生态系统破坏，在一定条件下造成灾难性的后果。湖泊生态系统较为脆弱，缓冲和降解污染物的能力较弱。在一定条件下（光照、天气等），可能造成湖泊水质条件迅速恶化，如溶解氧的大幅波动，尤其是在某些情况下急速降低到很低的水平（1mg/L 甚至更低）；pH 值大幅波动；水体浑浊，湖水能见度低，底栖植物难以存活；藻类等生物死亡解体或者向水体中释放有毒物质，影响供水水质并增加供水成本。水体发黑、发臭，严重影响水体功能，恶化生态环境；各类水生生物大量死亡，加速水体老化，甚至会形成"死湖""死河"，进而变成沼泽。

污废水中的"三致"（致癌、致畸、致突变）物质导致的物种变异及其作用机制逐渐被人们认识，同时越来越多的污染物生态效应得到证实。2003 年以来，某些水污染成分（如激素、类激素等）导致水生生物的变异等被发现和证实，给人们敲响了警钟。高毒性污废水排放、药物和激素滥用等导致的物种变异和生态安全问题受到更广泛的关注和更严密的控制。

水质自然转化和人工转化的过程中，尤其是水处理过程中，不仅会消耗大量的电能和化学品，而且微生物驱动的污染物的降解和转化过程还会排放大量的二氧化碳（CO_2）、甲烷（CH_4）、一氧化二氮（N_2O）等温室气体。这些温室气体是全球碳排放的重要组成部分，会加剧气候变暖，引发人们对生态危机的担忧。因此，水处理过程的低碳化改造已经成为近期研究的热点。

二、水质对经济的影响

除去水资源的自然分布，水质问题是影响水资源可利用量的关键问题。人口膨胀，加之人类生活方式的改变，使人类对清洁淡水的需求急剧增长。伴随用水量的激增，水污染问题也日益突出，导致水质下降，可用水量进一步减少，水的供需矛盾日益突出。而水质本身就是一个非常微妙的话题。究竟什么样的杂质可以导致水成为有益健康的，或者是有害的？究竟具备什么样水质的水可以满足特定的功能需要？究竟用什么样的处理方式可以准确、快捷、经济地达到水质标准、满足用户的用水要求？这些问题如何影响着水资源总量？又如何影响着工农业生产和生活成本、社会发展、自然生态？这些问题构成水质对经济影响的最核心内容。

地球表面绝大部分（＞70％）被以海洋为主的水面覆盖。一方面，这说明地球上的水总量巨大；另一方面，地球上的水绝大部分（约97％）以海水的形式存在。通常，水资源量是指在一定经济技术条件下，人类可以直接利用的逐年恢复和更新的水量。目前技术条件下，海水开发利用的成本仍较高；只有人类就近且方便使用的淡水才是现今条件下的实际水资源量。在仅占地球水量2.5％～3％的淡水中还有很大一部分在冰冻地带，因此可供人类使用的淡水资源十分有限。由于地理位置的不同，人们对水资源认识的侧重点或许不同。水资源充沛的实质至少包括两个方面：水质良好和水量适宜。水质良好和水量适宜成为地区经济发展的必备条件。

水在自然循环和社会循环过程中，接纳、分离各种杂质，水质会发生相应变化。水质决定了水的功能，是水资源价值的决定因素。水质不符合用水要求或相关标准的水就会丧失相应的功能，可利用的水资源量相应减少；当采用一定措施改善水质，使之达到相关用水要求或标准时，水就会恢复其功能（使用价值），可利用的水资源量就会相应增加。因此水质问题在很大程度上影响着水资源的可利用总量。由于历史、经济等原因，环境保护措施落实不到位，环境污染加剧，水质问题突出。水质恶化导致的水质型缺水是加剧水资源短缺的重要原因。

水质影响了水处理成本，也影响了水资源的供给。经济活动中主要有原料水、介质水和环境水三种类型。原料水是指水是其基本组成部分，比如生物体内的水、饮食中的水、商品中作为不可缺少成分的水；介质水指水在产品或服务中起到介质作用，比如用于洗浴、冲洗、冷却、养殖等；环境水指水的作用是维持气候、滋养江河湖海、维持生态平衡等。针对水的具体功能，需要制定相应的水质标准或提出水质要求规范水质，确保水有效、稳定地发挥其功能。

高效且成本适宜的水处理技术及其合理应用是地方经济具有竞争力的重要前提。在全球水循环得不到显著改善、淡水资源总量无法增加而用水需求又日益增长的现实面前，寻找合理、经济有效的水处理工艺，在保证水处理出水质量的前提下提高水的重复利用率，无异于增加有效的水资源供给，为人类的生存和进一步繁荣开辟出更为广阔的空间。因此，提升水处理水平显示出其必要性和紧迫性，经济、高效、高质量的水处理技术和工艺成为当今科学技术研究的重点之一，同时也蕴含着重要的战略意义和经济机会。

水质对经济的影响主要体现在以下几个方面。

（1）水质对经济、产业布局的影响

水质良好和水量适宜是区域经济发展的重要条件。水的社会循环量与经济社会繁荣、人类生活水平呈正相关关系。

然而，经济发展增加了水资源的消耗量和污废水排放量，水污染反过来又增加了经济发展的成本，从而制约经济发展。相关部门权衡污染损失和污染治理成本，建立了污染防治设施和相关制度，从污废水处理、排放管控、给水处理、水质调控等方面保障水资源量的更新和稳定。在相同的社会环境条件下，温度较高、水量充沛的地区，如中国东南部沿海地区，通常是经济繁荣或发展较快的地区。其原因之一是在这样的自然环境条件下，水质净化速率较快，水处理工艺运行更加稳定，水污染治理的成本相对较低。

（2）水质对行业发展的影响

在当地水源、自来水供应以及自然环境条件下，行业单位产值用水量及水质标准等影响生产成本和产品品质，从多层面影响企业竞争力，甚至决定行业的兴衰存亡。地方水质的差异在一定程度上决定了区域行业的优势和分布。

当地水源以及自来水的水质状况对产品品质、工艺选择和维护、生产加工成本等都会产生一定影响。无论水是作为原料水、介质水还是环境水，水质在一定程度上都会决定产品品质。当然，与工艺和产品品质关联更紧密的是原料水，其次是介质水。对于原料水，例如在食品、饮料、化妆品等产品生产过程中，水中杂质的种类、含量会导致水质在溶解分散能力、黏度、沉积性、嗅味、色度等方面存在差异，必将影响产品品质。水质会影响工艺稳定性。例如，水的溶解性、腐蚀性、沉积性等是常见的介质水（如冷却水、锅炉用水等）的控制指标。水质差异会导致设备的腐蚀程度、维护费用、事故率以及设备更新频率等不同，体现了水质对工艺稳定性的影响。此外，水质对生产成本有重要的影响，主要体现在原水水质、水质要求或水质标准、水处理技术等方面。在水质要求或水质标准一致的前提下，原水水质良好，相应的水处理工艺简化，给水处理成本较低，对企业而言构成一定的竞争优势。水污染会增加用水处理的成本，从而制约经济的发展。自然条件优越，污水处理系统的处理效率高，水体自净能力强，可有效降低污废水处理成本。

可见，水质对行业发展有重要影响。这种认识逐渐成为各界共识，并推动着水处理产业的蓬勃发展。

（3）水质与社会福利

水污染降低了水的使用功能，损害了使用者的健康水平，增加了疾病的发生率，增加了居民就医的成本，同时还会影响劳动力的供给。水污染影响水体及周边生态环境，不利于构建繁荣、协调、稳定的生态环境。更多时候全社会都要承担水污染带来的后果，每年政府用于水体污染治理的开支占政府总开支的很大一部分，严重消耗财政资金。

相反，水质良好和水量适宜的地区给经济发展和社会福利带来多方面的有利条件。

第三节　水质对健康的影响：水中的生物

尽管没有可靠的依据证明健康长寿和疾病的根源取决于水，但毋庸置疑，水质及用水方式对健康存在重要的影响。人体健康长寿需要良好、清洁的饮用水，而水污染、水媒疾病长期、严重地威胁着人类健康和生命安全。

上述说法过于模糊，究竟什么样的水是安全、健康的饮用水呢？世界卫生组织2004年编制的《饮用水水质准则》中对饮用水安全的描述为："安全的饮用水即使是终生饮用也不会对健康产生明显的危害，在生命不同阶段人体的敏感程度发生变化时也是如此。最容易受到水源性疾病危害的是婴幼儿、体质衰弱者、生活在不卫生环境中的人们以及老年人。"《饮用水水质准则》给出的安全饮用水的定义似乎是一个笼统的、大而化之的说法，离可操作性还有距离。实际上，《饮用水水质准则》中对安全饮用水的评价原则、方法和依据等作了详细、系统的阐述，为大家提供了重要的参考，成为世界各国制定水质标准的重要依据之一。

一、概述

水中的生物（主要是微生物）与人体健康关系密切。尽管有些微生物对人体有益，但人们更关注的是水中致病性微生物带来的负面影响。其中影响较大的主要有细菌、病毒、真菌、致病原生动物、寄生虫，此外还有藻类等。

除去微生物种源外，影响天然水中微生物生长的主要因素如下。

① 营养物质：水中有机物以及碳酸盐、硝酸盐、磷酸盐、铁、锰等无机物是微生物生长所需的营养物质，被微生物用于生长和繁殖。

② 温度：大多数微生物适宜的温度为 20～35℃。水的比热容高，能有效实现温度缓冲，使得水环境中的温度变化较为平缓，为微生物适应温度变化提供了有利的条件。通常自然条件下的水温（−20～40℃）不足以杀灭微生物。

③ pH 值：各种微生物都有最适宜生长的 pH 值。一般天然水的 pH 值为 6～8，而且水中存在碳酸盐等缓冲体系以保持 pH 相对稳定，适宜多数微生物生存。

④ 溶解氧：溶解氧对微生物的代谢、繁殖有很大的影响，有些微生物需要溶解氧才能生存，有些则需要厌氧或缺氧的环境。因此，溶解氧的浓度决定了水中微生物的种类和分布，同时决定了相应的水质状态（如氧化还原电位等）。

天然水体具备适宜微生物生长的条件和开放环境，因此总有一定种类和数量的微生物。若将这种水作为饮用水水源，净化处理时必须去除这些微生物，否则可能会影响人体健康。

二、微生物的影响

微生物在水中的存在对水质转化有重要作用，同时某些致病性微生物可能对人体造成危害。细菌、病毒、真菌、致病原生动物等是水中常见且对人类健康影响较大的生物。图 2-2 为水中的微生物。

1. 细菌

细菌是没有细胞核的单细胞原核微生物，其中有些细菌是致病菌。许多疾病都与细菌有关，比如伤寒沙门氏菌导致的伤寒、霍乱弧菌导致的霍乱等。沙门氏菌病是最常见的人畜共患病之一，其病原沙门氏菌属革兰氏阴性肠道细菌科，包括引起食物中毒，导致胃肠炎、伤寒和副伤寒的细菌。现已发现的沙门氏菌有两千多种，这些菌几乎都能使人致病。与人体疾病有

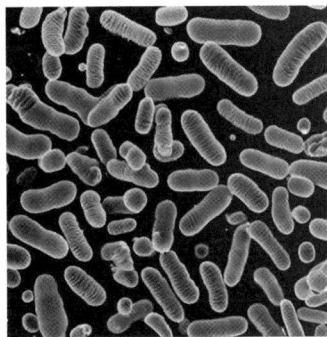

图 2-2　水中的微生物

关的主要有甲组的副伤寒甲杆菌，乙组的副伤寒乙杆菌和鼠伤寒杆菌，丙组的副伤寒丙杆菌和猪霍乱杆菌，丁组的伤寒杆菌和肠炎杆菌等，都可污染人类的食物而引起食物中毒。沙门氏菌除可感染人外，还可感染很多动物，包括哺乳类、鸟类、爬行类、鱼类、两栖类及昆虫类。沙门氏菌经口进入人体后，其感染后果与机体抵抗力、吞噬细胞的数量、沙门氏菌血清型及侵袭力有关。临床表现复杂，可分为胃肠炎型、类伤寒型、败血症型、局部化脓感染型等，可能加重病态甚至引起死亡。沙门氏菌可分泌肠毒素，会使肠液分泌能力大大增加，超过肠道重吸收能力，引起腹泻。正常情况下，胃内酸度、饮食潴留、肠蠕动、覆盖黏膜上皮细胞的肠黏液以及正常的肠道菌群等，共同构成人体的非特异性屏障。肠黏膜所含糖蛋白、糖脂可阻止沙门氏菌吸附，肠菌产生的短链脂肪酸可抑制沙门氏菌生长。而暴饮暴食、酗酒、胃切除术后及服用抗酸剂、抗蠕动药物、抗微生物药物等会增加人体对沙门氏菌的易感性。机体的健康状况对发病与否起着重要作用，如包括巨噬细胞功能在内的细胞免疫机制，对抵御沙门氏菌感染有重要作用。

霍乱是一种可怕的致命性传染病。霍乱弧菌主要通过污染的水源或食物经口传播，曾引

发多次大规模疫病流行。霍乱属于烈性肠道传染病，主要症状为剧烈的呕吐、腹泻、失水、少尿、低血压等，而且死亡率很高，有的感染者甚至在几小时内就会死亡。人体饮食不洁，感染霍乱弧菌后，霍乱弧菌进入小肠，穿过黏膜表面的黏液层，黏附于肠壁上皮细胞，在肠黏膜表面迅速繁殖。经过短暂的潜伏期后，感染者会骤然发病，该菌在局部繁殖并产生霍乱肠毒素。此毒素作用于黏膜上皮细胞与肠腺，使肠液过度分泌，引发患者上吐下泻，导致大量脱水和电解质失衡。如不及时治疗，死亡率高达 20%。

1848—1855 年伦敦暴发了严重的霍乱，造成数十万人感染、上万人死亡，这次严重的瘟疫给人类流行病史留下了难忘的一页。这场霍乱引发了人们对水媒传染病及其相应处理措施的关注，促使了经典水处理技术的诞生。对于霍乱的起因，当时主流意见是空气污染论，认为霍乱是空气污染造成的；另一种意见是未被广泛接受的病菌学说，但导致霍乱的是什么细菌、以何种方式污染人体等问题，都无法获得充分的证据。其实，一直到 30 年后的 1884 年，罗伯特·科赫（Robert Koch）才首次鉴定出霍乱弧菌。但在当时，支持这两种说法的人各持己见、争执不下，而霍乱仍然在无情地蔓延，继续吞噬着人的生命。约翰·斯诺（John Snow）积极展开针对霍乱起因的研究，他采取了与众不同的方法——病例分布的标点地图法。1855 年前后几年中，约翰·斯诺通过挨家挨户调查，确定这场霍乱流行源于布罗德街某水泵流出的水。通过这个泵流来的水已经被污染，被用户使用后导致了霍乱的流行。为此，斯诺卸掉了泵上的把手，避免这个泵被继续使用，杜绝人们接触污染水的可能。他不仅切断了污染源，还追踪研究了是什么导致布罗德街提供的水受到污染。他发现当时为伦敦提供居民用水的两条管道中，有一条接近污水管道，并且已经被泄漏的污水管中的污水污染。斯诺发现在污染最严重的布罗德街区居民死亡率比正常水源区居民死亡率高九倍。不仅如此，斯诺还进行了不同季节、性别的水活动差异以及职业变量等因素在霍乱流行上的影响研究。斯诺这位杰出的医生、流行病学先驱，在这场历时几年的实证研究中首次提出并验证了"霍乱是介水传播"的著名科学论断，并通过干预成功地控制了霍乱的进一步流行，成为流行病学现场调查、分析与控制的经典实例。这是一项系统性非常强的研究，是人类积极发现问题、分析研究调查并解决问题的一次非常完整的科研实践活动。这是科研对人类社会积极贡献的典范，尽管当时的方法非常简单、原始。

2. 病毒

病毒属于亚细胞准生物，是由一个（或一组）核酸分子（DNA 或 RNA，病毒的遗传物质）与蛋白质外壳构成的非细胞形态生物，具有遗传、复制等生命特征的"微生物"。当然，病毒是否属于微生物的认识存在争论。人们从生物的基本特征角度考量，病毒并不具备生物所有的基本特征。可以认为病毒是具备部分生物特征的准生物"微粒"。病毒的确很小，粒径在十几到几百纳米，主要特征是不具有独立代谢能力，而是需要借助被其侵染的细胞进行复制、繁殖。脊髓灰质炎是由脊髓灰质炎病毒引起的急性肠道传染病，又称小儿麻痹症。脊髓灰质炎病毒是最有名的病毒之一，对患者往往会造成非常严重的后果，造成下肢畸形甚至瘫痪、死亡，让人印象深刻、望而生畏。脊髓灰质炎病毒可以通过水传播，人体是其唯一宿主，至今尚未见到其感染其他动物的报道。病毒引发的病理改变主要发生在中枢神经系统（脊髓和大脑）。病毒随饮食侵入人体，于咽、胃肠道等部位形成原发性感染灶，经血液侵入脑和脊髓。并非所有脊髓灰质炎病毒感染者都表现出小儿麻痹等症状，多数感染者呈现隐性感染状态，只有少数人成为显性感染者。病毒引起强烈的炎症反应，并侵害神经细胞，甚至会造成瘫痪。但还有些症状同样是由于这种病毒的侵染，却没有得到足够的重视，有些感染者或许会引发非麻痹型症状，不造成运动神经元瘫痪，比如出现头痛、发热等轻微症状，或者咽部红肿、肠道不适等症状。就普通民众而言，上述这些不适或者症状似乎很难与小儿麻痹症这样可怕的疾病联系在一起。而一旦受到病毒感染，病毒大量繁殖，不同程度的侵害将持续发生。此外，隐性感染者和显性感染者在一定情况下，都可以成为脊髓灰质炎病毒的传染源。脊髓灰质炎病毒通过水途径传播，主要污染源是感染者的粪便和鼻咽分泌物。除脊髓灰质炎病毒外，能引发脑膜炎的柯萨奇病毒、引发上呼吸道及胃肠病的腺病毒、引发肝炎的甲肝病毒等，其污染源都是人类粪便，都能通过水传播。

3. 真菌

真菌是一类真核生物，其细胞具有被核膜包裹的细胞核。真菌可以是单细胞的，如酵母菌；也可以是多细胞的，如霉菌。它们可以是寄生的，从宿主生物中获取营养；也可以是腐生的，通过分解有机物质获取营养。真菌通过孢子繁殖。孢子是真菌的生殖细胞，可以在适宜的条件下萌发成新的真菌个体。真菌包括许多不同的门类，如子囊菌门、担子菌门、接合菌门等。真菌与人类的关系复杂，有些可以为人类所用，有些则会对人类构成危害。例如，有些真菌可以引起食品腐败，有些真菌可以引起人类和动植物的疾病，如脚气病、植物枯萎病等，而还有一些真菌则可用于食品加工，如食品、饮料等的发酵。

4. 寄生虫

常见的寄生虫有贾第虫和隐孢子虫等。贾第虫引发的贾第虫病是常见的肠道寄生虫病之一，主要症状是腹痛、腹泻、呕吐、发热和厌食等，表现为吸收不良综合征。儿童患者由于腹泻，可能引起贫血等营养不良症状，生长滞缓。症状可能持续几天、几个月甚至几年。贾第虫的感染能力超乎想象。研究认为只要接触一个贾第虫包囊，人体就有被感染的可能。贾第虫的主要污染源为人类粪便和动物粪便。人体摄入被污染的食物后会被感染，最主要的传播途径是人际接触、饮水等。被污染的水源水若得不到有效处理，贾第虫可能穿透水处理设施，即水处理过程无法对其进行有效去除或杀灭，部分贾第虫在出水中存留，通过胃肠道感染人体。贾第虫有两种形态：营养体形态和包囊形态。包囊有厚而坚韧的囊壁，是贾第虫的传播体、保护体或者休眠形态，可以抵御不良的环境（如在胃液这样的强酸环境下仍不能对包囊灭活），可随粪便传播。贾第虫可以穿透水处理设施消毒系统的原因就在于此。包囊个体小，虽然能通过混凝沉淀和过滤部分拦截、去除，但残余部分还是可能会造成疾病传播。如果混凝效果不佳，残余浊度高，去除包囊的效果将更差，危害就更加严重。包囊抵御能力强，一般的氯消毒对包囊的杀灭效果较差。遇到合适的环境条件，包囊可以转变成营养体。据报道，贾第虫的包囊体在水中可存活几天到三个月，在含余氯 0.5mg/L 的消毒水中可存活 2～3 天。值得注意的是，国家标准中规定的余氯含量似乎不足以杀灭包囊。隐孢子虫引发的隐孢子虫病的主要症状是急性腹泻。隐孢子虫存在营养体和卵囊两种形态。营养体在宿主体内发育，卵囊随宿主粪便排出。卵囊抵御不良环境的能力强，不易被杀灭。人体摄入被卵囊污染的饮食后，在消化液的作用下，子孢子在小肠脱囊释放后附着于肠上皮细胞，再侵入其中。具感染性的卵囊随宿主粪便排出体外，使水源水受到卵囊污染，若不经处理或处理不当，会导致隐孢子虫病传播。值得注意的是，该病患者在症状消失后的数周，其粪便中仍有可能带有卵囊，仍可能是传染源。

尽管现在人们对水中微生物造成的危害已经非常熟悉，也深知其控制方法并拥有有效的技术，但饮用水微生物污染及其危害，仍然被世界卫生组织列为首要危害。水中的微生物（如细菌、病毒、真菌、藻类、致病原生动物、寄生虫等）只要经过加热煮沸，其活性或者危害基本就可以消除。但这并不意味着微生物的威胁就此消除，有些微生物合成的物质同样会对生命健康或者水体环境构成危害。生物毒素就是广泛存在的一类物质。

三、生物毒素的影响

生物毒素是指来源于生物且不可自我复制的有毒化学物质，包括动物、植物、微生物产生的对其他生物有毒害作用的各种化学物质。水中最常见的生物毒素来自微生物，也就是微生物毒素。对微生物毒素的研究始于19世纪后期。

人类发现的第一种细菌毒素是白喉毒素。德国细菌学家科赫的学生理查德·菲佛（Richard Pfeiffer）在研究霍乱弧菌感染的发病机制时，发现该菌可产生两种具有不同性质的毒性物质：一种是由活菌合成并释放出来、对热敏感的蛋白质成分，即外毒素（exotoxin）；另一种为对热有抗性，并且只有当细菌崩解后才能释放出来的非蛋白质成分，被称为内毒素（endotoxin）。内毒素单体的分子量为 $10\sim20\mathrm{kDa}$，粒径范围为 $0.002\sim0.02\mu\mathrm{m}$；在水中可能形成聚合体，此时分子量超过 $100\mathrm{kDa}$，甚至更大，粒径增大至 $0.1\sim1.0\mu\mathrm{m}$。与外毒素不同，内毒素不能被稀甲醛溶液脱去毒性而成为类毒素。将内毒素注射到机体内虽可产生一定量的特异免疫产物（称为抗体），但这种抗体中和内毒素毒性的作用微弱。内毒素脂多糖分子由菌体特异性多糖、非特异性核心多糖和脂质A三部分构成。脂质A是内毒素的主要毒性组分。不同革兰氏阴性细菌的脂质A结构基本相似。因此，凡是由革兰氏阴性菌引起的感染，虽菌种不一，但其内毒素导致的毒性效应大致相同。这些毒性反应主要有发热反应、白细胞反应、内毒素血症与内毒素休克等。

关于真菌毒素，虽然人类对蘑菇中毒的认识已达数千年，科学研究也开展得较早，但直到20世纪60年代初因为一场突如其来的大规模死亡事件才使其受到特别重视。当时，在英国东南部一些农场中，有大约10万只火鸡突然死亡，主要的症状是肝脏出血，死亡原因不明。大规模死亡事件接连发生，一时间在人群中造成了恐慌和不安。后来经过食品学、毒理学和细菌学等方面专家的通力合作，终于找出了引起火鸡大批死亡的原因。他们从喂养火鸡的玉米粉中分离出一种前所未知的由黄曲霉菌产生的毒素，命名为"黄曲霉毒素"。黄曲霉毒素的毒性被列为极毒级，其毒性比人们熟知的剧毒药氰化钾要强10倍，比眼镜蛇、金环蛇的毒汁毒性更强；比剧毒的农药1605（对硫磷）、1059（内吸磷）的毒性还要强 $28\sim33$ 倍。黄曲霉毒素的毒性主要是对肝脏的损害，属于肝毒性毒素。黄曲霉菌及其毒素的发现，引发人们对真菌毒素的研究在全世界活跃开展起来。真菌能在水体环境中生存，在水中（甚至是饮用水中）也曾检出过真菌及其毒素。据报道，在对两个地区的饮水调查中发现，饮水管网中霉菌检出率高达70%，二次处理水源中霉菌检出率达75%。在对国内坑道储水、浅表井水（井深在60米以内）的调查中发现霉菌含量较高，并且从井水中检出产毒菌株。有报道称在处理后的自来水中仍发现有烟曲霉、毛霉和犁头霉。有些真菌如白腐真菌等能在水处理中发挥作用，其对各种难降解有机物及异生物质具有独特的降解能力。

藻类（主要是单细胞浮游藻类）是当前某些中度、轻度污染水体以及地表水中普遍存在的生物。水处理中涉及的藻类大小通常为几微米到几十微米。一般的藻类对人类健康没有影响。与致病细菌不同，藻类被人体摄取后，不会在体内繁殖。但有些藻类可以分泌胞内毒素或胞外毒素，如某些蓝藻（也称蓝绿藻、藻青菌、蓝细菌），这些毒素中有些被称为藻毒素。有的藻毒素可能引发过敏反应和胃肠道炎症，有些可以引起肝毒性和神经毒性，甚至诱发肝癌等疾病。毒性肽类（如微囊藻毒素）通常存在于细胞内，可通过过滤方式清除（但也不排除由于藻细胞破裂、解体而释放到水中的情况）；但毒性生物碱和神经毒素也可被释放到水体中，并能穿透过滤系统。

由于能分泌生物毒素的微生物生长、繁殖及死亡，生物毒素可能出现在水中，引发由微生物污染导致的次级污染。这表明，水处理过程在对微生物污染严密控制的同时，还应该关注对其代谢物、生物毒素的控制。

第四节　水质对健康的影响：物理因素

水中的物理因素对人体健康有复杂的影响，物理因素主要包括悬浮物（如浊度）、温度、放射性等。

一、浊度

浊度是水的一项物理指标，是水中含有泥沙、黏土、有机物及微生物等悬浮微粒对光线产生折光效果（光学效果）所致，这种光学效果给人的感觉就是浑浊。浑浊程度的大小反映了这些折光物质的多少及分布情况，但不能简单地认为浊度高的水中悬浮颗粒浓度一定高于浊度低的水。很多因素都影响着浊度的大小，比如颗粒物的浓度、折光性质、粒径、粒径分布、质地以及色度等。我国《生活饮用水卫生标准》（GB 5749—2022）规定，浑浊度的限值是1NTU，水源及净水技术限制条件下的限值为3NTU。

分析天然水中浊度的构成物质，可知其中的泥沙、黏土质对人体健康的影响程度有限，而且此类物质较易于沉淀、分离，在饮用水中含量不大，一般不会造成严重危害。但对于有机物及微生物导致的浊度，应当给予高度的重视。细菌、真菌、藻类、病毒和原生动物（隐孢子虫、贾第虫等）等生物都可能形成浊度，其中的致病因素不容忽视。在水传染病原微生物中，曾对人类造成重大危害的有甲肝、脊髓灰质炎等病毒，以及隐孢子虫、贾第虫等病原生物，其特性是抗性强，水处理难度大。隐孢子虫、贾第虫等生物由于对氯消毒具有很强的抗性，被称为抗氯微生物。水处理常用的消毒剂漂白粉、液氯等消灭此类生物不够彻底。在饮用水消毒技术中往往利用臭氧等对此类微生物进行去除。浮游藻类是当前饮用水原水中普遍存在的一类生物，一般是单细胞，大小为几微米到几十微米。藻类对饮用水带来的危害主要体现在产生浊度、异味、藻毒素及其他代谢物等。利用浊度可以近似地指示上述生物污染的程度，因此浊度是重要的控制生物污染的指标。

水体中的有机物可以分为颗粒态、胶体态和溶解态有机物。上述提及的微生物可被视为颗粒态或胶体态有机物的一类组分。颗粒态和胶体态有机物都可能引起浊度变化。溶解性有机物是有机物中迁移能力最强、处理难度最大的形态。溶解态有机物可能被胶体或微小颗粒物吸附，成为胶体或悬浮粒子的组成部分，参与构成浊度。

水体有机物主要来源于以下三个方面：

① 水体中自然有机体的解体、溶解，以及集水区雨水冲刷携带有机物进入水体；

② 生活污水和工业废水的排放；

③ 水处理过程中发生的反应和转化。

在天然水源中，水体有机物的这三种来源以第一种为主。这类有机物包括腐殖质、微生物及其代谢物，高分子脂肪烃、芳香烃等。此类有机物大部分对人体没有明显危害，但也有部分具有危害性。比如蓝藻产生的具有臭味的代谢物，有些石油产物会对健康有危害，以及腐殖质被认为是水处理过程中形成消毒副产物（DBPs）的前体物质。另外，部分天然有机物同水中有机微污染物形成配位体，进而形成有毒、难溶于水的物质。有些有机微污染物在水环境中可作为增溶剂和运载工具，使腐殖质溶解能力增大、迁移能力增强、分布范围更广、毒性更强。第二类有机物来源主要包括污废水排放、农田径流以及被污染土壤的渗滤。水源中对健康产生危害的有机物主要来源于此。它们包括氯丹等杀虫剂及农药、有机溶剂、金属减活剂、增塑剂、多氯联苯（PCBs）等。水处理过程中形成的有机污染物包括消毒副产物［如三卤甲烷（THMs）和卤乙酸（HAAs）等］、丙烯酰胺，以及在成品水传输过程中因管道、接口、黏合剂等渗漏或溶出的有机物等。

天然水体有机物中天然有机物大约占 80%，分子量较高，一般水体中的腐殖质（包括腐殖酸和富里酸）分子量在 500～100000Da；人工合成的有机物占约 15%，分子量一般不超过 400Da。颗粒态有机物可通过沉淀或者悬浮在水面从而与水体分离，此类有机物在混凝中较容易去除；胶体态有机物则必须经历混凝过程黏结成大粒径的絮体才能从水体中分离；溶解态有机物占到水厂出水有机物组成中的绝大多数，常常超过 80%，是有机物中迁移能力最强、性质最为复杂、处理难度最大的形态。水体中溶解性物质实际上是人为或操作性限定的，认为能通过 0.2～0.45μm 膜的物质就为溶解性物质（DM），一般以 0.45μm 划分。以总有机碳（TOC）表示的溶解物称为溶解性有机物（DOM）。DOM 分子量从数百到数万，大部分成分都对 TOX（总有机卤素）和 THMs 的形成有贡献。上述这些有机物可能被胶体或微小颗粒物吸附，形成胶体或悬浮粒子的组成部分，分散在水中。这种粒子不仅构成浊度，而且有一定的危害性。

浊度构成物质的风险体现在多方面：①其自身物理、化学和生物特性可能引发污染；②成为多种溶解性污染物的吸附载体，形成复合污染；③充当反应载体甚至催化界面促进反应，可能导致二次污染。

浊度的构成和变化与水质安全紧密相关，对浊度的控制关系到对水中微生物、藻类、有机物、微量污染物等的控制，而且是较为简易的测试指标，所以浊度一直被认为是最重要的饮用水指标之一。

二、温度

温度是水的基本特征之一，对水的功能产生复杂、重要的影响。

1. 温度对水分子缔合状态的影响

水在不同温度条件下，分子间的缔合情况将发生相应的变化。温度下降，水分子热运动减弱。假设氢键强度不随温度变化，水分子热运动减弱会导致分子间缔合程度增加，也就使氢键形成的分子间作用力更稳固，所形成的水分子体系（分子团）更大；反之，温度升高，水分子热运动增强，导致分子间缔合程度减弱。由于氢键形成的分子间作用力不够稳固，温度升高导致水分子缔合体系变小，也就是能形成所谓的"小分子水"。关于"小分子水容易进入机体"的说法，如果进一步分析其可能性，这种说法似乎缺乏说服力，且难以找到确凿的证据。液态水中的水分子始终处于一定程度的缔合状态，这种缔合状态的程度却不易证实，因为水分子始终保持动态，即或缔合，或离散。即使缔合也是或与这一些分子缔合，或与另一些分子缔合。这种状态不稳定，难以确定和测定。退一步讲，即使小分子水可以在一定程度上被证实存在，其功效也难以确证。人们很难测定被机体或者细胞膜接触的水分子团的大小。因此，更无从探讨水分子团大小对健康的影响。

2. 温度对水中 pH 值的影响

水温不同，水的 pH 值会发生相应的变化。纯水的 pH 值取决于水中的氢离子浓度，是由水的电离决定的。

$$H_2O \rightleftharpoons H^+ + OH^-$$

在温度为 25℃ 时，$K_w = [H^+][OH^-] = 1.0 \times 10^{-14}$，故 pH=7。水的电离程度受到温度的影响，温度越高，电离程度越大。温度为 100℃ 时，pH 为 6.0 左右。因此，水温不同，水的 pH 值不同。

对于强酸强碱盐，温度变化对其溶液 pH 值的影响不大。而对于弱酸或弱碱，由于它们的电离过程是吸热的，所有的吸热反应升高温度都有利于正向进行。也就是说，会电离出更多的离子，此时溶液 pH 随温度变化就较大。如果是弱酸，随温度升高，其溶液中的 H^+ 浓度会显著增加，因此 pH 会下降；如果是弱碱，随温度升高，其溶液中的 OH^- 浓度会显著增加，因此 pH 会增大。可见，弱酸或弱碱溶液的 pH 值对温度变化的影响相对明显。在有弱酸或弱碱参与的水溶液反应中，需要关注环境温度的设定和变化。

水中通常含有一定种类和数量的盐类，比如碳酸盐、碳酸氢盐等。温度对其水解程度产生影响，进而影响溶液 pH 值的变化。

3. 温度对溶解度的影响

温度对水质的影响其实并没有这么简单。水温对水分子缔合程度、pH 值、黏度的影响以及水经历的温度过程都会导致水中的杂质成分和形态发生变化。温泉就是典型例证。温泉温度较高，在其形成和流动过程中溶入的杂质（尤其是矿物质组合）各具特点。地质及水文地质条件对地下水化学成分的形成起着决定性的作用，主要表现在地形地貌、岩层性质、地下水循环条件及储藏位置的不同，因此地下水化学成分往往有很大的差异。即使地下水周边地质、矿物环境类似，不同温度的温泉也会构成不同的溶解矿物组合，导致其拥有不同的功能。进一步探究，是否温泉真的具备神奇功效？是否所有的温泉都是对人体有益的？是否有些温泉对人体不仅无益，反而有害？这些问题的核心，就是温度影响矿物溶解度等导致水质变化和功能差异。此外，温度对矿泉水、地下水等水中溶解物质的影响也类似。

一般认为，水的侵蚀能力和结垢能力取决于 pH 值，但实际上温度历程同样起着重要的作用。借鉴冷却水中侵蚀能力和结垢能力的判断方法，有助于理解水在机体中的作用机制。电解质溶解度随温度变化的规律相当复杂。固体电解质的溶解过程可分为两步，第一步是离子挣脱晶格能；第二步是离子发生水合作用，形成水合离子，其中的能量变化即为离子的水合热。两步能量之和即为固体电解质的溶解热。其中，晶格能与电解质浓度无关，水合热则与电解质浓度有关。当溶液很稀（达到无限稀）时，再加入水也不会产生热效应，是因为在极稀溶液里，离子能充分水合，而在浓度较高的溶液里，与离子结合的水分子数量会受到限制。

多数物质的溶解度随着温度的升高而增大，但也有些电解质的溶解度随着温度的变化呈现复杂变化。如硫酸钙的溶解度在 0～50℃ 之间随温度上升而增大，生成二水硫酸钙；在 50～82℃ 之间随温度上升而减小，生成半水硫酸钙；在 82～150℃ 随温度上升而减小，生成无水硫酸钙。硫酸钙在 10℃ 时溶解度为 0.1928g/100mL，40℃ 为 0.2097g/100mL，100℃ 降至 0.1619g/100mL。这种随温度变化导致的溶解度差异是煮开水时出现水垢的原因之一。

钙、镁离子是水中溶解性杂质中人们了解较多的成分，除此之外，还有很多离子或者杂质在水中溶解、沉淀过程会随着水温波动而变化，其形成沉淀物的溶解次序和过程也受水温影响。水中的硬度离子主要为钙、镁离子。钙、镁离子的溶解-沉淀过程对水质有着重要影响。可见，水在不同温度条件下，溶解能力会发生复杂的变化，进而导致水质及其对健康产生的效应也发生相应的变化。

水温变化时，另一个重要的特征是溶解氧含量会发生明显的变化。研究表明，一般情况下，一定温度、气压下的饱和溶解氧浓度（mg/L）大致可按 $DO_f = 468/(31.6 + T)$ 计算，其中 T 为水温。例如，在 10℃ 时，溶解氧大约为 11.3mg/L；30℃ 时，溶解氧降至 7.5mg/L；45℃ 时，溶解氧降低到 6.0mg/L 以下；水刚煮沸时，溶解氧降到 1mg/L 左右；如果延长煮沸的时间，溶解氧还有可能进一步下降。溶解氧的变化只是温度影响水中溶解气体的一个表观特征，但这一特征对水质具有重要的影响，如会改变氧化还原电位，进而引发其他杂质迁移转化方式的改变等。

4. 温度对反应速率的影响

温度对水中杂质的化学性质有重要的影响。化合物的活跃程度与温度有关，如果温度选择合适，可降低生产成本，提升原子转化率，减少残留和副产物杂质的生成。这些影响在基础化学、物理化学的经典理论中都有体现。温度对能量及反应速率的影响见图 2-3。温度对反应速率的影响比较复杂，随具体反应物质不同而异。对于大多数反应来说，化学反应速率随温度升高而加快。当温度升高时，一方面分子运动速度加快，单位时间内的碰撞频率增加，使反应速率加快；另一方面更主要的是温度升高时，分子的平均动能增加，分子能量分布曲线明显右移。具有较高能量的分子的百分数增加，从而使反应速率加快。根据实验结果，可总结出一条近似规则，即温度每升高 10K，反应速率增加 2～4 倍。当然，这只是一种粗略的估计。当温度变化不大且不需要精确数据时，可以使用这种估计作参考。

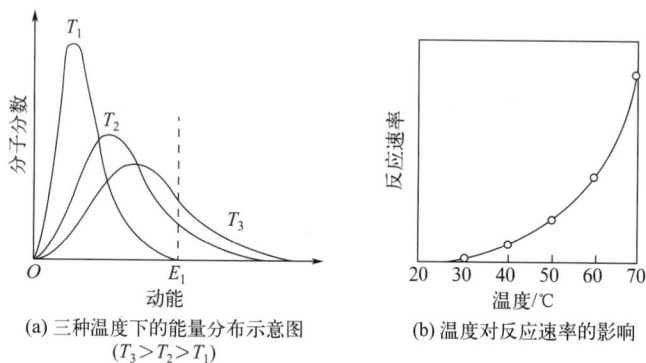

(a) 三种温度下的能量分布示意图   (b) 温度对反应速率的影响
$(T_3 > T_2 > T_1)$

图 2-3   温度对能量及反应速率的影响

温度变化导致物质溶解平衡发生变化，使离子活度改变，最终影响水化学反应。当有水分子或氢离子、氢氧根离子参与反应时，情况更加复杂。温度变化导致氢离子和氢氧根离子的浓度发生变化，进而影响反应进程。1889 年，瑞典物理化学家阿伦尼乌斯基于大量实验结果证明，当以 $\ln k$（或 $\lg k$）对 $1/T$ 作图时可得一直线，很多反应的速率常数与温度之间都具有这样的关系。这个关系可写作：

$$\ln k = -\frac{E_a}{RT} + B \quad \text{或} \quad k = A e^{-\frac{E_a}{RT}} \tag{2-1}$$

式中 k——速率常数；

A——常数，称为指前因子；

B——另一常数；

R——摩尔气体常数；

T——热力学温度；

E_a——活化能（或实验活化能），其单位为 J/mol，对某一给定反应来说，E_a 为一定值，当反应的温度区间变化不大时，E_a 和 A 不随温度而改变。

速率常数 k 是与温度有关的量，其数值的大小直接反映出反应速率的快慢。温度愈高，k 值愈大，反应速率愈快。

对于某一反应，若已知活化能 E_a 及某温度 T_1 时的速率常数 k_1，利用式（2-1），可求得另一温度 T_2 时的速率常数 k_2，即：

$$\lg \frac{k_2}{k_1} = \frac{E_a}{2.303R}\left(\frac{1}{T_1} - \frac{1}{T_2}\right)$$

如果实验测得不同温度时的速率常数 k，以 $\lg k$ 对 $1/T$ 作图，由该直线的斜率（$-E_a/2.303R$）即可求得活化能 E_a。

当水分子或氢离子、氢氧根离子参与反应时，把相应的参与反应的离子或水分子作为化学反应物计入反应，可以得出相应的反应速率。

5. 温度对反应方向的影响

水温不仅可以改变水中物质的反应速率，对于有些反应而言，甚至可能改变反应方向。

水温变化导致饱和溶解氧量改变，会影响水中的氧化还原电位。氧化还原电位的变化会导致水中一些具备氧化还原反应特征的物质形态也发生相应的变化。比如水中的消毒副产物、硝酸盐、亚硝酸盐、余氯、有机物等都会发生变化。研究指出，在自来水生产过程中，消毒剂（余氯）与天然有机物等发生反应，生成卤代有机物，其中有些成为消毒副产物。在此过程中，卤代消毒副产物的产量通常随温度升高而增加。然而，当温度超过 65℃时，各类消毒副产物（如 THMs 和 HAAs）产量均开始下降，这是因为煮沸过程导致三氯乙酸、二氯乙酸等发生降解，生成取代程度更低的卤乙酸或者乙酸，而其中的卤素元素则转化为三氯甲烷、氯离子等物质。

研究表明，加热或者煮沸会引起 DBPs 的挥发和转化，在氯化天然有机物降解时，可能产生一些 THMs。而这些 THMs 在开放的煮沸体系中可能进一步挥发，甚至从饮用水中完全去除。相比之下，HAAs 的挥发量较少，甚至可以被忽略。氯消毒后的水被加热时，HAAs 的形成、转化和降解过程会加速，高温时 HAAs 的降解更加明显。氯化程度越高的 HAAs，其降解也越充分。总体而言，TOX 在加热过程中生成量减少。研究表明，DXAA（二卤乙酸）在煮沸过程中的变化不明显，而 TXAA（三卤乙酸），如三氯乙酸（TCAA）、一溴二氯乙酸（BDCAA）、二溴一氯乙酸（DBCAA）等，则随着煮沸时间的延长而下降。DXAA 的含量在某些情况下甚至可能上升，这可能是由于余氯与某些 DXAA 的前驱物发生反应生成了 DXAA。经氯胺消毒的水在煮沸 1min 后，三氯甲烷含量降低 75%；经氯消毒后的水在相同条件下，三氯甲烷含量降低 34%，这种差异可能是三氯甲烷在沸水中同时生成和挥发产生的综合效果。其他 DBPs 如卤代酮、水合氯醛、卤乙腈等，则在煮沸 1min 后含量下降 90% 左右。

图 2-4 为自来水中 TCAA、DCAA（二氯乙酸）、MCAA（一氯乙酸）、MBAA（一溴乙酸）、BCAA（一溴一氯乙酸）、DBAA（二溴乙酸）、BDCAA、DBCAA 等在升温过程中的

变化情况。

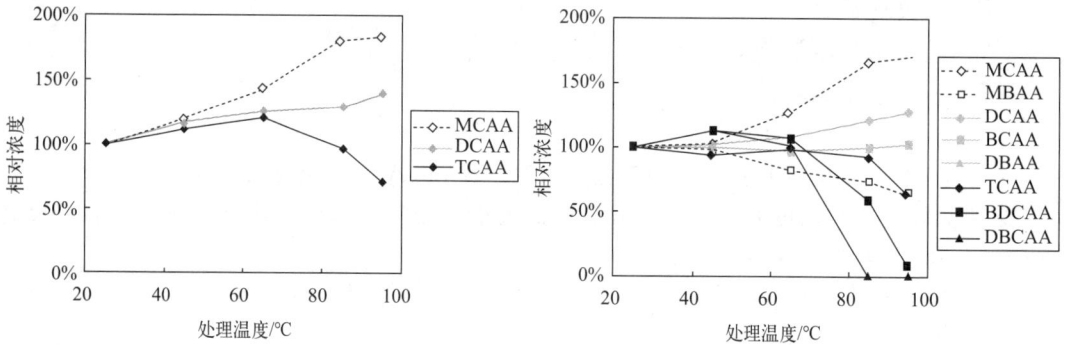

图 2-4　加热过程中 DBPs 的变化

图 2-5、图 2-6 中显示了分别用纯水、自来水配制的三氯乙酸溶液的初始浓度为 $200\mu g/L$ 时，经历不同的加热过程和煮沸过程，水中三氯乙酸（TCAA）和一氯乙酸（MCAA）的变化情况。

由图 2-5、图 2-6 可知，无论是在纯水体系还是在自来水体系中，TCAA 的浓度都随温度升高而下降。同时体系中有一氯乙酸出现，表明 TCAA 逐渐降解。煮沸时降解率为 20.5%，煮沸 5min 降解近 40%，煮沸 30min 可降解 94%。三氯乙酸和一氯乙酸在较高温度下不稳定，容易分解；其中三氯乙酸的稳定性弱于一氯乙酸，或者三氯乙酸的降解产物中出现一氯乙酸。在 $65\sim95℃$ 的热水容器中，THMs 的水解速率按照 $CHBrCl_2>CHBr_2Cl>CHBr_3>CHCl_3$ 顺序下降。有研究指出，$CHCl_3$、$CHBrCl_2$、$CHBr_2Cl$ 和 $CHBr_3$ 的碱性水解活化能分别为 $109kJ/mol$、$113kJ/mol$、$115kJ/mol$ 和 $116\ kJ/mol$。自来水中的有机物或其他成分可能会干扰 THMs 的水解。但也有报道指出，自来水体系中 TCAA 降解较快，表明自来水中有些成分对其降解有促进或催化作用。

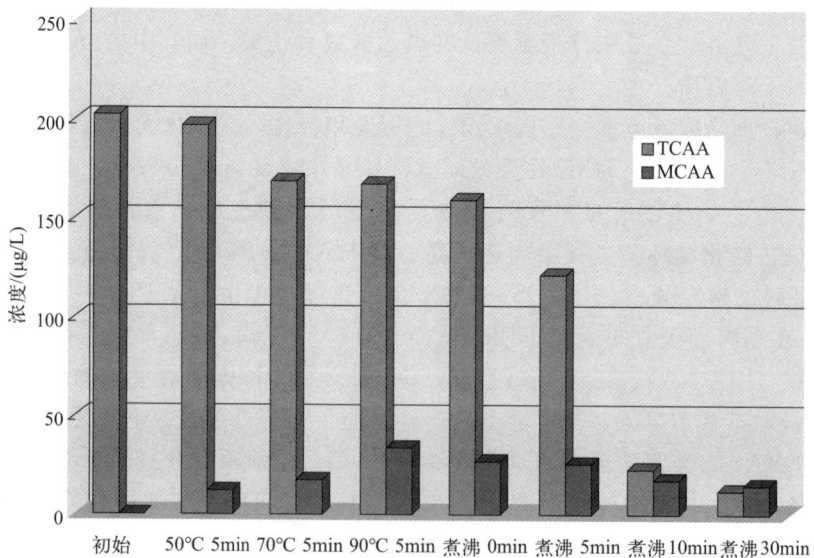

图 2-5　纯水体系中温度对卤乙酸的影响

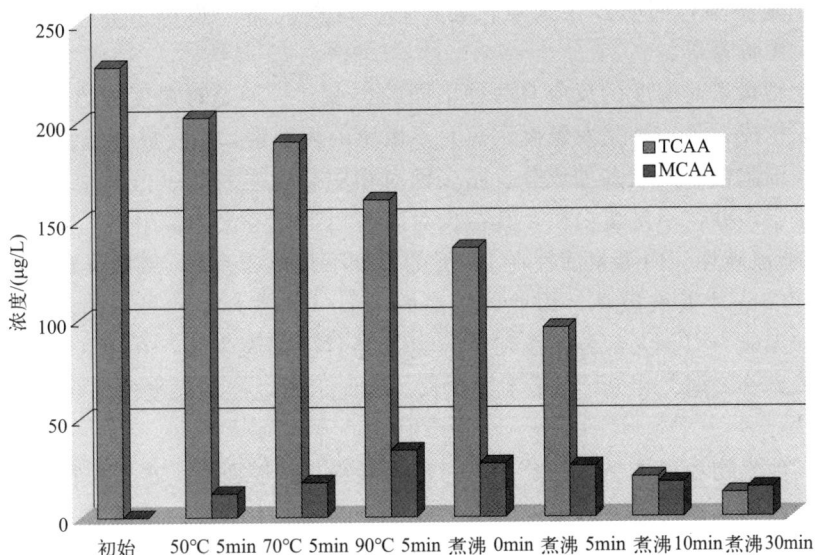

图 2-6　自来水体系中温度对卤乙酸的影响

放置在容器中的热水中的 THMs 可能被水解，水解方式主要有两种：一种是中性水解，另一种是碱性水解。

① 中性水解：

$$CHX_3 + H_2O \longrightarrow CHX_2OH + HX$$

$$CHX_2OH \longrightarrow HCOX + HX$$

$$(x+y)HCOX + yH_2O \longrightarrow xCO + yHCOOH + (x+y)HX$$

② 碱性水解：

$$CHX_3 + OH^- \longrightarrow CX_3^- + H_2O$$

$$CX_3^- \longrightarrow\ : CX_2 + X^-$$

$$(x+y)\!:\!CX_2 + (2x+3y)OH^- \longrightarrow xCO + yHCOO^- + 2(x+y)X^- + (x+y)H_2O$$

6. 温度对流动性（黏度、活度、扩散）的影响

水温的变化导致水的黏度发生改变。液态水的温度越低，水的黏度越大；温度越高，黏度越小。水的黏度影响水中物质运动速率，影响杂质的水解、扩散过程，进而影响其迁移、转化。水温导致的这些变化对水处理过程有一定的影响，如影响混凝剂的水解、扩散过程，影响絮体的形成，以及对沉淀、过滤等工艺产生影响，尤其在冬季低温时影响较大。

7. 温度对生物和水体生态系统的影响

温度对水中微生物及其代谢过程的影响尤为重要。微生物，尤其是致病性微生物，适宜的温度范围在 5～55℃ 之间。例如，大肠埃希菌能引起腹泻，属于机会致病菌，其适宜的温度范围为 15～46℃，在 37～44℃ 时 20～30min 即可繁殖一代。致病性微生物都有适宜生长繁殖的温度条件，而且必须达到一定的数量才能致病。温度在 4℃ 以下（如冰箱冷藏的环境），大多数种类的微生物不会死亡也不会繁殖，此时这些微生物不容易致病。当温度在 −18℃ 以下（如冰箱冷冻环境），可以抑制微生物生长。温度很高时，比如在 56℃ 下持续 0.5h，或 100℃ 下持续 2min，微生物的菌体结构、核酸成分将发生改变，微生物也会失去致病能力。在适宜温度附近，微生物生长、繁殖活跃，其对水中有机物等营养物质的代谢也更加旺盛，导致微生物数量激增，同时产生大量代谢产物。这些代谢产物包括 NH_3、NO_2^-、NO_3^-、微生物毒素、藻毒素等。

水中的生物毒素对温度的反应有两种不同的类型：一种是对温度（热）敏感的外毒素，主要由蛋白质构成；另一种是对温度（热）不敏感的内毒素，主要成分是脂多糖。内毒素是革兰氏阴性菌细胞壁中的脂多糖成分。脂多糖对宿主会产生发热、白细胞效应等毒性反应。由于内毒素是脂多糖，不是蛋白质，其结构对温度相当稳定，非常耐热。在 100℃ 的高温下加热 1h 也不能被破坏。内毒素活性在 160℃ 的温度下加热 2~4h，或用强碱、强酸、强氧化剂加温煮沸 30min 才能被破坏。因此，较高的水温（如煮开水）可以消除外毒素的活性，但对内毒素却无能为力。大部分真菌在 20~28℃ 条件下都能生长，在 10℃ 以下或 30℃ 以上时，真菌生长显著减弱，在 0℃ 几乎不能生长。因此，通过控制温度通常可以减少真菌毒素的产生。

温度对其他生物和水体生态系统都有一定的影响。一般而言，水生生物对温度变化的反应比陆生动物敏感，耐受性差。温度的骤然变化会导致水生生物的不适应，甚至引发病变或死亡。温度变化还会干扰水生生物的繁殖行为。对于水生态系统而言，温度变化或者温度变化规律的改变，可能导致整个生态系统的变化。

上述说法是对体外环境而言的，由于人体内环境温度相对稳定，也不可能由于饮水的水温造成体液温度的显著变化。因而饮水温度对机体的影响更多地体现在水温对消化道的刺激上。对于饮水水温，不同的人有不同的习惯。

人体维持恒温状态，体温在一个相当窄小的范围内波动。人体维持体温恒定消耗了大量的能量，是基础代谢中重要的耗能部分之一。同时，体温恒定反映了温度对机体某些细胞、组织和器官进行正常代谢、维持正常功能的重要性。尽管饮水温度对体温并不会产生明显影响，但不同温度的水中矿物质以及其他溶质的溶解能力和沉淀特性将发生复杂变化。这种溶解能力的差异体现了水的侵蚀性、水中某些物质的沉积性以及迁移能力，可能影响体液渗透压，从而对人体产生相应的影响。通常这种变化小到不易察觉，但其长期作用对人体健康的影响仍有待深入研究。

三、放射性

有些地下水中可以检出放射性物质。放射性物质通过衰变释放出 α 射线、β 射线和 γ 射线。放射性物质通过饮水进入人体后可产生内照射。这些射线不同程度地与人体组织发生作用，其中 α 射线对人体伤害较大，β 射线虽然穿透性相对较强，但一般认为危害小于 α 射线。人类和动物研究证据表明，低剂量和中等剂量水平的辐射照射可以增加癌症的远期发病率。动物实验证明，辐射照射可以导致遗传畸形发生率升高。当机体全身或身体大部分受到高剂量照射时，可能会产生急性辐射健康效应，导致血细胞数目降低，在一些严重病例中，甚至可能会导致死亡。

我国《生活饮用水卫生标准》（GB 5749—2022）中规定了总 α 放射性和总 β 放射性的参考值，总 α 放射性限值为 0.5Bq/L，总 β 放射性限值为 1Bq/L。并规定当这些指标超过指导值时，应进行核素分析和评价，以确定饮用水的安全性。根据世界卫生组织制定的《饮用水水质准则》，因饮用溶解有氡气的地下水而引起的照射风险通常要低于因吸入释放在空气中的氡及其子体放射性核素而导致的照射风险。

在饮用水供应设施中，放射性核素活度的水平通常较低，因此不必担心饮用水供应设施会发生辐射的急性健康效应。含有天然铀的地下岩石不断地释放出氡气,会渗入与其接触的水中(地下水)。氡从地表水中较容易释放出来。因此,地下水可能比地表水含有更高浓度的氡。研究表明一些水井中含有较高浓度的氡,比自来水中氡的平均浓度高达 400 倍以上,某些水井中氡浓度甚至超过 10kBq/L。

第五节　水质对健康的影响:化学因素

一、pH 值

pH 值是水中氢离子活度的负对数,是水质最重要的指标之一,一般水中 pH 值在 5～10 之间。我国《生活饮用水卫生标准》(GB 5749—2022)规定自来水的 pH 值为 6.5～8.5。这一标准与世界卫生组织、美国、欧盟的饮用水卫生标准基本一致。这一规定大致围绕在人体液 pH 值均值(pH 值为 7.4)两侧。

体液 pH 值提供的远不止是酸碱程度的信息,还包含着相当丰富的内容。矿物元素在水中的溶解度、沉淀特性,功能蛋白的形态、功能发挥,物质输送和能量流动,机体代谢能力和效果等都与体液 pH 值密切相关。此外,体液缓冲体系是否正常,决定着体液环境 pH 值的稳定程度,也决定着 pH 值变化的幅度。蛋白质是生命的物质基础,没有蛋白质就没有生命。机体中的每一个细胞都有蛋白质参与。人体蛋白质的种类很多,性质、形态、功能各具特色,但所有的蛋白质都是由 20 多种氨基酸按基因序列提供的信息以不同比例、不同顺序、特定方式连接而成的,并在体内不断进行代谢与更新,维护着机体的健康。以蛋白质的形成单位氨基酸为例,即可证明 pH 值对机体的重要影响。氨基酸尤其是功能蛋白活性基团附近氨基酸的形态和结构,决定着蛋白质的功能和结构的正常与否。氨基酸至少含有一个氨基和一个羧基,因此氨基酸是两性电解质,在相对碱性溶液中羧基电离表现出带负电荷,在相对酸性溶液中氨基电离表现出带正电荷。那么,一定存在某一 pH 值的溶液,氨基酸所带的正电荷和负电荷相等,此时的 pH 值,就是该氨基酸的等电点。构成人体蛋白质的 20 种 α-氨基酸的等电点见表 2-1。

表 2-1　20 种 α-氨基酸的等电点

名称	等电点	名称	等电点	名称	等电点	名称	等电点
甘氨酸	5.97	丙氨酸	6.00	缬氨酸	5.96	亮氨酸	5.98
异亮氨酸	6.02	苯丙氨酸	5.48	丝氨酸	5.68	苏氨酸	6.16
酪氨酸	5.68	半胱氨酸	5.05	甲硫氨酸	5.74	脯氨酸	6.30
色氨酸	5.89	赖氨酸	9.74	精氨酸	10.76	组氨酸	7.59
天冬氨酸	2.77	谷氨酸	3.22	天冬酰胺	5.41	谷氨酰胺	5.65

pH 变化还影响着这些氨基酸的极性。根据氨基酸极性可将其划分为非极性氨基酸和极性氨基酸。非极性氨基酸(疏水氨基酸)如丙氨酸(Ala)、缬氨酸(Val)、亮氨酸(Leu)、异亮氨酸(Ile)、脯氨酸(Pro)、苯丙氨酸(Phe)、色氨酸(Trp)、甲硫氨酸(Met)等八种。极性氨基酸(亲水氨基酸)又可分为三类:①极性不带电荷的氨基酸,如甘氨酸(Gly)、丝氨酸(Ser)、苏氨酸(Thr)、半胱氨酸(Cys)、酪氨酸(Tyr)、天冬酰胺

（Asn）、谷氨酰胺（Gln）；②极性带正电荷的氨基酸（碱性氨基酸），如赖氨酸（Lys）、精氨酸（Arg）、组氨酸（His）；③极性带负电荷的氨基酸（酸性氨基酸），如天冬氨酸（Asp）、谷氨酸（Glu）。因此，在不同的 pH 值环境下，蛋白质的这些结构单元将受到 pH 值的影响，呈现出不同的电离状态和荷电状态。蛋白质种类多样，其功能的基础就是结构。功能蛋白质的结构由一级、二级、三级、四级构象构成，通过特殊的构象关系形成活性中心，发挥重要的功能，酶的催化作用就是蛋白质这种功能的典型例证。研究表明，酶分子中氨基酸侧链具有不同的化学组成和结构，有些与酶活性密切相关的化学基团是酶发挥功能的必需基团。这些必需基团在一级结构（氨基酸顺序链）上可能相距很远，但在更高级的空间结构（二级、三级、四级构象）上彼此靠近，组成具有特定空间结构的区域，能和底物特异结合促进底物转化。该区域称为酶的活性中心。酶蛋白的多级构象尤其是二级、三级、四级构象是形成这种活性中心的结构基础。而二级、三级、四级构象的结构由弱键作用力形成，容易受到 pH 值的影响，进而影响蛋白质构象和功能。这种 pH 值对蛋白质结构和功能的影响可能是深远的，甚至是有害的。因此，人体液 pH 值必须维持在中性范围并保持基本稳定，其他生物体内同样如此。人体中存在对体液环境和胞内环境 pH 值进行精确、及时调控的控制系统，常见的有以下四种。

① 缓冲系统。人体内有多种缓冲系统，最主要的为碳酸氢盐缓冲系统，此外还有磷酸盐系统（NaH_2PO_4-Na_2HPO_4）和血红蛋白、血浆蛋白系统等。

② 肺的调节。代谢过程产生或释放的氢离子，与体液中的碳酸氢根反应生成碳酸，经血液循环传送，最终通过肺呼出 CO_2 以缓冲氢离子，维持酸碱平衡。如果有过多碱性的代谢成分出现，则 HCO_3^- 释放氢离子，中和其碱性；同时会放慢呼吸速度，使血液中 CO_2 积累。H_2CO_3 与 CO_3^{2-} 会形成更多的 HCO_3^-。

$$H^+ + HCO_3^- \longrightarrow H_2CO_3 \longrightarrow H_2O + CO_2$$

$$H_2CO_3 + CO_3^{2-} \longrightarrow 2HCO_3^-$$

$$OH^- + HCO_3^- \longrightarrow H_2O + CO_3^{2-}$$

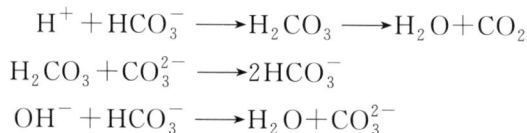

③ 肾脏调节。肾脏通过以下四种方式进行酸碱平衡的调节。

a. $NaHCO_3$ 的再吸收。正常情况下，与其他无机盐一样，血液中的 $NaHCO_3$ 经肾小球滤出，在肾小管被再吸收。$NaHCO_3$ 的再吸收是通过 Na^+ 与 H^+ 的交换进行的。肾小管的上皮细胞内，自血液扩散进入的 CO_2 经碳酸酐酶的作用与 H_2O 结合成 H_2CO_3，离解后产生 H^+ 和 HCO_3^-，其中的 H^+ 与肾小管中的 Na^+ 交换，从而实现 $NaHCO_3$ 的再吸收。

b. 排泌可滴定酸。尿液中的可滴定酸主要为 NaH_2PO_4-Na_2HPO_4 缓冲组合。正常肾脏的远曲小管有酸化尿液的功能，是通过排泌 H^+ 与 Na_2HPO_4 的 Na^+ 交换产生 NaH_2PO_4 并排出体外来完成。

c. 生成和排泌氨。肾远曲小管细胞能产生氨（NH_3），生成的氨弥散到肾小管滤液中与 H^+ 结合成 NH_4^+，再与滤液中的酸基结合成酸性铵盐 [如 NH_4Cl、$NH_4H_2PO_4$、$(NH_4)_2SO_4$ 等] 排出体外。肾脏通过这个机制来排出强酸基，起到调节血液酸碱度的作用。铵的排泌率与尿液中 H^+ 浓度成正比。NH_4^+ 与酸基结合成酸性的铵盐时，滤液中的 Na^+、K^+ 等离子则被代替，与肾小管中的 HCO_3^- 结合成 $NaHCO_3$、$KHCO_3$ 等被回收至血液中。每排泌一个 NH_3，就带走滤液中的一个 H^+，这样就可以促使小管细胞排泌更多

的 H^+，也就增加了 Na^+、K^+ 等的吸收。

　　d. 离子交换和排泄。肾脏远曲小管同时排泄 H^+ 和 K^+。K^+ 和 H^+ 与 Na^+ 进行交换，如 K^+ 排泄增加，H^+ 的排泄就减少；反之，如 K^+ 排泄减少，H^+ 排泄就增加。肾脏通过这一交换机制来维持体液酸碱平衡的稳定。

　　④ 离子交换。除了上述三种调节酸碱平衡的机制以外，还有通过离子交换这一机制来调节的。HCO_3^- 和 Cl^- 均可透过细胞膜自由交换，当 HCO_3^- 进入红细胞量增多时（即体内的酸性物质增加时），Cl^- 即被置换而排出。HCO_3^- 从红细胞排出增多时，Cl^- 就多进入红细胞与之交换。其他如 Na^+、K^+、H^+ 等正离子除在肾小管进行交换外，在肌肉、骨骼细胞中亦能根据体内酸、碱反应的变化而进行交换调节。

　　体内酸碱平衡的调节，以体液缓冲系统的反应最为迅速，几乎能立即起作用。它能将强酸、强碱迅速转变为弱酸、弱碱，但只能起短暂的调节作用。肺的调节略缓慢，其反应时间较体液缓冲系统慢 $10 \sim 30\text{min}$；离子交换更慢，于 $2 \sim 4\text{h}$ 后才起作用；肾脏的调节开始得最迟，往往需 $5 \sim 6\text{h}$ 以后，可是最持久（可达数天），作用亦最强；肺的调节作用亦能维持较长时间。就是在这样看似简单却又微妙的反应系统中，不仅体液 pH 能保持稳定，还涉及对体液中其他物质的溶解、沉淀、运输和转化过程，进而影响着机体的健康。

　　"酸性体质的人多病，多重病。"酸性体质被一些商家说成是万病之源。客观地讲，或许在某些病例中出现酸性体质，处于亚健康状态的人体液可能偏酸，但究竟是生病导致酸性体液，还是生病状态下有氧代谢减少或缺少运动导致酸性体液，还是酸性体液/体质导致生病呢？有没有办法证实这个因果关系呢？这需要生理、病理等方面的专家给出办法和观点。这些问题自从酸性体质被提出、相关产品开始宣传以来，就已经广受瞩目。很多专家学者投入精力进行了相关研究，但至今尚未给出令人信服的证据和准确的答案。

　　但如果假设酸性体质是不健康体质，那么改善酸性体质的方法是什么？是否可以通过饮用 pH 值呈弱碱性的水来改善呢？水究竟是如何被吸收的？吸收过程经历了什么？如果人体的 pH 值如此简单地可以被喝下的一杯水改变，那么要么是人体细胞太顽强，能适应 pH 值的波动；要么是人体太脆弱，抵抗不了一点酸碱的刺激。从以下三个方面似乎可以在一定程度上找到答案。

　　首先是人体对体液 pH 值有严格的要求和严密的控制机制，体液环境存在重要的缓冲体系，如碳酸盐缓冲体系和磷酸盐缓冲体系等。缓冲溶液是能在加入少量酸或碱和水时大大减少 pH 波动的溶液。pH 缓冲体系对维持生物的正常 pH 值和正常生理环境起着重要作用。血液的 pH 必须保持在一个很窄的范围内，人才能够正常生活。正常人血液的 pH 在 $7.35 \sim 7.45$ 的范围内。当血液的 pH 低于 7.35 时会发生酸中毒，pH 低于 7.0 会发生严重酸中毒昏迷甚至致死；相反，血液的 pH 高于 7.45 会发生碱中毒，pH 高于 7.8 会发生严重碱中毒导致的手足抽搐甚至致死。人体体液 pH 值主要是由碳酸盐缓冲体系所决定的。机体代谢反应中形成的酸与碳酸氢盐形成难解离的碳酸，有效地除去了游离的氢离子；难离解的碳酸分解出的 CO_2 能通过肺部排出，从而稳定了 pH。碳酸盐缓冲对的比值为 $[HCO_3^-]/[CO_2] = 20$，根据这个比值计算，$pH = 6.1 + \lg(20/1) \approx 7.4$，所以人体 pH 值为 7.4。

　　其次是从量上分析，人体摄入 $pH = 9.0$ 的饮水，每天饮水量为 2L，则摄入机体的 OH^- 大约为 $2 \times 10^{-5}\text{mol}$。一个 70kg 体重的人，体液约占体重的 70%，则体液质量约为 49kg。区区 $2 \times 10^{-5}\text{mol OH}^-$，即使没有缓冲、中和等损耗，直接投入 49L $pH = 7.40$ 的纯水中，水溶液的 pH 值变化也很小。

最后是从分布上分析。人体是功能复杂、多器官协调工作且具备强适应能力的有机体。体液在不同的器官、组织、部位，其作用和功能不同，从而构成不同的 pH 值环境。比如口腔 pH 值（中性）、胃内 pH 值（酸性）和肠道 pH 值（碱性）都不相同，饮用某种偏碱性的水，如何能满足不同器官、组织、部位正常发挥生理功能时对 pH 的要求呢？很难想象通过饮水提供的碱性物质能调整这么复杂的 pH 值。

诚然，人体的身体状况、体液状况是营养状况、代谢状况、遗传状况等多因素共同作用的结果。饮食、营养状况在其中起着非常关键的作用，食物和饮水的质量和组成决定了人体大多数物质的来源。不同组分的水摄入体内，必然会产生一些细微的影响，但对体液 pH 值的影响是不可能很显著的。在正常的饮食条件下，体液 pH 值的变化反映的应该是新陈代谢的程度，目前尚未有足够的证据证明体液 pH 值的变化是由饮水引起的。

上述只是从饮水 pH 值对人体健康的一个方面进行的分析，现在我们来看问题的另一面，饮水 pH 不同可能会导致饮水水质发生变化。

水中杂质的溶解能力以及反应活性大多都受到 pH 值的影响，只是有些影响是显著的，有些则不够显著或者是间接的。在有些杂质转化过程中，pH 值发挥着重要的作用。

当用纯水配制的三氯乙酸溶液的初始浓度为 300μg/L 时，在不同 pH 值条件下，煮沸 1min，水中三氯乙酸（TCAA）、一氯乙酸（MCAA）、乙酸（AA）、三氯甲烷（CF）和氯离子等的变化情况见图 2-7。

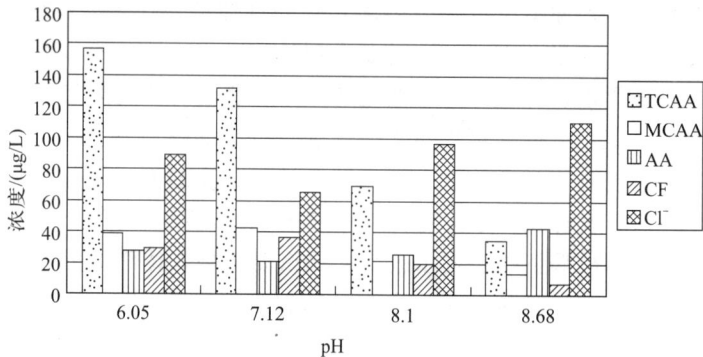

图 2-7　pH 对三氯乙酸降解效果影响

加热煮沸导致三氯乙酸被分解，分解产物为一氯乙酸、乙酸、三氯甲烷、氯离子等。对含 TCAA 300μg/L 纯水溶液调整 pH 值并煮沸 1min 后，结果显示，pH 对 TCAA 降解有明显影响。中性及偏酸 pH（6.05、7.12）时，TCAA 降解率在 50%～56%；pH 偏碱性时 TCAA 降解率明显提高，pH 为 8.68 时达到 88%。产物中 MCAA、CF 变化趋势基本与 TCAA 一致，在中性偏酸 pH 时浓度较高，偏碱性时降低。同时，乙酸、氯离子在中性及偏碱性 pH（7.12～8.68）时随 pH 值上升逐步升高，在 pH 为 8.68 时较高。乙酸和氯离子对人体无害，是氯乙酸降解时的安全形态。该研究证明，中性偏碱条件对氯乙酸的安全降解有促进作用。目前市场上广泛宣传的碱性水的健康作用在该研究中得到一定程度的印证。

pH 值对水中常见的无机盐、有机物的溶解度有影响，对水中常见杂质的转化过程也有重要的影响。pH 值与其他水质指标或水中杂质的关系如何及相互影响等内容非常复杂，上述内容均有待进一步深入研究。水中的 pH 值这一司空见惯的指标，可以反映出很多问题，有些问题很基础，但同时也很复杂。这些问题通常被人们忽视，但其中蕴含着广阔的水化学领域和水质体系中很多基础问题的答案，应该引发人们更多、更本质的思考。

二、水中的化学物质

水中含有丰富的化学成分，这些成分或对人体健康有益，或对人体有害，或者无益也无害（或许只是人们尚未发现其有益或有害的作用）。无论如何，水及其中的杂质构成了机体运转和生存的物质基础和环境条件。水对人体健康的影响一直是人们非常关注的问题，相关报道非常多，有些是科学研究报告，有些是商业宣传。所得出的结论也五花八门，有的危言耸听，有的旁敲侧击，有的以偏概全，有的看似言之凿凿，让人真假难辨、无所适从。即使有些报道是经过实证研究和科学研究的结果，有一定的事实依据，人们对待这些结论也应该保持理性。

目前该类研究大多是建立在某因素，比如 Ca^{2+}、Fe^{3+}、$CHCl_3$、NO_2^- 等化学物质，在单独作用或者和少数几种物质联合作用基础上的研究结果，对于多种物质的联合效应的研究、实际效应的研究等未有充分的进展。

另外，很多结论是基于动物实验、离体器官、离体组织或培养细胞研究，由于存在物种差异和个体差异，以及离体条件和实体条件之间、接触途径、接触剂量和代谢方式等方面的差异，其在实际人体中的作用（主要是低剂量接触，还有复杂的消化吸收过程，存在多重防御屏障）是否与上述实验一致，需要谨慎判断，尚未得出清晰的结论。这样的结论即使辅之以一定的流行病学调查数据，其真实性也有待反复考证，得出结论时应慎之又慎。

但无论如何，通过实验结果结合流行病调查的结果综合分析，可以为水质安全提供具有一定借鉴作用的依据。利用现有的研究结果和文献报道梳理水中化学物质对人体健康的影响，一方面探讨饮用水提供营养的可能，另一方面研究水污染对健康的危害。

（一）饮水中可能提供的营养元素和物质

目前人们的饮用水水源主要有两种：①储存在地球表面的地表水，如河流、溪流和水库；②储存在地球表面以下的地下水，如井水和泉水。水流在流经岩石、土壤和当地地层时，矿物元素和金属元素会溶入其中，包括钙、镁以及许多微量元素，如氟、锌、硒、镉、铅、铜、铁、锰和铬等。

多种无机盐和微量元素是构成有机体组织的重要成分，对人体具有重要的功能。世界卫生组织认定，人体必需的矿物质和微量元素中，有 5%～20% 是从水中获取的。一些研究人体生物水的专家已经形成了较为一致的观点，认为饮用水中矿物质必不可少。它们维持和调节体内的渗透压和酸碱平衡，维持正常的生理活动，是体内活性成分（如酶、激素和抗体）的组成成分和激活剂，并且还有其他一些特殊功能。比如，某些酶不能独立发挥作用，需要某种或几种微量元素（包括锰、铜、硒、锌等）作为辅助因子，才可以正常发挥酶的活性。有些学者将这些微量元素称为生命动力元素群，它们一方面是某种酶或几种酶的组成部分，另一方面还参与细胞内能量转化过程。人们比较一致的看法是，饮水是微量元素的最佳载体，但只有符合自然规律和人体需求，科学合理地饮用含有既适宜又适量的微量元素的水，才能强身健体、祛病延年。

对这个问题的研究论证至少要从以下几个方面着手。首先是一般的饮用水（自来水）中有多少种人体必需的营养元素，其存在形式有多少种形态，如何分布，这些形态物质含量各是多少。其次是营养物质的吸收率，也就是有效利用率有多少，无论是食物还是饮水，营养素含量再高，吸收率低的话对人体的作用也不大。最后是多种营养素以各自的分布形态共存于水中时的联合效应如何，也就是说，多种营养素在饮水中以各种分子形态或离子形态存在，它们之间是否存在联合效应，是否会相互影响吸收率、作用效果等。

组成人体的主要元素有碳、氢、氧、氮、磷、硫、钠、钾、钙、镁、氯等 11 种，称之为常量元素。这些常量元素按人体所需量从多到少的顺序为氧、碳、氢、氮、钙、磷、钾、硫、钠、氯、镁，其中，前四种占人体重量的 95%，其余约占体重的 4%，另外，人体还存在维持生命活动的必需微量元素，这些元素在人体内含量分别占体重的万分之一以下，其总量占体重的 1% 都不到。铁、锌、锰、铬、钼、钴、硒、镍、铜、硅、氟、碘、锶等 20 多种微量元素，在自然界的天然水中大多有所分布，饮水被认为是补充这些元素的重要途径。微量元素虽然含量较低，但其作用却是非常重要的，任何一种微量元素的缺乏都可能导致严重的后果。

（二）水中常见的营养元素

1. 钙、镁、钠

硬度可以说是水中多价阳离子浓度的总称，一般用其当量的碳酸钙（美国度）或氧化钙（德国度）表示。硬度离子中最重要和普遍存在的是钙离子和镁离子。钠离子不属于硬度离子，但常用的软化水技术一般是把水中的硬度离子用钠离子交换，因而钠离子成为常见软水（去离子水、蒸馏水等除外，因为这些水中的绝大多数金属离子都被去除了）的一种特征离子。

在水的硬度中，较为重要的一种元素是钙。一些研究认为，钙和镁都能降低心血管疾病发病率，只是镁起直接作用，钙起间接作用。水的硬度和心血管疾病发生率呈负相关，也就是说，经常饮用硬度较高的水的人群，其心血管疾病发生率明显低于长期饮用硬度低的水的人群，在一定范围内饮用硬度越大的水，心血管疾病的发病率越低。饮用水中的钙可以减少心脏病和脑卒中风险的机理在于钙对高血压的影响。一些研究发现钙的摄入量低导致血压升高；相反，如果通过饮食补充足够的钙，高血压病人的血压可得到降低。目前对钙降低血压的机理还不清楚，但有一点是清楚的，即钙对血管壁的肌肉细胞的收缩性有很大的影响。一个成年人每天钙的摄取量约为 700mg，才能维持正常的代谢需要（根据性别、年龄的不同有所差异，如 50~60 岁的妇女，每日摄取量应为 1000~1500mg）。因此，假定每人每天饮水 2L，每升水中钙的含量为 50mg，通过饮用水为人体提供的钙离子通常是人体必需量的 6.9%~43%。日常的饮水中摄入的钙离子占比较大，但镁离子占比却很低。镁的每日摄取量推荐值为成年男性约 350mg，成年女性约 280mg，以维持人体代谢的需要。假定每人每天饮水 2L，而每升水中镁的浓度为 6mg（市场上供应的瓶装水，如某品牌天然矿泉水镁含量为 6~8mg/L，某品牌天然饮用水中镁只有 0.5mg/L）。饮用水能提供的镁只占人体需要量的 2%~4%（且水需生饮，如果加热烧开，水中的镁会结垢沉淀，从而失去作用）。在日常生活中，镁的摄取主要来自食物中。在各种谷物、绿色蔬菜中都有丰富的镁。在饮料中适当强化添加镁和钙是可行的，可以用永久硬度如氯化钙、氯化镁等形式，但过高的镁离子浓度将导致水中有涩味。

目前很难确定饮用水所提供的元素是否足以对心血管疾病产生影响。通过饮水补充的钙仅占身体每天需要量的一小部分。目前还不能确定饮水提供的钙和镁是否足以降低血管肌肉的收缩性，进而降低血压，减少心脑血管病的发病率，因此还需要进行更深入、严谨的科学研究（在我国的一项调查研究中，就得出相反的结论，即饮用水硬度高的地区的心脑血管病发病率高于饮用水硬度低的地区）。

通常人们对钠的理解存在一定分歧，一些报道认为钠离子摄入过多会导致高血压，但另一些研究并不认同这样的观点。钠被认为是需要严格控制摄入量的元素，有些人甚至为了调控血压而过度地减少食盐摄入量。钠离子具有收缩血管，促进胃肠蠕动、胆汁排泄、肌肉收缩等功能。与钾离子一起，钠离子在维持细胞内外电解质平衡中发挥着重要的作用。因此，是否可以采用药剂软化或者离子交换的方式生产适宜饮用的软化水饱受争议，相关研究存在不足，目前尚难定论。

但的确有一些研究指出，镁可以减少血管中脂质的沉积，同时具有抗凝作用，可阻止血栓形成，从而降低心血管发病率。此外，还有些报道指出，同样可以使水硬化的某些微量元素，如钒（V）、锂（Li）、锰（Mn）、铬（Cr）等，对心血管疾病的预防都有一定的作用。而软水（钙、镁含量低）中如果含有较高浓度的镉（Cd）、铅（Pb）、铜（Cu）等可能引发心血管疾病。一些实例报道似乎可以对此提供支持。英国于1969—1973年对全国心脏病发生率和死亡率的区域特征进行研究后证明，饮用软水地区的心血管疾病死亡率比饮用硬水的地区高10%～15%。英国斯肯索普和格里姆斯比饮用水硬度接近，心脏病死亡率相近。但当斯肯索普采用软化水技术处理饮用水几年后，心血管疾病的发病率骤增，而格里姆斯比未作软化水处理，心血管疾病的发病率未见显著变化。

在研究硬度对饮水健康的影响时，相关报道尤其是实证报道中可能存在一些模糊之处。首先，表观硬度实质上是水中多价阳离子共同反应的结果，各种阳离子的贡献程度取决于它们对硬度测试方法（如EDTA滴定法）的响应程度，铁、锰、铜、镍、钴、铝等都可能对此产生影响。其次，即使在以钙、镁离子为主要构成的水中，钙、镁离子对人体的作用效果是否相同，二者存在哪些区别，以及它们之间的比例如何影响健康，这些问题仍有待研究。再次，水中成分非常复杂，不同样本的其他成分未必一致或者相近，这些成分对研究结果产生的影响尚不明确，研究难度较大。另外，从元素吸收的角度来看，钙、镁离子属于常量元素，人体从饮食中摄入钙、镁离子充足的情况下，可有效抑制其他金属元素的吸收，这些金属元素既包括铅、汞、镉等重金属元素，也包括铜、锌等人体必需的微量元素。即使上述问题都考虑到了，还有一个重要的问题没有明确，即水的硬度是否只是一种地区特征的表象。这里的地区特征还包含物产、气候、饮食习惯、作息习惯等诸多因素，这些都将对人体健康产生重要的影响。因此，硬水对健康的影响是复杂的，但目前的研究还是在一定程度上给出了一些提示，表明适度硬度的饮用水对健康有益。

2. 铁

人体内的铁元素含量较低，总量只有3.0～4.5g，却发挥着不可替代的作用。铁有多种氧化还原形态，能根据反应物的氧化势接受或提供电子，构成其生物作用的化学基础。Fe在人体的生理活动中起着重要作用：参与人体氧的运输和储存；参与细胞色素和某些金属酶的合成，并影响其活性；维持正常造血功能；增强免疫功能。人体缺铁时会导致缺铁性贫血，还会影响人体的生长发育。铁作为辅酶或活化剂参与许多酶反应，形成酶-底物-金属配合物，或者在金属-蛋白（酶）中作为活性基团，催化多种生化反应。在此过程中起催化作用的是金属原子化合价的变化和电子的传递。铁在酶系统中有铁-硫蛋白和铁-卟啉蛋白两大类。铁氧还蛋白属于稳定的铁-硫蛋白，存在于叶绿体中，是光合电子传递链中第一个稳定的氧化还原化合物，是最初的电子受体。铁氧还蛋白具有很高的负氧化还原电位，能还原多种物质，如 $NADP^+$、O_2、亚硝酸盐、硫酸盐和血红蛋白。铁是卟啉分子的结构组分，诸如细胞色素、铁血红素、羟高铁血红素和豆血红蛋白等，均参与叶绿体中光合作用和线粒体中呼吸作用两个代谢过程中的氧化还原反应。在呼吸作用中，铁化合物将氧还原为水。在铁-卟啉蛋白中，铁是高铁血红素或氧化血红素的辅基，这些高铁血红酶系统包括过氧化氢酶、过氧化物酶、细胞色素氧化酶和各种细胞色素。因而，铁是哺乳动物血液中交换氧的必需元素，缺少铁，血红蛋白就不能形成，会发生缺铁性贫血，出现食欲下降、烦躁、乏力、头晕等症状。研究还发现，人体内缺少铁还会导致胃癌发病率上升。铁元素的缺乏，易导致慢性萎缩性胃炎，使胃酸分泌过低或缺乏；而细菌在胃内聚集、繁殖，使摄入体内的硝酸盐在胃内与胺类物质化合成对人体有强致癌作用的亚硝胺，使免疫功能较弱的人易患胃癌。即使是轻度缺铁的儿童，注意力也会明显降低，影响其学习能力。

人体所需的铁主要来源于食物。人体铁的估计日摄入量为 $10\sim15mg$，人们从谷类、肉类、蔬菜、水果等都能获得一定的铁。通过膳食，人体可摄入 $15\sim31.5mg$ 铁，基本满足人体所需，一般不需要通过额外方式补铁。从饮水中也可能获得一定量的铁，但水中铁含量一般都比较低，且过多的铁会影响水的感官性状或增加水的硬度等，因此一般会在水处理过程中被去除。在有些水处理过程中，会使用铁盐或者铁的高聚合物作混凝剂，在混凝出水中可能出现铁残留，但含量通常很低。一般规定自来水铁残留量不得超过 $0.3mg/L$。饮用水中铁含量为 $0.03\sim0.3mg/L$，通过饮水摄入人体的 Fe 约为 $0.6mg$，占日需求量的 $0.5\%\sim5\%$，所以铁元素通常被认为主要是通过食物获取的。

3. 锌

锌是人体生长发育、生殖遗传、免疫、内分泌、神经体液等重要生理过程中必不可少的元素。锌被认为是促进儿童生长发育的关键元素。锌参与三大营养物质与核酸的代谢，是人体许多酶的组成成分或激活剂，尤其是 DNA 和 RNA 聚合酶的组成成分，直接参与核蛋白的合成；锌对细胞分化、复制等生命过程产生影响，从而影响生长发育。锌参与多种酶的合成，是维持人体各种酶系统正常运转的必需成分，也是合成多种蛋白质分子所必需的元素。锌能增强创伤组织的再生能力，增强抵抗力，促进性机能发育。当人体缺锌时，可引起一系列生理功能紊乱，生长繁殖、物质代谢、免疫系统、胃肠系统、视力和行为等方面均会受到影响。锌在人体内必需微量元素中的含量仅次于 Fe，居第二位。正常成年人体内含锌量为 $2\sim2.5g$，正常人每天需锌 $10\sim14.5mg$，多从食物中获取。有时候锌可能出现在自来水中，因为有些自来水管、阀门等材质中的锌会溶出进入水中。当自来水中 Zn 的含量为 $0.009mg/L$ 时，人体每日通过饮水摄入 Zn 的量为 $0.018mg$，占日摄取总量的 0.09%。

4. 硅

硅是人体所需的微量元素，一般以偏硅酸的形式存在于饮用水中，在水中溶解度较小。饮用水中偏硅酸的含量为 $0.1\sim1.0mg/L$，偏硅酸易被人体吸收，能有效维持人体的电解质平衡和生理功能，对人体心血管系统、骨骼生长等具有保健作用。硅是一种重要的结构元素，参与胶原蛋白及黏多糖的合成，也是构成氨基葡萄糖多糖羧酸等物质的主要成分。硅是一种重要的生物联结剂，可使多糖与蛋白质联结，是形成结缔组织所必需的元素；可使结缔组织发展成为纤维成分结构，提高其强度和弹性，使胶原结构更完善。硅可保持弹性纤维和周围组织的完整性，从而有助于降低动脉粥样硬化和斑块发生率。硅是硫酸软骨素的重要成分，适量的硅有利于骨骼的钙化，可促进成骨过程，并对人类的抗衰老具有明显作用。人体的主动脉、皮肤等都含有一定量的硅，随着年龄的增长，硅含量显著下降，会导致动脉血管、皮肤等老化，失去弹性。偏硅酸具有良好的软化血管的功能，可使人的血管壁保持弹性，故对动脉硬化、心血管疾病能起到明显的缓解作用。研究表明，水中硅含量高低与心血管疾病发病率呈负相关。

5. 氟

氟是人体必需的微量元素，其在体内的浓度取决于外界环境状况。当环境中含氟量高时，特别是饮水中含氟量高时，人体内氟的摄入量就会增多；环境缺氟时，体内亦随之缺乏。氟对人体的生理功能主要体现在牙齿及骨骼的形成、结缔组织的结构维持以及钙和磷的代谢等方面。适量的氟进入人体后，首先渗入牙齿，被牙釉质中的羟基磷灰石所吸附，形成坚硬致密的氟磷灰石表面保护层。这层保护层可使釉质在酸性条件下不易溶解，抑制嗜酸细菌的活性，阻止某些酶对牙齿产生不利作用，从而有效预防龋齿的发生。一般认为，饮水中含氟量低于 $0.3mg/L$ 时，若长期饮用，且从食物中又得不到应有的补充时，就可能造成龋齿症，在儿童群体中尤为突出，老年人还可能出现骨骼变脆、易骨折等问题。为此，常在这类地区的饮用水中加入氟化物，使氟含量调节为 $0.6\sim1.7mg/L$。以每人每日水的摄入量为 $2L$ 计，则可摄取氟化物的量为 $1.2\sim3.4mg$。当人体摄入过多的氟时，又会出现氟斑牙及慢性氟中毒症，这是一种严重危害人类健康的疾病。它会导致人的牙齿易于脱落、肢体变形、全身关节疼痛等症状，严重影响人体健康，因此，当饮用水中氟含量过高时，必须采取降低氟含量的措施。

人对氟的生理需要量为 $1.5\sim3.0mg/d$。饮用水中的氟含量通常为 $0.29\sim8.5mg/L$，一般认为每天饮用含氟化物浓度不超过 $1.5mg/L$ 的水不会对健康造成威胁。在正常情况下，成年人每天可从普通饮水、饮食中获得生理所需的氟。由于从饮水中所获得的氟几乎完全被人体吸收，因此饮水中氟含量对满足人体氟需求起决定性作用。一般认为饮水中含氟量在 $0.5\sim1.0mg/L$ 为适宜范围。当饮水中含氟量为 $1.5\sim2.0mg/L$ 时，有时会出现斑釉齿，影响美观；而含量达到 $3\sim6mg/L$ 时，就可能出现氟骨症。人体每日摄入氟量不超过 $6mg$ 时，氟一般不会在体内累积。如果每人每日的氟需求量为 $3mg$，通过饮水进入人体的氟占需求量的 $19.3\%\sim66.7\%$。世界卫生组织建议饮用水中氟化物的标准是 $1.5mg/L$。在美国，通常认为饮用水中氟化物最适宜的含量是 $0.7\sim1.2mg/L$，美国的大多数城市在饮用水中添加氟化物以降低龋齿等缺氟疾病的发生率。

6. 铜

铜（Cu）是人体代谢过程中的必需元素，成年人体内，每 $1kg$ 体重中 Cu 含量为 $1.4\sim2.1mg$，血液中 Cu 含量为 $1.0\sim1.5mg/L$，这一含量虽然很少，但是对维护人体健康及器官正常运行非常重要。成年人每日通过膳食摄入 Cu 的量为 $2\sim3mg$。自来水中 Cu 的含量为 $0.009mg/L$，假定人体每日饮用 $2L$ 水，通过饮水摄入人体的 Cu 量为 $0.018mg$，不足人体日摄入量的 0.9%。铜是机体内蛋白质和酶的基本组成部分。铜可以促进血红蛋白的合成，还具有杀菌消毒作用，可以杀死饮用水中的细菌；铜可促使无机铁转化为有机铁，促进铁从贮存场所进入骨髓，加速血红蛋白及卟啉的生成，在氧化还原体系中是一种极有效的催化剂。人体缺铜会引发贫血，且由于黑色素合成不足，常导致毛发脱色症。研究证明，缺铜可能引发心脏增大、血管变弱、心肌变性、心肌肥厚等症状，故与冠心病的发生有关。科学家对英国、美国典型膳食食谱的含铜量进行分析，发现只有 25% 的人铜日摄入水平达到合适水平，而许多工业化国家的人群摄入量只能达到标准的 40%，表现出边缘性缺铜的特征。缺铜可引起缺铜性贫血、白化病、发育不良、心脏疾病等问题，但是摄入过量的铜，对人体健康也有害，如可导致铜中毒、代谢紊乱，甚至有致癌风险等。

7. 钾

成人每日对营养元素钾（K）的需要量为 1875mg，矿化水中 K 含量为 $0.2\sim2mg/L$，若每日饮水 2L，则通过饮水摄取的 K 的量低于 4mg，占每日摄入总量的 0.21%。钾是维持生命不可或缺的矿物质元素，它的主要作用包括：参与碳水化合物、蛋白质的代谢，维持细胞内正常的渗透压，维持神经肌肉的应激性和正常功能，维持心肌的正常功能，同时还对维持细胞内外正常的酸碱平衡有重要作用。当人体钾总量减少时，会引发钾缺乏症，严重时可导致神经、肌肉、消化、心血管、泌尿等系统出现功能障碍，导致肌肉无力或瘫痪、心律失常以及肾功能障碍等。特别是在大量运动后，人体在出汗排出钠的同时，也会排出大量的钾。如果不及时补充，身体就容易感到疲倦乏力、精神不足和体力下降。

8. 碘

碘是影响智力发育的重要微量元素，碘缺乏病的主要表现有：损害儿童大脑神经，使生长发育受到影响，导致智力缺陷、学习能力低下；可能患上地方性甲状腺肿（俗称"大脖子病"），出现聋、哑、呆、傻等症状；致使孕妇出现死胎、流产及胎儿出现畸形等情况。人体每日应摄取的碘含量为 $100\sim150\mu g$，饮用水中的碘含量为 $5\sim10\mu g/L$，每日通过饮水进入人体的碘含量为 $10\sim20\mu g$，占人体日需求量的 $6.67\%\sim13.33\%$。可见，碘通过饮水可得到一定程度的补充。人体储存碘的能力有限，因此应当在日常生活中微量长期地补充碘。碘是人体必需的微量元素，人体缺碘，会导致一系列的生化紊乱及生理异常。但过量摄入碘，则会引起甲状腺中毒症。在我国，有些地区地下水中含碘量高，长期饮用这样的水，也存在一定的健康风险。

9. 硒

硒作为人体所需的微量元素，在防癌、抗癌以及预防和治疗心血管疾病、克山病和大骨节病等方面的重要作用已为世人所公认。硒在人体内的主要功能有：硒是组成各种谷胱甘肽过氧化物酶的重要元素，参与辅酶 A 和 Q 的合成，以保护细胞膜的结构；具有抗氧化性，能够有效地阻止诱发各种癌症的过氧化物游离基的形成。有报道指出，硒的抗氧化作用与维生素 E 相似，且效力更大，此外硒还能逆转镉元素的有害生理效应。中国科学院克山病防治队根据国内外的研究成果，认为成年人每日最低需硒量为 $0.03\sim0.068mg$，通常推定每日需硒量为 0.04mg，若摄入过多则会出现慢性中毒症状。成年人每日摄取硒的推荐标准值为 $40\mu g$，若饮用水中的 Se 含量按 $0.02\mu g/L$，每日饮水量按 2L 计算，则通过饮水进入人体的 Se 含量为 $0.04\mu g$，仅占人体日摄取 Se 量的 0.1%。有些报道认为，饮水中硒含量为 $0.01\sim0.05\mu g/L$ 时，具有防癌、抗癌，增强人体免疫功能、抗氧化、保护心血管、保护眼睛、解毒等作用，但含量大于 $0.05\mu g/L$ 时，就会造成硒中毒。

10. 锰

锰是人体必需的微量矿质元素之一。它参与蛋白质的合成、遗传信息的传递，具有调节甲状腺和性腺激素分泌的功能，还是构成机体骨骼所必需的物质，参与造血、脂肪代谢过程，并在胚胎早期发育中发挥作用。多种贫血患者的体内锰含量多半降低，在缺锰地区，癌症的发病率较高。有人在研究中还发现，动脉硬化患者心脏的主动脉中锰含量较低，因此推测动脉硬化与人体内缺锰有关。另外，在精氨酸酶、脯氨酸肽酶的合成中，锰是不可缺少的成分。锰缺乏时可引起下列病变：骨质疏松、骨骼畸形、软骨受损，中老年人出现疲劳乏力、腰酸背痛、牙齿早脱、易骨折等症状；儿童生长发育迟缓、骨骼畸形。人体内严重缺锰时可致不孕症，甚至出现死胎、畸形儿等，男性雄性激素分泌也会减少。大脑正常功能的发挥需要锰，锰缺乏时可导致智力减退、儿童多动症，甚至诱发癫痫和精神分裂症。人体每日摄取 Mn 的标准量为 9mg，通过膳食补充的 Mn 的量为 4.4mg，若饮用水中 Mn 的含量为 0.006mg/L，假定每日饮水量为 2L，通过饮水进入人体的 Mn 的量为 0.012mg，占日需求量的 0.13%，仅是膳食摄入量的 0.27%。

11. 铬

铬是重金属元素之一，但其具有重要的生理功能，是人体必需的微量元素之一。铬存在从 Cr^{3+} 到 $Cr(VI)$ 的氧化态。在自然界中，Cr^{3+} 最为常见，并作为人类必需的微量元素发挥着生理作用。铬的毒性与其存在价态有关，六价铬的毒性最大，三价铬次之，二价铬毒性最小。六价铬具有强毒性，为致癌物质，易被人体吸收而在体内蓄积，其毒性比三价铬大上百倍。当前大量研究成果表明，Cr^{3+} 对葡萄糖和类脂代谢以及一些系统中氨基酸的利用非常关键。因此，缺铬易导致胰岛素活性降低，从而引发糖尿病。1959 年，生物医学家默茨证实，铬是葡萄糖代谢过程中胰岛素发挥作用所必需的元素。对于一些来自饮水中铬含量低的地区且患蛋白质缺乏症的儿童，使用铬剂进行治疗后，恢复了其对葡萄糖的正常消化能力。目前人类对铬的需要量尚未见到明确的报道。但值得注意的是，饮用过高铬含量的水对健康有严重危害。

其中，铜、硒、锰、铬等均是人体必需微量元素，对维持人体健康、器官正常发育和功能发挥等非常重要；摄入不足或过量都会导致不良后果。这些元素在饮用水、地表水中的含量通常较低，在某些地下水也有分布，而在一些污废水中某些元素可能含量较高。饮水并非这些元素的主要摄入方式。通过饮用水摄入人体的物质及含量见表 2-2。

表 2-2 通过饮用水摄入人体的物质及含量

项目	日摄入量/mg	饮水中含量/(mg/L)	饮水摄入量/mg	饮水摄入比例/%
Ca	700~1500	50~150	100~300	6.9~43
Mg	320	0.5~5	1~10	0.31~3.12
Fe	12	0.03~0.3	0.06~0.6	0.5~5
Zn	15.5	0.009	0.018	0.12
Cu	2~3	0.009	0.018	0.6~0.9
K	1875	0.2~2	0.4~4	0.02~0.21
I	0.15	0.005~0.01	0.01~0.02	6.67~13.33
F	2~3	0.29~1	0.58~2	29.00~66.67
Se	0.04	0.00002	0.00004	0.1
Mn	9	0.006	0.012	0.13
B	20	0.1~1.0	0.2~2.0	2~10
偏硅酸		0.1~1.0	0.2~2.0	

（三）水中的有机营养物质

一般情况下，水中存在一些有机物，其中有些对人体有益，属于营养物质，如氨基酸等；有些有机物则属于污染成分，是水处理中要去除的主要目标之一。水中天然有机物的主要成分是腐殖质类有机物，以及一些生物代谢和自然降解的产物。受人类社会活动的影响，水中有机物种类大幅增多。水中的有机物可按照形态分为溶解性有机物、胶体有机物和悬浮有机物三类。悬浮有机物无论是以固体颗粒还是液滴的形式存在，其分散性都相对较弱，较易从水中分离出来。胶体和溶解性有机物则分散性强，在水中长期稳定存在，且可能在更大范围内迁移扩散。溶解性有机物可以和水中的金属离子等形成配合物，一种情况是产生沉淀，促使金属离子从水中分离；另一种情况是形成溶解性强的金属配合物，增加了金属离子在水中的溶解性和可迁移性，其毒性也随之改变。此外，水中有机物的形态和化学结构处于不断变化之中。比如，溶解性有机物可能被颗粒物吸附，从而改变形态，其迁移和反应行为就呈现了颗粒物的特征。

有机物对水质和水处理过程的影响主要表现如下：有机物会使水中混凝剂的需求量增大，导致混凝效果变差、投药量增加；在消毒过程中，有机物是重要的消毒副产物前驱物质，多数消毒副产物如 HAAs、THMs、HNTMs（卤代硝基甲烷）等本身就是有机物；有机物的存在会促进微生物生长繁殖，降低饮用水生物稳定性，影响管网微生物污染控制效果。在饮用水的控制指标中，对有机物有严格的规定。高锰酸盐指数（COD_{Mn} 法，以 O_2 计）是衡量饮用水中有机物等还原性物质含量的综合性指标。通常还原性有机物构成高锰酸盐指数的主体部分，因此高锰酸盐指数大致反映了有机物含量。我国《生活饮用水卫生标准》（GB 5749—2022）规定高锰酸盐指数不得高于 3mg/L。国家标准中未规定饮用水中有机营养物质的含量。目前的水处理技术还不能对有机物进行有区别的去除，通常所采取的措施是尽可能去除所有的有机物，不分有益与否，以减少其对水质和水处理过程的负面影响。因此，饮用水中的有机物是被严格控制的，其中有机营养物质即使存在，含量也非常低，不足以起到明显的营养作用。而有些饮料在生产过程中会添加一些营养物质，比如氨基酸、维生素、糖等，以增强饮料的功能和口感。

饮水是机体补充营养物质的重要方式。人体必需的物质如必需微量元素、必需氨基酸等营养物质，其主要来源于食物。水对于大多数营养物质而言，只是起到辅助作用。仅对于氟、钙、碘等少数元素而言，饮水是相对重要的摄入途径。然而需要注意的是，绝大多数营养物质的吸收都是通过水作为媒介被吸收和利用的。因此，消化后营养物质在水中的分散性及分散形态等，对营养物质的吸收和有效利用至关重要。一般而言，食物中各种营养物质并不缺乏，但进食时这些营养物质所处的环境与饮水时的环境有显著的差别。食物进入消化道后，多种食物成分及其消化、半消化产物与消化液、消化酶等混合在一起，形成非常复杂的环境。食物咀嚼的细碎程度决定了食物与消化液、消化酶的接触程度，进而影响了食物的消化程度以及营养成分的吸收。此外，即使经过充分消化，一些重要的营养物质仍可能受食物中的其他成分所影响，可被吸收的部分有限。比如，食物中的纤维素、草酸等会与钙、镁、锌、铁等发生反应，形成不易溶解的沉淀物质，阻碍了它们的吸收和利用。这些问题就是摄入食物中营养物质并不缺乏，但人体却可能缺乏某些营养物质的重要原因。饮水作为营养物质的吸收途径，具有其独特的优势。其一，水是优良的溶剂，可以溶解或者分散多种物质，多数营养物质和微量元素等都可以稳定地分散于水中；其二，在饮用水中可以有选择地添加一些营养物质，增强其营养补充功能；其三，水中的矿物元素多数呈现离子状态，易于人体吸收；其四，水中阻碍和影响营养元素吸收的物质含量较少，或者可以有选择地控制其含量，因而其中的营养物质更易被吸收，有效利用率高，补充成本低、效果好。通过饮水补充营养物质，尤其是微量元素和维生素等，与通过食物补充相比，还有一个重要的区别是通过饮水摄入的能量物质少。一般不至于出现像食物补充那样，人体必需营养物质不一定得到有效的补充，但能量物质却过度摄入的情况。事实上，有很大一部分肥胖及心脑血管疾病的根源就在于此。人体对某些营养物质摄入不足，导致体内必需营养物质的缺乏，因而体内产生对食物的内在需求和依赖，希望通过食物得到相关营养物质的补充。而食物补充方式的特点和不足，以及某些人体消化、吸收方面的缺陷，导致这些营养物质得不到有效的吸收和利用，无法满足身体对其的内在需求，但同时能量物质却过多摄入，从而导致肥胖等不良后果。因此，改善水中的成分，强化饮水对营养物质尤其是某些微量元素的补充，是改善人体健康状况和生活质量的重要方式。

实际上，这种营养物质补充方式与药物的主要摄入方式相似，已经被人类广泛应用，并得到了长期实际效果的验证。

饮水补充微量元素及其他营养物质是值得关注的问题。通过饮水补充微量元素及其他营养物质，可以对某些人体难以通过食物吸收的物质进行有针对性的补充。然而，在饮水中不恰当的添加物质也会造成一定的问题。首先，水和食物的主要区别在于水中影响物质吸收的干扰物质较少，目标物质的有效利用率较高。这在一定范围内体现了通过饮水补充营养的优势，但也可能导致某些物质过度添加或过度摄入的问题。人体对多数营养物质的需求都是有一定限度的，摄入过少会造成营养缺乏，摄入过多也可能产生危害。其次，多种物质因素联合作用对人体健康的影响一直以来都是人们关注的问题，但目前的科研水平仍未能充分揭示其中的规律。也就是说，目前人们对接触多种物质后对人体产生的实际作用还知之甚少，甚至不得而知。大多数此类结论都是基于动物实验结合流行病学调查等方面的综合研究和推测得出的，其真实性和准确性仍有待进一步验证。过度夸大某种物质（如微量元素、维生素等）对健康的作用是不切实际的。如果水中营养物质不够均衡、搭配不合理，或者某些物质过度添加，则同样可能被大量吸收，导致营养成分或某些微量元素摄入过多，从而带来危害。因此，通过饮水补充营养物质应该因人而异、因时而异、视具体情况而定。

综上所述，通常饮水中所含的人体必需营养成分，无论是微量元素还是有机营养物质，大多都不能满足人体每日摄入量的需求。以每人每天饮水 2L 计算，除钙、碘、氟等元素外，饮水摄入的营养元素量不足人体每日摄入量的 10%。饮用水中只有氟可能是人体氟的主要来源。况且，这些数据反映的只是人体通过饮水对这些物质的摄入量，尚未涉及有效利用率的数据。一般而言，有效利用量不会超过摄入量。

由于现有研究水平和认知的局限，这里仅就一般饮用水中营养元素的含量作了初步分析，尚未涉及其存在形态、形态分布、联合作用对吸收利用率的影响，以及对生物效应的影响。如果考虑这些影响，水中营养元素的吸收利用率或许会产生某些上下波动。这种波动受到营养元素含量的限制，也就是元素含量决定了通过饮水摄入该元素的上限。因此，一般而言，仅靠饮水是无法满足人体对多种微量元素和营养物质的需求的，尽管通过饮水补充部分营养物质可能比通过食物补充更为有效。

（四）水溶气体以及嗅味物质

水中分散有一定数量的气体，主要有氧气、二氧化碳、氨、硫化氢等。在饮用水领域，有些公司会对水质中的气体特征进行强化，并大力推广。

1. 溶解氧

溶解氧是天然水体水质最重要的指标之一，高溶解氧反映了水中有机污染物少，因而一般认为天然水中溶解氧较高的水质较好。但并不能简单地认为溶解氧高的水具有保健作用。

饮用水中含氧量对人体健康的影响并不明确。饮用水中是否含氧在《生活饮用水卫生标准》（GB 5749—2022）和《饮用净水水质标准》（CJ/T 94—2005）中是没有规定的。对于一般地区，高氧水很少被提及，多数出现在商品饮用水及制水设备的宣传内容，目前尚未见到足够的科学证据证明其功效。从水和氧的吸收方式分析，虽然氧可以自由通过细胞膜，但不能证明饮用水中的溶解氧对人体具有保健作用。很明显，人体对氧的需求量远大于高氧水所能提供的量。况且即使是高氧水，一旦破坏密封的条件，在饮用过程中其溶解氧量会快速降低，直至趋于常态溶解氧平衡的浓度。温度一定时，溶解氧和气相中的氧气近似遵循亨利定律，即

$$c = \frac{p}{E}$$

式中，c 为溶解氧含量；p 为氧气在气相中的分压；E 为亨利常数。

可见，高氧水只有在密闭的容器中才可能存在，一旦开封，所谓高氧水中的溶解氧会迅速降低至常态水平。水的主要吸收部位——消化道（如胃、肠道），一般处于缺氧或厌氧状态。在这样的缺氧状态（如肠道）中生存着一定种类和数量的微生物。这些微生物与人体和谐共处，发挥着重要作用。如果饮用高氧水改变了氧化还原状态，这些正常微生物将何去何从？它们对健康的促进作用还能维持吗？这样对人体究竟带来的是保健作用还是危害呢？这些问题都未可知。

2. 二氧化碳

二氧化碳（CO_2）在常温下是一种无色无味、不可燃的气体，其在水中的溶解度为 1.45g/L（25℃，100kPa）。CO_2 被认为是空气中常见的和最重要的温室气体，有关碳排放和碳交易等环境保护的措施就是围绕 CO_2 展开的。空气中的二氧化碳在正常情况下对人体并不会造成危害，但浓度过高的时候有可能造成窒息或酸中毒。

水中二氧化碳的作用非常重要，二氧化碳能与水反应形成碳酸：

$$CO_2 + H_2O \longrightarrow H_2CO_3$$

由于碳酸很不稳定，容易分解：

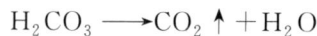

$$H_2CO_3 \longrightarrow CO_2\uparrow + H_2O$$

向澄清的石灰水中加入二氧化碳，会使澄清的石灰水变浑浊，生成碳酸钙沉淀：

$$CO_2 + Ca(OH)_2 \longrightarrow CaCO_3\downarrow + H_2O$$

如果二氧化碳过量会有：

$$CaCO_3 + CO_2 + H_2O \longrightarrow Ca(HCO_3)_2$$

天然水体中，二氧化碳和碳酸盐体系共同构成水的 pH 缓冲系统。富营养化水体中 pH 值的大幅波动，与水中二氧化碳浓度的变化存在密切关系。二氧化碳是水产养殖用水必须严格监控的气体成分。此外，二氧化碳还是造成纯水 pH 偏低的主要原因。调整 pH 值可以有效控制二氧化碳、碳酸、碳酸根、碳酸氢根在水中的比例。通常，碳酸盐体系是水中最重要的 pH 缓冲体系，对水质和水处理过程都有重要的影响。

二氧化碳是饮用水中较为常见的气体成分，是碳酸饮料的主要添加剂。碳酸饮料（汽水）类产品是指在一定条件下充入二氧化碳的饮料。碳酸饮料和啤酒等的泡沫和刺激口感来自二氧化碳，不同压力下充入的二氧化碳会给饮料带来口感上的差异。饮料中的二氧化碳能促进体内热气排出，使人产生清凉爽快的感觉，并有一定抑菌作用。饮料中二氧化碳使用量取决于产品特定的口味和品牌需求。

3. 致嗅物质

氨气（游离氨）和硫化氢等是水体中有机物或其他杂质转化过程的自然产物，会使水产生异味，甚至具有危害性。水体中的有机物尤其是底泥中的有机物，在厌氧发酵和氨基酸降解过程中会产生氨气，硫酸盐等在厌氧条件下被还原产生硫化氢等，从而形成浓重的嗅味，使水体呈现黑臭特征。

异味是通过人的感觉器官（鼻、口和舌）而被感知的，它包括两个方面：嗅觉异味和味觉异味。在这里讨论的是嗅觉异味。人们借助嗅味对自来水安全进行直观判断，因此，嗅味便成了人类评价饮用水质量最早的依据之一。嗅味物质会恶化水质的感官指标，让人产生排斥感。嗅味是饮用水用户投诉的高发问题，因而嗅味的来源、性质、危害及控制成为近年来饮用水处理研究的热点问题之一。嗅味物质包括产生恶臭、异常气味的无机物，以及多种能产生嗅觉异味的有机物。水体中嗅味的来源主要分为两类：一类是自然产生的嗅味，主要有水中的生物（如藻类、菌类）引起的嗅味；另一类是人为产生的嗅味，主要有工业废水或生活污水直接排入水体所引起的嗅味，以及水厂进行水处理时投加药剂所引起的嗅味。目前，异味及导致异味的挥发性化合物被划分为 13 类，其中嗅觉异味占了 8 类，如土霉味、油脂味、草木味、鱼腥味、烂菜味、腐败味、氯化物味及药味等。其中，土霉味是淡水水体中分布广泛且难闻的异味。此外，硫化氢、氨氮以及某些有机致嗅物质本身对机体健康有负面影响，硫化氢、氨氮等对其他污染物质迁移转化及毒性也有一定影响。

（五）水中的污染物

水的自然循环受到社会循环的干扰，不仅在水量和流向上受到影响，更重要的是对水质会产生影响。人类生产、生活导致水中污染物的种类和浓度明显增加；同时，局域水循环次数增多，给水质带来更严重的影响。

水中常见的污染物可分为有机污染物和无机污染物两大类。以自来水（市政饮用水）为例，污染物的主要来源如下。

1. 自来水处理工艺残余的污染物

水源水中的污染物在自来水处理工艺中大部分会得到一定程度的去除，但现有的大规模水处理技术仍不能完全去除水中的污染物，因此市政饮用水中通常都存在一定量的残余污染物。不仅大规模水处理技术如此，家用小规模水处理技术的出水中也有一定量的残余污染物，无论家用水处理器是纯水机还是净水机，也无论是哪个品牌。

残余有机物一般包括：溶解性天然有机物，比如腐殖酸、富里酸等；人工合成有机物，如挥发酚、阴离子洗涤剂等；持久性有机污染物、消毒副产物等。水中 TOC 通常在 2mg/L 以下，残余有机物含量较低。但不同的水源、不同地区以及处理工艺控制上的差异都会导致饮用水中有机物含量出现波动。

溶解性天然有机物通常本身并没有毒性，其主要危害是消耗水中的溶解氧，影响其他污染物的迁移、转化和毒性，还可能成为消毒副产物的前驱物等。但人工合成有机物，例如酚类物质，则有明确的毒性。酚是水中常见的有机污染物。《生活饮用水卫生标准》（GB 5749—2022）中规定挥发酚类（以苯酚计）限值为 2μg/L。酚是由羟基直接与苯的 sp^2 杂化碳原子相连的一类有机化合物，苯酚是典型的酚类化合物。根据酚类化合物的沸点、挥发性以及能否与水蒸气一起蒸出，可分为挥发酚和不挥发酚。通常认为沸点在 230℃ 以下的为挥发酚，沸点在 230℃ 以上的为不挥发酚。酚类属于高毒物质，可以通过皮肤接触引起全身中毒，若酚溶液溅到皮肤上可引起急性中毒；长期吸入高浓度酚蒸汽或饮用被酚污染的水可引起慢性积累性中毒。当水中含酚 $0.1\sim0.2\mathrm{mg/L}$，鱼肉就会产生异味；大于 $5\mathrm{mg/L}$ 时，鱼可能中毒死亡。含酚浓度高的废水会使农作物枯死或减产。酚的主要污染源有煤气洗涤、炼焦、合成氨、造纸、木材防腐和化工等行业排放的工业废水。天然水体对酚类物质的自净能力较差，加之局域水循环次数增多，增强了对酚类物质进行控制的迫切性。

残余无机污染物的种类很多，在我国《生活饮用水卫生标准》（GB 5749—2022）中所列的指标如铝、砷、铬、汞、镉、铅等，就是典型的常见无机污染物。

（1）铝

饮用水中铝的来源主要有：酸雨、酸雾等导致土壤中铝元素的溶出，给水处理中用铝盐作为混凝剂，输配水系统中混凝土管、水泥管等含有的铝元素的溶解，采矿、冶炼行业含铝废水的排放等。国家规定饮用水铝含量不得超过 $0.2\mathrm{mg/L}$（GB 5749—2022）。

铝在自然界中含量丰富，但生物体内含量却很少。人体内铝的总量约为 $100\mathrm{mg}$，占人体重量的 0.0001%。铝被人体摄入后，胃内的强酸性含酶消化液会将铝溶解。进入肠道（从十二指肠到小肠）后，铝的溶解度因快速中和反应而急剧降低。随着铝深入消化道管腔，pH 值的升高和竞争性配位体与铝的反应都在很大程度上限制了人体对铝的吸收（吸收率仅约 0.1%）。而绝大部分铝会形成难吸收的不溶性水解产物进入大肠，再经粪便等途径排出体外。被吸收的铝只有 $1\%\sim2\%$ 在人的大脑、骨骼、肺部、部分淋巴腺体、肝脏、睾丸等处蓄积。如果人体铝含量摄入过多，则难以迅速排泄，从而对身体造成损害。蓄积在人体中的铝可结合多种蛋白质、酶和三磷酸腺苷等，干扰人体新陈代谢，导致人体某些功能出现障碍和损害，严重时甚至会引发疾病。据称，铝可在人体脑组织及神经元细胞内积累，损害记忆力，削弱思维和判断能力，甚至导致神经麻痹。儿童摄入过多则易引起小头畸形、发育迟缓、肌张力障碍、营养不良等症状。研究发现，在一些患有神经纤维性病变、阿尔茨海默病等疾病的患者的脑组织内，铝含量高于正常人。过量摄入铝还会导致骨科疾病，如骨营养不良、骨质软化等。同时，铝对造血系统和心肌结构也有毒害作用，会影响其新陈代谢。另外，铝对体细胞和生殖细胞有致突变作用，还会阻止人体对磷的吸收，引起代谢紊乱，进而引发疾病。铝还会抑制胃酸和胃液的分泌，降低胃蛋白酶的活性。

（2）砷

砷在自然界中分布广泛，在地下水中含量可能更高。地下水中砷的污染一般来自岩石的风化淋溶。另外，化工、电镀、冶炼、矿业、垃圾填埋等行业所产生的废水中也含有大量的砷。水中砷主要通过食物链和直接饮用进入人体，砷污染导致的毒害通常被称为慢性饮水型砷中毒。

砷在自然水体中主要以亚砷酸盐（如 $\mathrm{NaAsO_2}$）和砷酸盐（如 $\mathrm{Na_2HAsO_4}$）的形式存在，或者以甲基化的砷化合物的形式存在。砷酸盐在氧化性水体中含量较多，亚砷酸盐在还原性水体中含量较多。这两种盐的相对含量主要受氧化还原条件和一些吸附-解吸平衡过程的影响。$\mathrm{As^{3+}}$ 氧化成 $\mathrm{As^{5+}}$ 的化学动力学过程相当缓慢，因此毒性更高的 $\mathrm{As^{3+}}$（有报道称 $\mathrm{As^{3+}}$ 的毒性比 $\mathrm{As^{5+}}$ 高 60 倍）的迁移和富集备受关注。砷参与人体新陈代谢的甲基化过程可以用以下化学反应式表示：

$$\mathrm{H_3AsO_4 + 2H^+ + 2e^- \longrightarrow H_3AsO_3 + H_2O}\quad（还原作用）$$

$$\mathrm{H_3AsO_3 \longrightarrow CH_3AsO(OH)_2}\quad（甲基化作用）$$

$$\mathrm{CH_3AsO(OH)_2 \longrightarrow (CH_3)_2AsO(OH)}\quad（甲基化作用和还原作用）$$

$$(CH_3)_2AsO(OH)+4H^++4e^-\longrightarrow(CH_3)_3As+2H_2O\ (甲基化作用和还原作用)$$

大约 70% 的砷通过甲基化作用由尿液排出体外。砷在人体中的甲基化作用，一方面可抑制急性砷中毒的毒害效应，另一方面可能诱发与慢性砷中毒相关的癌症病变。砷中毒的作用机制是抑制细胞中含巯基的呼吸酶，砷浓度过高时会完全抑制细胞呼吸，从而引起细胞死亡，同时影响细胞的遗传变异。

单质砷及砷的化合物具有很强的毒性，剧毒物质砒霜（三氧化二砷）自古代起就广为人知。居民长期饮用含砷的水，会使微量砷在体内蓄积，对机体造成长期慢性损害。砷对神经系统、皮肤、动脉血管会产生不良影响，易引发皮肤损伤（严重时可发展为皮肤癌）、眼病、心血管疾病及周围神经病变（影响儿童智力发育）。有研究表明，如果将饮用水中砷含量从 0.05mg/L 降到 0.002mg/L，可使癌症发病率由 1.34% 降低到 0.01% 以下。

饮用水中去除砷的方法大致可分为化学沉淀法、物理法和微生物法三类。化学沉淀法是将水中的砷转化为难溶性的盐，再通过过滤去除。离子交换、吸附、萃取、反渗透除砷等方法则属于物理法。微生物法常用来处理高砷废水。目前，饮用水常规的除砷方法是混凝沉淀法，该方法主要是通过混凝剂（如铝盐、铁盐）的吸附作用将砷吸附再过滤去除。该方法简便高效且无二次污染，但容易受实际处理水质的影响。吸附法是饮用水除砷的常用方法之一，是将具有高比表面积、不溶性的固体材料（如活性氧化铝、活性炭等）作为吸附剂，使水中的砷污染物被固定在吸附剂表面，从而达到除砷的目的。该方法除砷效果好，但是易造成二次污染，且吸附剂作用时间长、成本高。生物除砷法是利用生物体表面的羟基、氨基、羧基、巯基等官能团与水中的砷共价结合，使砷在生物体表面浓缩富集，再慢慢渗入细胞内，通过生物体的新陈代谢将其去除。该方法除砷效果好、成本低，但生物除砷后，生物体的处置问题要严格控制。膜分离技术利用高分子或无机半透膜的传质选择性实现除砷目的，如反渗透、微滤等。该方法除砷效果好，但价格较高，适用于对水质要求高或小规模的饮用水处理。

（3）铬

铬是人体必需的微量元素之一，可参与人体糖代谢和脂质代谢。通常情况下，三价铬可以被人体利用，而过量摄入六价铬可能致癌、致突变。六价铬主要来源于工业废弃物泄漏以及电镀、印染、材料、化工等工业废水排放。

由于六价铬可与环境中的有机物质反应，它在自然界中很不稳定。多数地表水中铬含量为 1~10μg/L，而地下水中铬的浓度更低（<1μg/L）。加拿大的饮用水调查显示，其饮用水系统中铬的平均水平为 2μg/L，最大值为 14μg/L（原水）。我国《生活饮用水卫生标准》（GB 5749—2022）规定饮用水中 Cr(Ⅵ) 的浓度不得超过 0.05mg/L。

铬可以与水中的 Cl^-、SO_4^{2-}、HCO_3^- 等配位体配位，以溶解状态在水中富集，在中性或弱碱性氧化环境中迁移能力较强。人体摄入六价铬后，胃肠道中的内源性液体或者其他有机物质会与其反应，在细胞外将其还原为三价铬。此外，六价铬还可以利用非选择性硫酸盐和磷酸盐通道透过细胞膜，在细胞内通过酶或者非酶的途径还原为三价铬，该过程中产生的中间体及氧自由基会对 DNA 造成损伤。六价铬被人体摄入后主要分布于肝、肾、脾及骨骼等部位。

六价铬对人体有很强的毒性，能够使蛋白质变性，导致核酸和核蛋白发生沉淀，干扰酶系统。长期饮用 Cr(Ⅵ) 超标的水会对中枢神经系统造成损伤。Cr(Ⅵ) 氧化性强，对皮肤有高渗透性，会刺激、腐蚀皮肤黏膜及消化系统，损伤人体肾脏和心肌，甚至有致癌风险。

去除六价铬的方法有很多，传统的混凝沉淀法适用于 pH 较高的水体，但是易产生大量污泥。离子交换法是利用离子交换树脂将 Cr(Ⅵ)去除。化学还原沉淀法的原理是利用除铬药剂将 Cr(Ⅵ)还原成 Cr^{3+} 并形成沉淀分离出来，其中铁盐是效果较好的除铬剂。活性炭吸附法利用活性炭比表面积大、吸附特性好的特点，将水中过量的 Cr(Ⅵ)去除。膜分离法是通过外加电场或外加压力，利用物理膜将水中的离子予以分离，主要包括电渗析法和反渗透法。

（4）汞

汞是自然界广泛存在的元素之一，能在人体内蓄积，长期摄入可引起慢性中毒。汞污染主要来源于采矿冶金、废物处置、农药残留，以及塑料、电池、仪表、杀菌剂等化工产品的生产过程。

天然水中汞的含量很低，主要以无机汞的形式存在。通常引发水体汞污染的是汞的化合物，如氯化亚汞、硫酸汞、硝酸汞、次氯酸汞和各种烷基汞。环境中的汞可以通过化学甲基化和生物甲基化作用转变为甲基汞。甲基汞毒性高，且易富集和生物放大，危害极大。20世纪发生在日本的水俣病就是由甲基汞引起的。汞在被人体摄入的初期，在各组织中的分布大致均衡，经过几小时后向肾脏集中，所以体内汞的主要蓄积部位是在肾脏，主要通过尿液排出体外。

人体大量吸入或接触汞及其化合物，会破坏细胞内酶系统蛋白质巯基，造成肝脏、肾脏、胃肠道和神经系统的损伤。严重时可出现小脑性共济失调、失明甚至死亡。汞离子还会干扰人皮肤内的酪氨酸变成黑色素的过程。

汞的去除方法主要有吸附法、离子交换法、化学沉淀法等。吸附法主要依靠活性炭、沸石、硅藻土等吸附材料吸附水中的汞。该方法反应迅速、高效，无须添加其他药剂，但其缺点是吸附材料寿命短、价格高。离子交换法是利用离子交换树脂中含有的活性基团（如氨基、羟基等）与汞离子进行螯合、交换而去除汞的方法。该方法交换容量大、选择性高，交换树脂可通过再生重复使用，适用于小规模水处理。例如弱碱阴离子交换树脂通过表面配位作用能有效去除饮用水中的 Hg^{2+}，且对 Hg^{2+} 具有很好的选择性。化学沉淀法是向水中投加药剂，使溶解状态的汞转变为不溶于水的化合物而沉淀去除的方法。当原水 pH 值大于10.5时，采用以铁盐作为混凝剂的化学沉淀法可有效降低汞的浓度至国家标准限值以下，但是容易产生废渣等二次污染，需要妥善处置。

（5）镉

镉在天然水中含量很低，不超过 $10\mu g/L$，主要以二价镉离子的形式存在。一般饮用水中镉含量低于 $1\mu g/L$。自然水体中镉的来源主要是地表岩石风化侵蚀后，经雨水径流进入水体。镉污染通常来源于陶瓷、印染、农药、油漆、化纤、电镀、矿石开采、金属冶炼等行业产生的污水的泄漏或违规排放。另外，配水系统中使用含镉焊料的水龙头、水加热器等也可能造成饮用水的镉污染。

除了硫化镉外，其他镉的化合物大多能溶于水。水体中的镉可生成 $CdOH^+$、$Cd(OH)_2$、$HCdO_2^-$、CdO_2^{2-} 等可溶性化合物，其溶解度受到天然水体中碳酸根或羟基浓度的影响。镉一般通过呼吸道和消化道进入人体后，在肝、肾等脏器组织中蓄积并造成损伤。长期摄入低剂量的镉会引发慢性镉中毒。镉可导致骨质疏松和骨质软化，日本富山县发生的骨痛病是镉污染的典型例子。骨痛病患者会出现骨骼变形、身高缩短、骨骼疼痛难忍，甚至呼吸困难等症状。后来的研究证实，其病因是当地居民长期饮用受镉污染的河水，并食用以此水灌溉的含镉稻米，致使镉在体内蓄积而造成肾损害，进而导致骨痛病。可溶性镉化合物对体内的巯基酶系统有抑制作用（抑制酶的活性和生理功能），干扰组织代谢，并对局部组织细胞造成损伤，容易引发炎症和水肿；蓄积在肝、肾中的镉能导致肾损坏、肾结石、肝损伤及贫血等病症。此外，镉还可能导致高血压、嗅觉减退甚至丧失等病症。镉的生物半衰期很长，研究报道为 10～30 年不等。因此镉具有高稳定性、难降解性、高蓄积性等特点，主要通过直接污染水源水和食物链的生物富集危害人类健康，因而在饮用水中被严格管控。美国饮用水水质标准规定，镉的最高污染限值为 0.005mg/L。我国《生活饮用水卫生标准》（GB 5749—2022）也规定，水质常规指标中镉的限值为 0.005mg/L。

饮用水水源中镉的去除方法主要有强化混凝法、吸附法、化学沉淀法等。化学沉淀法是向水中投加药剂，与镉离子形成沉淀从而将镉离子去除的方法。应用最广泛的沉淀剂是氢氧化钙。该方法过程简单，除镉效果好，药剂来源广泛且成本低，但需反复调节水的 pH 值，随着药剂投量加大，其应用受到限制。强化混凝法是通过投加沉淀剂［如 NaOH、$Ca(OH)_2$、Na_2CO_3 或 Na_2S］，使镉离子转化为相应的沉淀，然后再投加混凝剂，经固液分离工艺将其去除。该方法是一种较为成熟的去除饮用水水源中微量镉的技术，其除镉效果好、操作简便、成本较低；但需反复投加酸、碱，使得成本升高、处理负荷加重。吸附法是利用吸附剂（如活性炭、金属氧化物、生物吸附剂等）去除水中镉离子的方法，该方法操作简单、经济、有效，适用于各种浓度含镉水的处理；其缺点是选择性差，产泥量大，吸附平衡时间长。

（6）铅

饮用水中含有微量的铅，其含量受到水源、水质、输水管道材质及水在水管内停留时间等因素的影响。饮用水中的铅一般有两个来源，一是土壤、岩石、河流和大气沉降，二是含铅的输水管道。酸雨会降低城市或工业区饮用水的 pH 值，从而将含铅水管中的铅溶解到水中，造成铅污染。另外，含铅农药的使用以及含铅工业废水、废渣的排放也会造成饮用水源铅污染。

含铅化妆品中的铅元素具有抑制酪氨酸酶活性的作用，从而减少黑色素的生成，起到美白效果。铅进入人体后，成人吸收率约为 11%，儿童吸收率却高达 30%～75%。这可能是由于儿童食物种类相对单一，对铅的吸收控制较弱；也可能是因为儿童消化解毒能力较弱。铅可在人体内蓄积，且不易排出。铅可与酶中的巯基结合，破坏酶的作用，还能损坏细胞膜，与蛋白质、氨基酸的官能团结合，从而干扰人体内多种生理活动。铅对人体有很强的毒性，而且是一种潜在的致癌物。铅中毒可损伤多种脏器，对人体的神经、血液、消化、泌尿、生殖、内分泌、免疫等系统均有毒害作用。轻者表现为腹泻、食欲不振、头晕疲乏、记忆力减退，重者表现为贫血症状甚至会损伤儿童的大脑细胞。胎儿、婴儿及儿童对环境中的铅比成人更为敏感。多动症和抽动症是儿童铅中毒的重要症状，成年人则容易因铅中毒引发高血压和肾脏疾病。据报道，当饮水中的铅含量为 0.1mg/L 时，即可引起儿童血铅浓度超标。我国《生活饮用水卫生标准》（GB 5749—2022）中规定 Pb 的限量为 0.01mg/L。

饮用水源水中的微量铅多采用强化混凝的方法去除。强化混凝就是先将可溶性的 Pb^{2+} 转化为沉淀或不溶性的铅盐，然后再通过混凝过程将其去除。混凝剂主要有聚合氯化铝、聚合硫酸铁、高锰酸盐及其复合药剂、高铁酸盐及其复合药剂等。该方法能够有效去除微污染源水中的微量铅，但要注意控制适宜的 pH 值。另外，通过对溶解态金属铅的吸附、裹挟、网捕及共沉淀作用，较低投量的水合二氧化锰也可以很好地去除水中的铅。但管道中溶出的铅缺乏有效控制手段，容易进入饮用水。日常生活中避免铅中毒的措施是使用无铅的水管和水龙头等供水材料，尽量少用或不用含铅的油漆，避免使用颜色鲜艳的陶瓷餐具等。

去除水中的金属离子时，如果选用化学沉淀或者混凝沉淀的方法，其优点是较为经济，但必须考虑底泥的处理问题，避免产生二次污染。

（7）无机阴离子

水中常见的无机阴离子有硫酸根离子、氯离子、硝酸根离子、亚硝酸根离子、碳酸根离子等。饮用水中硫酸根离子、氯化物等浓度过高时，会使水产生令人厌恶的味道，因此在饮用水中应对其浓度加以限制。《生活饮用水卫生标准》（GB 5749—2022）中规定硫酸盐和氯化物限值都是 250mg/L。

尽管中国和美国均未将硝酸盐和亚硝酸盐认定为致癌物，但还是制定了针对硝酸盐和亚硝酸盐的水质标准。饮水中的硝酸盐导致的健康损害一般都与其还原为亚硝酸盐有关，主要危害包括高铁血红蛋白症和潜在的致癌风险。硝酸盐是水中含氮化合物降解转化的自然产物，也有可能来自某些矿物的溶解。饮用水中的硝酸盐含量大致为几到几十毫克每升，我国国家标准规定生活饮用水硝酸盐（以 N 计）含量小于 10mg/L，地下水源与净水技术受限时小于 20mg/L。一般认为硝酸盐自身对人体并不产生直接损害作用，但其在唾液和消化道中可能被还原为亚硝酸盐，进而可能形成亚硝胺。这种危害在婴儿体内发生的可能性远大于成人，因为婴儿上消化道比成人的更加偏碱性，更容易形成亚硝酸盐及亚硝胺。亚硝酸盐能将血红蛋白氧化成高铁血红蛋白，后者不能在血液中作为运输氧的载体，可能导致缺氧甚至死亡。天然水中亚硝酸盐的含量一般较低，不至于形成危害；除非受到污染或者处于局部缺氧的环境时，才可能出现风险。不过，在有机物丰富、微生物活跃的水中，亚硝酸盐会被转化为氮气，因而也不会积累到很高的浓度。

值得注意的是，在自来水管网运行及用水过程中，可能引起亚硝酸盐含量升高，从而带来危害。管网中亚硝酸盐含量升高已经有些报道，大部分认为和管网材质有关。国内供水管道多为球墨铸铁管和镀锌钢管。和铸铁管相比，镀锌管导致亚硝酸盐增加量大，而不锈钢管的亚硝酸盐增加量小。镀锌管中亚硝酸盐含量上升的原因可能是水中存在硝酸盐时，会和水管壁的锌作用，转化为亚硝酸盐。新管的亚硝酸盐增加量明显多于旧管，说明旧水管已钝化，还原作用不显著。在日常生活中，清晨从水管初放的水中亚硝酸盐含量高出正常流动水的含量，说明亚硝酸盐的污染并非源于饮用水本身，而是因为水在管网中滞留使得亚硝酸盐含量上升。

另一点值得注意的是，随着人们对氯气消毒过程中氯代消毒副产物危害认识的加深，控制氯代消毒副产物的方法以及替代氯气的消毒剂越来越被广泛地研究和应用。其中氯胺法是应用较广泛的一种方法。前期的一些研究认为，氯胺可以有效降低氯代消毒副产物的生成量，并有助于维持管网消毒剂的含量。但随着氯胺应用的推广，人们发现了一系列其他问题，管网硝化现象就是其中之一。由于氯胺在水中的消耗和分解，采用氯胺消毒的水中存在一定浓度的氨。水中的氨氧化细菌能够将氨氧化成亚硝酸盐，并且在某些条件下造成亚硝酸盐的累积。亚硝酸盐还可能与水中的氯或氯胺反应，降低水中消毒剂浓度，削弱其消毒效果，为供水管网中异养菌的繁殖提供可能。此外，不完全的硝化作用还会加快管壁的腐蚀过程，降低水的碱度和溶解氧含量。更为重要的是，硝化反应一旦发生，即使投加大量的消毒剂也很难实现对硝化作用的控制。目前，在一些使用氯胺消毒或水源水中氨氮含量较高的城市管网中存在着不同程度的硝化现象。因此尽量不要饮用长期滞留在管道里的水。早晨如果要用水做饭或者饮用，最好先把水管中的水放一段时间再取水饮用。从另一个角度看，硝化作用的发生一般不是单纯的化学过程，而是生物化学过程。其中的主要参与者之一就是微生物，也就是氨氧化细菌。如果水网消毒工作做得彻底，消灭氨氧化细菌，硝化过程也就没有启动的可能性。

针对烧开水会导致亚硝酸盐升高的说法，研究报道的结论莫衷一是。产生这种矛盾结论的原因，首先可能是自来水水质本身的差异。自来水水源不同可能导致在硝酸盐转化为亚硝酸盐时产生差异。其次是研究系统的差别，研究过程中存在容器、加热方法、测定方法等方面的差异，也会导致不同的结果。亚硝酸盐是不会凭空产生的，一般是由水中原有的硝酸盐（或氨氮）在一定条件下转化而来。一般来说，饮水中亚硝酸盐增加的可能来源有三个：①反复煮开的水蒸发浓缩，亚硝酸盐浓度增加（总量并不增加）；②开水放置时间较长且受到细菌污染，细菌使硝酸盐还原为亚硝酸盐（这与反复煮开无关）；③其他过程中硝酸盐转化成亚硝酸盐。

为验证上述可能性，研究人员用玻璃烧杯进行自来水（含硝酸盐 1.010～1.048mg/L、亚硝酸盐＜0.001mg/L）煮沸实验研究。结果表明，自来水从加热到煮沸过程中，亚硝酸盐含量变化甚微；在煮沸 0～30min 内，也未检测到亚硝酸盐含量的明显变化；整个加热到煮沸 30min 的过程中，亚硝酸盐含量始终保持在 0.002mg/L 以下（0.001～0.001872mg/L）。图 2-8 为饮用水中溶解氧随温度的变化，在水烧开的过程中，水中的溶解氧发生剧烈变化，快速降低，但并未发现因溶解氧缺乏导致硝酸盐转化为亚硝酸盐的情况。

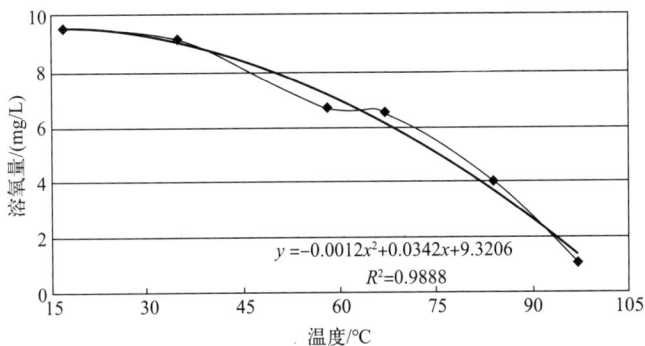

$$y = -0.0012x^2 + 0.0342x + 9.3206$$
$$R^2 = 0.9888$$

图 2-8 饮用水中溶解氧随温度的变化

上述研究表明，自来水煮沸过程中，溶解氧下降导致硝酸盐转化为亚硝酸盐的情况并未出现或并不明显。水中的氮以离子态的氮为主，包括硝酸盐氮、亚硝酸盐氮和氨氮，还有以溶解气体状态存在的 N_2、NH_3 和 N_2O 等，以及有机质中的有机态氮。从化学特性来看，亚硝酸盐既有氧化性又有还原性。在自来水或纯水条件下，不能简单地认为在煮沸水的过程中因溶解氧下降导致硝酸盐被还原为亚硝酸盐。

据报道，自来水用铜壶和铝壶同时烧开后，铜壶水中亚硝酸盐含量是铝壶水的 2.45 倍，两者存在显著差异。另有报道称，铝质容器可使硝酸盐转化为亚硝酸盐，而不锈钢容器的转化效果甚微。因此就目前的研究报告而言，烧开水过程中导致硝酸盐转化为亚硝酸盐的可能性不大；亚硝酸盐的产生或与烧水容器有关，一般情况下应尽量少使用铝质和铜质容器。从氧化还原电位的分析和一些较为严谨的研究结果来看，亚硝酸盐和硝酸盐之间的转化更多地来自生物催化反应，有氨氮参与形成亚硝酸、硝酸盐的反应。因此，控制微生物数量对于控制硝酸盐和亚硝酸盐含量有重要的意义。

可见，"千滚水"含大量亚硝酸盐的说法是没有依据的，但必须考虑家用水处理器中亚硝酸盐产生的其他途径：其一，保温壶中的热水长期放置五六天后，温度下降，细菌可能滋生，在细菌作用下，亚硝酸盐含量可能会大增；其二，目前市场上销售的有胆饮水机，依靠热胆对水进行加热，而热胆的材质多为不锈钢或铝壳，如果反复加热，水中的铁、铝、铵等含量会明显升高，亚硝酸盐可能被浓缩。

2. 水处理工艺中添加的物质、反应产物和有机消毒副产物等

水处理过程中一般要添加的药剂有氧化剂、混凝剂、助凝剂、pH调节剂、消毒剂等。这些物质在水中使用后，药剂残余以及药剂在水中反应生成的物质可能对水质产生负面影响。我国《生活饮用水卫生标准》（GB 5749—2022）中对水处理剂及其残留量有严格的限值，主要体现在：溴酸盐（使用臭氧时）0.01mg/L、亚氯酸盐（使用二氧化氯消毒时）0.7mg/L、氯酸盐（使用复合二氧化氯消毒时）0.7mg/L、铝0.2mg/L、游离氯至少接触30min出厂水中限值≤2mg/L，出厂水中余氯≥0.3mg/L，管网末梢余氯≥0.05mg/L等。此外，还在水质扩展指标中规定了二氯甲烷、1,2-二氯乙烷、四氯化碳、氯乙烯、1,1-二氯乙烯、1,2-二氯乙烯、三氯乙烯、四氯乙烯、氯苯、1,4-二氯苯、三氯苯、六氯苯等的限值。

自1974年发现氯化消毒副产物具有致突变性、致癌性以来，饮用水消毒副产物可能引发的问题引起了人们关注。人体可通过多种途径直接接触消毒副产物，如饮水、洗浴、游泳等，进而影响人体健康。氯消毒产生的各种消毒副产物见表2-3。

表2-3　氯消毒产生的各种消毒副产物

种类	化合物
三卤甲烷（THMs）	氯仿（三氯甲烷，TCM）、溴仿（三溴甲烷，TBM）、一溴二氯甲烷（BDCM）、二溴一氯甲烷（DBCM）
卤乙酸（HAAs）	一氯乙酸（MCAA）、二氯乙酸（DCAA）、三氯乙酸（TCAA）、一溴乙酸（MBAA）、二溴乙酸（DBAA）、三溴乙酸（TBAA）、溴氯乙酸（BCAA）
卤乙腈（HANs）	二氯乙腈（DCAN）、三氯乙腈（TCAN）、溴氯乙腈（BCAN）、三溴乙腈（TBAN）
卤代酮类（HKs）	二氯丙酮（DCP）、三氯丙酮（TCP）
卤乙醛	氯乙醛、水合氯醛
卤代羟基呋喃酮（MX）	3-氯-4-二氯甲基-5 羟基-2(5H)-呋喃酮（MX）及其类似物
卤硝基甲烷	三氯硝基甲烷（氯化苦，CP）

最常见的消毒副产物中，HAAs致癌风险远大于THMs，且HAAs属非挥发性有机物，因此对人类具有致癌风险的氯化消毒副产物主要是二氯乙酸、三氯乙酸。美国环境保护署长期致癌实验研究报告指出，二氯乙酸可分别导致大鼠和小鼠患肝癌。常见DBPs的毒性见表2-4。

表2-4　常见DBPs的毒性

DBPs类别	化合物	毒性等级	毒害作用
三卤甲烷	三氯甲烷	B2	对肝肾肿瘤、生殖系统有影响
	二溴一氯甲烷	C	对神经系统、肝、肾和生殖系统有影响
	一溴二氯甲烷	B2	对肝肾肿瘤、生殖系统有影响
	三溴甲烷	D	对肿瘤、神经系统、肝、肾有影响

续表

DBPs 类别	化合物	毒性等级	毒害作用
卤代乙腈	三氯乙腈	C	致癌、致突变、致畸作用
卤代醛	甲醛	A	致突变
卤代酚	2-氯酚	D	致癌
卤代酸	二氯乙酸	B2	致癌,对生殖发育有影响
	三氯乙酸	C	对肝、肾、脾脏和发育有影响
无机盐	溴酸盐	B2	致癌
	氯酸盐	D	影响生殖发育

注：A—人类致癌物；B2—很可能的人类致癌物（充足的实验室证据）；C—可能的人类致癌物；D—未分类。

为控制消毒副产物，消毒剂和消毒方法的替代被广泛研究。但此消彼长，不同的消毒方法或者消毒剂可能产生不同的消毒副产物。

我国常用的混凝剂为铝盐或者聚合铝盐，其有效成分就是铝。沉后水中出现铝残留属于正常现象，但这一直引发人们对其健康效应的关注，目前铝的生理作用及其对健康的影响仍然处于研究阶段。我国《生活饮用水卫生标准》（GB 5749—2022）规定，饮用水铝含量不得超过 0.2mg/L。

人体中铝的来源说法不一，有的认为来自食品，有的则认为来自饮用水。铝制炊具在烹调过程中可能有一定量的铝会溶入食物中，生活中许多食品中的铝含量可能比铝制炊具溶出的铝量更高，而且以更直接的方式与人体接触。在西点类食品的制作过程中经常被使用的膨松剂也有部分含铝。2009 年 5 月，香港食物安全中心公布市面 7 类共 256 个食物样本检测结果，发现 97% 食物样本含铝。其中蒸包、蒸糕等食物，每公斤含铝 100 至 320mg；烘焙食品松饼每公斤含铝 250mg；海蜇皮的铝含量最高，每公斤含铝 1200mg。相较之下，人们通过饮用水摄入体内的铝就显得微不足道。每人每天饮用水量一般不超过 2L，以 2L 计算，如果饮用合格的饮用水，则铝含量小于 0.2mg/L，总摄入量小于 0.4mg。这个量还不到吃 2g 糕点或一片饼干时摄入的铝量。

水中铝含量过高时，可通过优化水处理工艺、调整混凝剂等方式，降低出水中余铝含量。常见的方法包括改变混凝剂种类、控制投加量和调节 pH 等。例如提高 pH，或者选用无机高分子聚合铝作为混凝剂。合理使用聚合氯化铝铁也可有效降低出水中的铝离子含量。

水处理药剂导致的产品水药剂残留、中间代谢物等二次污染物对水质将产生复杂的影响。因此，水处理药剂的研发需要从处理效果、投加量、残留情况、次级污染风险、毒性、成本等多角度进行优化设计，从而减少引发的危害。

3. 管网和二次供水中形成的二次污染物

有些城市的输配水主管道是二十世纪五六十年代安装铺设的。经过半个多世纪的氧化和腐蚀，由于物理、化学、电化学、微生物等的作用，在给水管道的内壁会逐渐形成不规则的"生长环"，且随着管龄的增长而不断增厚。这会导致过水断面面积减小、输水能力降低并严重污染水质；城市自来水管网维护管理不到位，部分城镇供水管网漏损率高达 20%；造成二次污染，安全堪忧。

二次供水是指用户将城市公共供水或自建设施供水经储存、加压后，通过管道再供用户或自用的供水形式。二次供水是高层供水的主要方式。二次供水设施是否按规定建设、设计以及建设质量的优劣直接关系到二次供水的水质、水压和供水安全，与人民群众正常稳定的生活密切相关。《二次供水工程技术规程》（CJJ 140－2010）是我国为保障城镇供水安全与公众利益、规范二次供水工程建设与管理而制定的重要标准，自 2010 年 10 月 1 日起实施。该规程内容涵盖系统设计、设备与设施、泵房建设、控制与保护、施工要求、调试与验收以及设施维护与安全运行管理等方面，对二次供水工程的全流程（从设计、施工到验收、运维）作出系统性规范，明确工程需与主体项目同步建设、由具备资质单位实施，并对水质保障、设备选型、泵房管理等关键环节提出具体要求，旨在通过标准化手段提升二次供水安全与质量，解决高层建筑供水污染等问题。

低层建筑由自来水厂通过管道直接供水，而高层建筑则需通过二次供水设施才能获得。二次供水设施包括高位水箱、低位水箱、水泵、输水管道等设施。自来水首先进入低位水箱，然后通过水泵被输送到高位水箱，再通过重力作用供给高层的各住户。二次污染的存在原因是多方面的，与水质本身的性质、与水接触的界面性质以及外界许多条件相关。从目前调查的情况来看，造成二次供水污染的原因主要有：

① 出水设备及管路内表面涂层渗出有害物质，如铅、铜等重金属；

② 贮水设备的设计容量、结构不合理，导致水在设备中的停留时间过长，影响饮用水水质；

③ 贮水配套设施不完善，如通气孔未采取防污染措施、入孔盖板密封不严密、埋地部分无防渗漏措施、溢泄水管出口无网罩等；

④ 设备的位置选择不合理，周围环境脏、乱、差；

⑤ 二次供水系统管理不善，未定期进行水质检验，未按规范进行清洗、消毒，有的水池水面上漂浮着杂质，有的水池内壁长满青苔，池底积满厚厚的淤泥，致使水质逐渐恶化。

（六）饮水水质调整

水是极为重要的物质，人体水分缺失哪怕只有百分之零点几都可能造成不适甚至严重的疾病。有些报道甚至认为某些疾病或症状是由人体局部缺水造成的，可通过饮用适量的水来缓解或消除症状，甚至治疗疾病。许多水质专家称最好的功能饮料就是水。的确，水的作用是无可替代的，人体喝水的主要目的是补充体内的水分。从这种意义上说，水是最好的饮料。

人们在通过饮水补充水分的同时，也利用了水的载体或媒介功能。水是人体最重要的物质载体，人体中绝大多数物质交换是通过水的媒介功能实现的。水中元素往往以离子状态存在，离子成分较为易于被机体吸收和利用，并且各种离子之间存在一定的制约关系，饮水属于较为安全、方便的人体必需元素补充方式。因此，人们会考虑到对水质进行调整，会寻求既能有效控制污染物，又能保留或添加适量有益于人体健康的成分的方法。

通过对水质及其功能的研究和理解，人们自然会想到在水中添加物质以强化水的感官感受和营养功能。有些饮料通过使用添加剂来提升感官感受，如添加香精以提高口感，添加色素以改善视觉外观等。除了口感、视觉感受之外，大多数饮料是基于强化营养和功能的想法进行设计和生产的。一些饮料会在水中添加营养物质，比如添加某些维生素、矿物质、氨基酸、牛磺酸、咖啡因等成分，以满足人体对某些营养物质方面的需求。功能饮料是指通过调整饮料中营养素的成分和含量比例，在一定程度上调节人体功能的饮料。广义的功能性饮料分类，包括运动饮料、能量饮料和其他有保健作用的饮料。例如，可乐中添加了咖啡因，各种茶饮料中添加了茶粉、柠檬酸钠、维生素 C 等，凉茶饮料中添加了中药成分，矿泉水中添加了某些矿物元素等。但值得注意的是，这种营养补充是有选择的，是片面的，不够系统和全面。这些饮料或许对某些人在某些时段、某些状况下可以弥补一些特殊的营养缺陷，但长期饮用不一定是适当的。毕竟，食物才是人体摄取营养物质的主要来源。

尽管食物是人体摄取除水以外的营养物质的最主要途径，但水在其中同样发挥着重要的作用。在食物消化、吸收的过程中，水都是不可缺少的载体、媒介，甚至是反应的重要参与者。人们进食一经消化道的最前端——口腔，就会被唾液润湿、混合，此时水立刻进入食物中发生反应。据报道，唾液在咀嚼食物时可以起到消毒、水解和消化淀粉等作用，还可对后续消化起到辅助作用。含水量低的食物往往很难下咽，甚至咀嚼时也令人不适，而人体自身分泌的唾液很好地解决了这一问题。唾液无色无味，pH 为 6.6～7.1，看似普通的唾液中却含有重要的消化酶、溶菌酶等物质。人体每天分泌的唾液量惊人，可达 1.0～1.5L，甚至更多。这一数量达到甚至超过了某些人每天的饮水量。有些动物的唾液分泌量更为惊人，有报道指出牛羊等动物每日的唾液分泌量甚至可达体重的 1/3。唾液中 99％以上是水分，进入消化道发挥功能后，被消化道重新吸收。唾液是人体内充分利用水的一个例子，而水发挥的重要作用还有很多。

从某种意义上说，人体对营养物质摄取的某些缺陷又恰恰与水有关。这里所说的不是水会夺走人体中的营养物质，而是水不能有效促进食物消化，从而减少了某些营养物质的吸收。有些水中存在物质，可能不能有效刺激消化液分泌、提升消化液功能，也不能促进食物中营养物质的有效消化，不能将其转化为易于机体吸收的形态。这样，水质可能成为影响食物中营养物质消化、吸收的重要因素。要发挥水的良好的佐餐作用，水应当具有促进消化液分泌，促进食物溶解、消化，促进营养吸收等功能，还应在外观、口感、气味等方面满足大众口味和需求。

第六节　水质标准

不同用途的水需要具备相应的水质特征，即水中杂质含量以及物理因子等需控制在某些基本的界限内，这就是水质标准。

如何判断水质？如何判断水是否被污染以及被什么物质污染？最初，人们根据对色、嗅、味的感知来判断水质，这的确可以在一定程度上初步判断水质。但仅依靠感官认识了解、判断水质是不全面的，有时甚至存在风险。比如，由于浓度、形态等原因，一些有毒有害成分并不能被人的感官识别；此外，人与人之间对同一污染因子感知的阈值差异可能很大。事实上，水质的判定非常复杂，不能盲目地或片面地由感官或生物效应简单判定，而应该建立一套系统的、客观的、科学的判定体系。这个体系就是水质标准体系，涵盖了水质指标、水质标准、水质检测标准方法等。

一、水质指标和水质标准

水质指标（water quality index）是指水及其中杂质的组成、数量、分布特征以及相关的物理因子等。水质指标是判断水质是否符合要求以及污染程度的具体衡量尺度。水质指标可以分为单项指标和综合指标。单项指标表征水的物理、化学和生物特性的个别要素特征，如 Fe 含量、溶解氧浓度、硝酸根含量、细菌总数、含氯量、温度等。综合指标反映水在多种因素作用下某方面的水质状况，如浊度用来表示水中折光物质（如颗粒物、胶体物质等）的含量；BOD 用以表示水中能被生物降解的有机物污染状况；TOC 用于表示水中有机碳总量，反映有机物污染状况；总硬度用来表示水中含钙、镁等无机盐类的量等。

水质标准是国家、部门或地区规定的各种用水或排放水在物理、化学、生物学性质方面所应达到的要求，通常表现为一系列水质参数应达到的限值。它是在水质基准基础上制定的、具有法律效力的强制性规定，是判断水质是否适用的依据，是水质规划的目标和水质管理的技术基础。不同用途的水质有不同的要求，相关部门根据自然环境、技术条件、经济水平、损益分析等，制定出不同的水质标准。水质标准可分为国际标准、国家标准、地区标准、行业标准和企业标准等不同等级。我国已颁布、实施了一系列水质标准，如《地表水环境质量标准》《生活饮用水卫生标准》《农田灌溉水质标准》《渔业水质标准》《海水水质标准》等。

二、水质标准制定原则

水质标准的制定会对经济发展和环境改善产生巨大的影响。根据水的用途和功能，国家、部门或地区规定了不同级别和类型的水质标准。总体上看，水质标准制定的基本原则是：在当前的技术、经济水平下，根据水质指标的重要程度（风险程度、分布和强度）、控制和检测能力、技术成本等因素，梳理并筛选影响水的使用功能的关键性水质指标，并规定有害物质及其限值。

污水排放标准的制定要充分考虑保证受纳水体既有的水质功能，充分发挥其自净能力，有效控制污水处理成本，避免制定不切实际的高标准。对于饮用水，世界范围内具有代表性的水质标准有世界卫生组织（WHO）的《饮用水水质准则》、欧盟（EC）的《饮用水水质指令》以及美国环境保护署（USEPA）的《美国饮用水水质标准》。其他国家或地区的饮用水标准大多以这三种标准为基础或重要参考，来制定本国或本地区的饮用水标准。

三、分类和特点

常见的水质标准包括水环境质量标准和水污染物排放标准两大类。

水环境质量标准主要有《地表水环境质量标准》（GB 3838—2002）、《地下水质量标准》（GB/T 14848—2017）、《海水水质标准》（GB 3097—1997）、《生活饮用水卫生标准》（GB 5749—2022）、《渔业水质标准》（GB 11607—1989）、《农田灌溉水质标准》（GB 5084—2021）等。

水污染物排放标准有《污水综合排放标准》（GB 8978—1996）和一些工业水污染物排放标准等。

（一）生活饮用水水质标准

1. 生活饮用水水质标准制定的原则

生活饮用水水质标准的制定主要是根据人们终生用水的安全来考虑的，必须确保流行学上的安全性。微生物是引发水传播疾病的重要因素，因此饮用水中不得含有病原微生物，也不应存在人畜排泄物污染的指示菌。水中所含化学物质及放射性物质不得危害人体健康，且水的感官性状良好。除了用水安全这一主要因素外，制定生活饮用水水质标准时也要考虑现实的社会经济发展水平。世界各国都根据自身实际情况，制定相应的生活饮用水水质标准。

　　水中存在多种化学污染物质、微生物等杂质，对人体健康存在不同程度的影响。但不可能也无必要对饮用水中鉴别出的每种化合物都制定标准限值。对于水质安全性的评价，首先要以现场调查和科学研究资料为依据，选取并确定影响水质安全性的主要污染物类别，并设置具体指标的浓度限值。主要污染物是指在涉及区域出现频率高、影响大、风险高的污染物。对于在饮用水中经常检出，且含量具有明显卫生学意义的化学物质，应将其列入需要优先确定限值的物质名单。若饮用水中已检出的污染物浓度较低，甚至低于检出限，并且不能经常检出，就没有必要制定限值。只有当污染物含量达到一定水平，有造成危害的可能性，而且检出频率较高时，才有制定限值及进行检测的必要性。对化学物质进行危险度评价所需的资料主要有两方面来源：一是人群流行病学调查，二是动物毒理学实验研究。

　　水质标准的制定还应考虑其经济性和可行性等因素。为保障饮用水水质安全，必须进行经常性的水质监测以及在特定情况下的水质检验，以评价饮用水的安全性。如果没有可行的检验方法，就无法了解饮用水中污染物特别是化学物质的污染水平，因而无法进行安全性评价。这里的"可行"就是指经济性和实用性，包括测试方法、时间、频率、成本等方面。因此，只有对已经具有可行检验方法的物质才能纳入标准。水质标准并非越高越好。水质标准的提升受到经济、技术水平的限制。水质标准的制定应该适应当前的经济水平和水处理技术现状。如果标准设定得过高，将增加处理成本，增大不达标比例和频次，对整体经济发展产生制约。

2. 世界卫生组织及一些国家和地区的生活饮用水水质标准

　　世界范围内的生活饮用水水质标准中，最具有代表性和权威性的是世界卫生组织（WHO）水质准则，它是世界各国制定本国饮用水水质标准的基础和依据。

　　世界卫生组织制定水质标准的指导思想如下。

　　① 饮水中微生物引起的危害仍是首要问题，对发展中国家和发达国家都是如此。因此，控制微生物的污染是至关重要的。消毒副产物对健康有潜在的危险性，但相较消毒不完善对健康的风险要小得多。

　　② 符合水质准则指导值的饮用水就是安全的饮用水。

　　③ 短时间内水质指标检测值超过指导值并不意味着此种饮用水不适宜饮用。

　　④ 在制定化学物质指导值时，既要考虑直接饮用部分，也要考虑沐浴或淋浴时皮肤接触或易挥发性物质通过呼吸道摄入部分。

　　美国环境保护署（USEPA）于1986年颁布了《安全饮用水法案修正案》，规定了实施饮用水水质规则的计划，制定了《国家饮用水基本规则和二级饮用水规则》。

3. 我国的生活饮用水水质标准

　　我国生活饮用水的水质标准是随着科学技术的进步和社会发展而与时俱进的。

　　1927年，上海市公布了第一个地方性饮用水标准，称为《上海市饮用水清洁标准》，从而成为我国最早制定地方性饮用水标准的城市之一。

　　1937年，北京市自来水公司制定了《水质标准表》，为企业标准，包含有11项水质指标。

　　1950年，上海市颁布了《上海市自来水水质标准》，有16项指标。

1956 年，我国颁布了第一部《饮用水水质标准》，有 15 项指标。

1976 年，我国颁布了《生活饮用水卫生标准》（TJ 20—76），有 23 项水质指标。

1985 年，我国颁布了修订的《生活饮用水卫生标准》（GB 5749—85），有 35 项指标。

1992 年，建设部（现住房和城乡建设部）组织中国城镇供水协会编制了《城市供水行业 2000 年技术进步发展规划》。

2001 年，卫生部（现国家卫生健康委员会）颁布了《生活饮用水水质卫生规范》，规定了生活饮用水及其水源水水质卫生要求。该规范将水质指标分为常规检验项目和非常规检验项目两类。生活饮用水的常规检验项目有 34 项指标，非常规检验项目有 62 项指标。

2005 年，建设部发布了中华人民共和国城镇建设行业标准《城市供水水质标准》（CJ/T 206—2005），规定了城市公共集中式供水企业、自建设施供水和二次供水单位，在其供水和管理范围内的供水水质应达到的要求。该标准共有 103 项控制指标，其中常规检验项目有 42 项，非常规检验项目有 61 项。对于水源水质和水质检验频率也有相应的规定。

2006 年 12 月，国家卫生部和国家标准化管理委员会颁布了新的《生活饮用水卫生标准》（GB 5749—2006）。该标准中的水质指标由 GB 5749—1985 中的 35 项增加到 106 项。其中，微生物指标由 2 项增加到 6 项，饮用水消毒剂指标由 1 项增加到 4 项，毒理指标中无机物指标由 10 项增加到 21 项，有机物指标由 5 项增加到 53 项，感官和一般化学指标由 15 项增加到 20 项。

2022 年，国家颁布了《生活饮用水卫生标准》（GB 5749—2022），指标调整为 97 项，其中常规指标 43 项，扩展指标 54 项。此次修订是基于我国近些年的饮用水监测、检测和调查数据，在国内外关于污染物健康效应最新研究成果的基础上，采用了健康风险评估的技术方法，同时考虑了我国的实际情况和管理要求而进行的，使标准更加科学、合理、实用，能够更好地保障人民群众的饮用水安全。GB 5749—2022 增加的指标为高氯酸盐、乙草胺、2-甲基异莰醇、土臭素这 4 项指标；删除的指标为耐热大肠菌群、三氯乙醛、硫化物、氯化氰（以 CN⁻ 计）、六六六（总量）、对硫磷、甲基对硫磷、林丹、滴滴涕、甲醛、1,1,1-三氯乙烷、1,2-二氯苯、乙苯等 13 项指标。

制定《生活饮用水卫生标准》主要基于三个方面来保障饮用水的安全和卫生：确保饮用水感官性状良好；防止介水传染病的暴发；防止急性和慢性中毒以及其他健康危害。

4. 控制饮用水卫生与安全的指标

（1）微生物学指标

水是传播疾病的重要媒介。饮用水中的病原体包括细菌、病毒以及寄生型原生动物和蠕虫，其污染来源主要是人畜粪便。水源受病原体污染，可能是水处理消毒不够充分或不够严格，也可能是饮用水在输配水和贮存过程中受到二次污染所造成的。为了保障饮用水能达到要求，定期抽样检查水中粪便污染的指示菌十分重要。我国《生活饮用水卫生标准》中规定的指示菌是总大肠菌群。另外，标准还规定了消毒剂游离氯的指标。但是应当重视的是指示菌种对消毒剂和消毒工艺的耐受能力与实际致病菌及其他致病性微生物不同，有时针对某些致病性微生物而言甚至差异巨大。因此，单纯依靠对指示菌种的测定来判断消毒效果存在局限性。GB 5749—2022 中微生物指标由 GB 5749—2006 的 4 项删减为 3 项，删除了耐热大肠菌群。

与世界大多数水厂一样，我国自来水厂普遍采用加氯消毒的方法，当饮用水中游离氯达到一定浓度后，接触一段时间就可以杀灭水中细菌和病毒。因此，饮用水中余氯的测定是一项评价饮用水微生物学安全性的快速而重要的指标。

　　饮用水中微生物的控制一直受到世界各国政府和相关行业人员的重视。近年来，消毒副产物的发现及其危害作用的研究使得消毒副产物的控制备受关注。一些消毒副产物如碘代乙酸、溴代乙酸、卤代硝基甲烷等，有强烈的细胞毒性和遗传毒性，令人对饮用水质量和安全产生焦虑。有研究对比了隐孢子虫感染和含溴水臭氧消毒产生的溴酸盐导致肾癌的风险，结果表明消毒对消化道疾病控制的益处远大于其导致肾癌的风险。另外，在不发达国家或地区，过度地强调消毒副产物的风险是有害的。

　　（2）水的感官性状和一般化学指标

　　饮用水的感官性状是很重要的，其重要性不只是体现在感官上。感官性状不良的水，会使人产生厌恶感和不安全感。人体构造精妙，对外界的感知也非常敏锐。例如，人仅凭视觉就可以发现水中含量为 $0.5mg/L$ 的阴离子合成洗涤剂；凭借嗅觉可以发现水中 $0.1mg/L$ 的氰化物；凭借味觉可以感知 $1mmol/L$ 的 Fe^{3+}、Al^{3+} 等离子。我国《生活饮用水卫生标准》规定，饮用水的色度不应超过 15 度，而且应无异常气味和味道，水呈透明状，不浑浊，也无肉眼可见的异物。浊度构成中的颗粒物、病原体等都可能对人体健康造成严重影响。水有颜色表明其中存在一定的污染成分，如含 Cu^{2+} 的水呈浅蓝色，含 Ba^{2+} 和 Mg^{2+}、Mn^{2+} 的水呈浅肉粉色，含 Fe^{3+} 的水呈橘黄色，含腐殖酸的水呈枯叶黄色等。如果发现饮用水出现浑浊、变色或有异常味道，那就表示水已被污染，应立即通知自来水公司和卫生防疫站进行调查和处理。

　　常见的化学指标包括总硬度、铁、锰、铜、锌、挥发酚类、阴离子合成洗涤剂、硫酸盐、氯化物和溶解性总固体。这些物质含量达到一定程度时，会对水质感官造成影响，还可能对人体造成危害。

　　（3）毒理学指标

　　随着工业和科学技术的发展，化学物质对饮用水的污染问题越来越受到人们的关注。调查显示，在饮用水中已鉴定出数百种化学物质，其中绝大多数为有机化合物。饮用水中有毒化学物质污染带给人们的危害与微生物污染不同。一般而言，微生物污染可能造成传染病的暴发，而化学物质引起的健康问题往往是由于长期接触所致，特别是蓄积性毒物和致癌物质。只有在极特殊的情况下，才会发生因大量化学物质污染而引起的急性中毒。但是，在饮用水中存在众多的化学物质，究竟应该选择哪些化学物质作为需要确定限值的指标呢？这主要根据各种化学物质的风险评估值及化学物质在天然水中出现的概率，列出常见化学物质的风险性。选择其中风险性高、出现概率高的作为水质指标。并以终生饮用为前提，制定这些水质指标的最大允许值（标准限值）。这是自来水公司向公众提供安全饮用水的重要依据。在我国《生活饮用水卫生标准》（GB 5749—2022）中，化学物质指标包含微生物指标、毒理指标、感官性状和一般化学指标等类别。其中，毒理指标涵盖锑、硼等无机化合物以及二氯乙酸、三氯乙酸等有机化合物；感官性状和一般化学指标包含色度、铝、钠及挥发酚类等。

　　（4）放射性指标

　　某些地下水中常常含有一定浓度的放射性元素氡。另外，人类某些活动可能使环境中的天然辐射强度有所升高，特别是随着核能的发展和同位素新技术的应用，很可能引发放射性物质对环境的污染问题。地表水中放射性元素的浓度通常远低于地下水，但地表水与地下水之间的交换存在时间和空间上的不确定性。人们无法准确预知在哪些位置或哪些时段的水中混杂着多少地下水以及其他来源的放射性元素。因此，有必要对饮用水中的放射性指标进行常规监测和评估。在《生活饮用水卫生标准》中规定了总 α 放射性和总 β 放射性的指导值，当这些指标超过指导值时，需进行全面的核素分析和评价，以确定饮用水的安全性。

（二）其他用水的水质标准

1. 食品及饮料类水质标准

原则上，一般食品、饮料用水采用《饮用净水水质标准》（CJ/T 94—2005）。一般饮用净水是指以自来水或符合生活饮用水水源水质标准的水为原水，经深度净化后可直接供给用户饮用的管道供水和灌装水。

2. 城市杂用水水质标准

城市杂用水是城市和人们日常生活所经常涉及的一类用水，主要包括厕所便器冲洗、城市绿化、洗车、扫除、建筑施工及有同样水质要求的其他用途的水。我国现行标准为《城市污水再生利用　城市杂用水水质》（GB/T 18920—2020）。

3. 游泳池用水

游泳池用水与人体直接接触，也关系到人们的身体健康，因此对水质也有严格的要求，我国相应标准规定游泳池补充水应符合生活饮用水水质标准。

4. 工业用水水质标准

工业企业中水的用途广泛，主要有饮用水、生产技术用水、锅炉用水、冷却用水等。工业用水指工、矿企业的各部门，在工业生产过程（或期间）中，制造、加工、冷却、洗涤、锅炉等处使用的水及厂内职工生活用水的总称。根据工业用水的具体用途及生产工艺的要求，有相应的水质要求。我国现行标准为《城市污水再生利用　工业用水水质》（GB/T 19923—2024），规定了工业用水的再生水的水质指标、采样与监测和安全利用。

（三）地表水环境质量标准

《地表水环境质量标准》（GB 3838—2002）中项目分为地表水环境质量标准基本项目、集中式生活饮用水地表水源地补充项目和集中式生活饮用水地表水源地特定项目，共计109项，其中地表水环境质量标准基本项目24项，集中式生活饮用水地表水源地补充项目5项，集中式生活饮用水地表水源地特定项目80项。地表水环境质量标准基本项目适用于全国江河、湖泊、运河、渠道、水库等具有使用功能的地表水水域；集中式生活饮用水地表水源地补充项目和特定项目适用于集中式生活饮用水地表水源地一级保护区和二级保护区。集中式生活饮用水地表水源地特定项目由县级以上人民政府生态环境行政主管部门根据本地区地表水水质特点和环境管理的需要进行选择，集中式生活饮用水地表水源地补充项目和选择确定的特定项目作为基本项目的补充指标。

（四）地下水质量标准

《地下水质量标准》（GB/T 14848—2017）依据我国地下水质量状况和人体健康风险，参照生活饮用水、工业、农业等用水质量要求，将地下水质量划分为以下五类。

Ⅰ类：地下水化学组分含量低，适用于各种用途。

Ⅱ类：地下水化学组分含量较低，适用于各种用途。

Ⅲ类：地下水化学组分含量中等，以 GB 5749 为依据，主要适用于集中式生活饮用水水源及工农业用水。

Ⅳ类：地下水化学组分含量较高，以农业和工业用水质量要求以及一定水平的人体健康风险为依据，适用于农业和部分工业用水，适当处理后可作生活饮用水。

Ⅴ类：地下水化学组分含量高，不宜作为生活饮用水水源，其他用水可根据使用目的选用。

（五）污水排放标准

污水排放标准根据污水排放去向，规定了水污染物的最高允许排放浓度。根据受纳水体的水质要求，结合环境特点和社会、经济、技术条件，对排入环境的废水中的水污染物和产生的有害因子所制定的控制标准，或者说是水污染物或有害因子的允许排放量（浓度）或限值。它是判定排污活动是否违法的依据。污水排放标准可分为国家排放标准、地方排放标准和行业标准。此外，为了确保合流管道、泵站、预处理设施的安全、正常运行，充分发挥设施的社会效益、经济效益、环境效益，有关部门制定了纳管标准，即排水户向城市下水道或合流管道排放污水的水质控制标准。

四、水质标准对经济及社会的影响

水质标准对经济及社会有着多方面的影响，主要体现在其对产业发展、环境和资源以及公共投资和政策等方面。

1. 对产业发展的影响

（1）工业

① 增加生产成本。在工业生产中，许多行业对水质有着严格要求，如电子工业需要高纯度的水用于芯片制造等环节。为使原水达到所需的水质标准，企业需要安装并运行水处理设备，导致生产成本增加。据统计，一些高端制造业企业在水处理方面的投入可能占总生产成本的 $5\%\sim10\%$。

② 推动技术创新。严格的水质标准促使工业企业加大技术研发投入，开发更高效的水处理技术和工艺。例如，膜分离技术、高级氧化技术等在工业水处理中的应用不断推广，不仅提升了水质，还降低了处理成本。这些技术创新可能会带来新的商业机会和经济增长点。

③ 影响产业布局。水质标准可能影响工业产业的布局。一些对水质要求高的产业，如制药、食品加工等，会倾向于选择在水资源丰富且水质良好的地区建厂。这可能会促进相关地区的经济发展，而水质较差地区的工业发展则可能受到限制。

（2）农业

① 灌溉用水影响。水质标准对农业灌溉用水有着重要影响。如果灌溉用水水质不达标，水中可能含有过量的盐分、重金属或农药残留等物质，会导致土壤质量下降，影响农作物的生长和产量。例如，长期使用含盐量高的水进行灌溉，会使土壤盐碱化，降低土地肥力，减少农作物产量。据研究，土壤盐碱化可能使农作物减产 $20\%\sim50\%$。

② 促进生态农业发展。严格的水质标准能够推动农业向生态农业转型。生态农业强调使用无污染的水源和有机肥料，生产绿色、安全的农产品。这不仅有助于提升农产品的质量和市场竞争力，还能促进农业可持续发展，实现经济效益与环境效益的双赢。

（3）服务业

① 旅游业。水质标准对旅游业的影响显著。清澈的河流、湖泊和海洋是吸引游客的重要自然景观。良好的水质可以促进水上旅游项目的发展，如游泳、潜水、划船等；相反，水质污染会破坏旅游环境，降低旅游吸引力，导致游客数量减少。例如，某些曾经以美丽海滩

闻名的旅游胜地，由于水质污染问题，旅游业遭受重创，与之相关的酒店、餐饮、交通等服务业也受到牵连。

② 饮用水和餐饮服务业。水质标准直接关系到饮用水和餐饮服务业的质量。安全、优质的饮用水是人们生活的基本需求，也是餐饮服务业正常运营的重要保障。如果饮用水水质不达标，可能会引发健康问题，影响消费者对餐饮服务的信任。同时，餐饮企业也需要高质量的水用于食品加工和餐具清洗，以确保食品卫生和安全。

2. 对环境和资源的影响

（1）水资源保护

水质标准的实施有助于保护水资源，防止水污染。这可以确保水资源的可持续利用，为经济发展提供稳定的水源保障。例如，通过加强对工业废水和生活污水的治理，减少污染物排放，保护河流、湖泊和地下水水质，可以避免因水资源短缺而对经济发展造成的制约。

（2）生态系统服务

良好的水质对维持生态系统的稳定、发挥生态系统功能起着关键作用。清洁的水体可以提供多种生态系统服务，如水源涵养、气候调节、生物多样性保护等。这些服务对经济发展具有间接但重要的影响。例如，湿地生态系统的水源涵养功能可以减少洪水灾害，保护周边地区的基础设施和农业生产；生物多样性丰富的水域可以促进渔业和旅游业的发展。

3. 对公共投资和政策的影响

（1）基础设施建设

为了满足水质标准要求，政府需要加大对供水和污水处理等基础设施的投资力度。这包括建设和升级自来水厂、污水处理厂、排水管网等。这些基础设施建设项目不仅可以提升水质，还能创造就业机会，促进相关产业的发展。例如，一个大型污水处理厂的建设可能需要数千名工人参与施工，同时还会带动建材、设备制造等行业的发展。

（2）政策法规制定

水质标准的实施需要政府制定相应的政策法规，以加强对水污染的监管和治理。这可能包括制定严格的污染物排放标准、实行排污许可证制度、加强环境执法力度等。这些政策法规的制定与执行，虽然会增加企业的合规成本，但从长远来看，有助于保护环境，促进经济的可持续发展。

（3）经济激励措施

政府可以通过经济激励措施，鼓励企业和个人采取措施改善水质。例如，对采用先进环保技术和设备的企业给予税收优惠或补贴，对节约用水和减少污染的个人给予奖励等。这些激励措施可以调动社会各方共同参与水质保护和治理的积极性，实现经济与环境的良性互动。

水质标准的制定需要科学、规范，适应当时的经济发展水平，与社会医疗保健、福利水平相协调，与产品、服务相关加工、生产水平相协调，使之符合实际，具有可行性。行业或企业制定各自的水质要求有利于深度细化产品品质和增强稳定性，提升工艺稳定性。

对水环境污染的认识应该是全面的、客观的。近年来，环境问题得到政府、地方相关部门的高度重视，水环境质量总体上有所改善。制定污水处理排放标准应充分考虑水体自净功能。水体（受纳水体）自净能力是水体功能的一个重要组成部分。水体在接受一定程度的污染物或污染因子后，经过一段时间可以恢复到原有的水质。充分发挥水体自净功能是降低水处理成本和推动经济发展的一种重要手段。

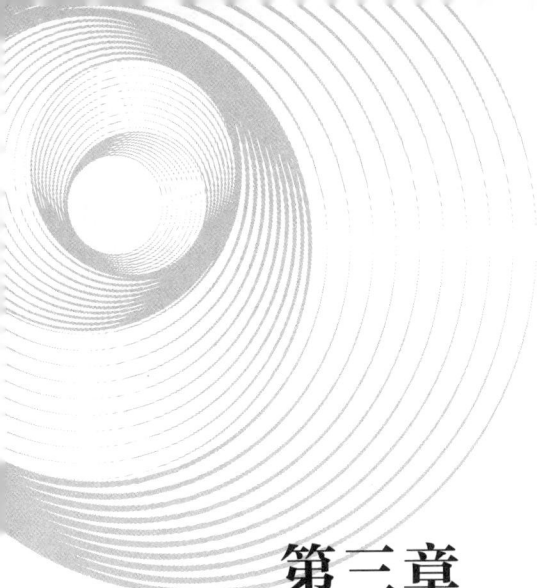

第三章 水污染及水处理原理

　　水是生物圈的必备要素之一，有水的地方才有生命。自然界水的分布及水质特征影响着生态系统的形成和演替。人类社会的发展同样受制于水资源的供给。在农耕时代，水资源无疑是人们安身立命、治家兴业的命脉；在现今社会，水依然是经济发展的命脉。从水质维护（包括污水处理和给水处理等）角度看，水质和环保要求在一定程度上决定了用户的成本，决定了产品或服务的品质，决定了企业、行业甚至是整个经济体系的兴衰。

　　人们需要的水资源是具备一定水质条件的水。水是一种基础原料，需要经过维护和加工处理，因此对水质的要求、供给能力和处理成本是至关重要的。如果不能合理、清晰地认识水质和功能之间的关系，一方面会导致水质和功能不够匹配，往往会造成水资源的浪费或水处理成本的增加；另一方面会导致以水为原料的产品、服务的品质下降、成本增加，或相关设备、财产遭受损失。

　　人们对水资源的利用，通常不会使水量产生明显变化。即使有些时候水量看似发生变化，也多数是和蒸发、冷凝等过程有关，使水在不同状态之间发生部分转换，总量并不发生明显变化。水参与的化学反应和生物化学反应很多，涉及水的分解和合成的反应对水总量的影响并不明显。比如喝掉的水，大多数会随着尿液、汗液、呼吸排出体外。即使部分水分存在于体内，也只是水的暂存位置发生改变，而且在一段时间后还是会回归自然。用水的结果往往是水质发生了变化，水中杂质增加，水质受到污染，不再具备原先的使用功能。如果污废水不经处理随意排放，或者处理程度不足就排放，将造成受纳水体及自然环境污染。因此，污废水必须经过适当处理才可以排放或者回用。

　　水处理的实质是水质改善和水质管理，可用简洁的语言概括为水质、功能及其达成。

第一节　水污染及水处理的实质

　　水处理不仅是水质净化，更确切地说应该是水质改善和水质管理。水质改善不仅去除或者削减水中的污染物，使之达到环境污染控制标准，而且应该确保水中必要的功能物质及物理因子处于合理的范围，以实现并保障水的功能。水质管理是为改善和维护水质所进行的程序设置、质量控制、技术管理工作。

随着环境基本因子的变化，水中的杂质之间随时进行着电子、质子、离子或者离子团的转移或者交换，会引发水中物质的物理、化学、生物性能的变化，进而影响其迁移和转化能力以及生物效应。如质子（H^+）转移引发的质子化或去质子化过程，导致分子所带电荷的变化以及结构的变化，进而引起溶解性、分散稳定性、化学反应性能及生物效应等方面的变化。可见，尽管 pH 似乎是个普通的水质指标，但其对水化学过程及水质的变化发挥着极其重要且复杂的作用。因此，在涉及大量水媒介或者水中发生的反应中，维持 pH 稳定是保障反应效率和进程的基本前提。仅仅质子的变化就如此复杂，更何况水中形态多样、性能各异的其他杂质。水质及其功能的复杂性可见一斑。

污染因子（比如重金属、有机污染物、悬浮物、热等）的污染行为主要由其自身性质决定，但各因子之间的相互影响依然不容忽视。即使是易于被环境自净作用去除的污染物，仍然存在因为其他水质因子导致水质恶化的可能。比如生化需氧量（BOD）相关物质通常可通过自净作用去除，但其对溶解氧的消耗导致的缺氧或厌氧环境可能导致严重的水质恶化；其中的有机物、含磷化合物、含氮化合物及降解中间产物等，会对水中的重金属等杂质的迁移、转化和毒性产生复杂的影响。

当环境因子和杂质构成稳定时，单纯考虑无生物参与的情况下，水体系中的电子、质子或离子团的转移与交换可达成动态平衡。与单一的化学反应相似，这种平衡的建立需要长短不一的时间。而长时间地维持稳定条件，在自然界或人为控制系统中，都既不现实也不经济，因而难以实现。另外，在自然条件下的水体中，没有生物参与几乎不可能实现（长期封闭或更新缓慢的地下水，生物参与程度较低，但其与人类环境处于相对隔绝的状态）。如果有生物参与，水中的杂质在生物化学反应过程中会呈现更加复杂的变化。因此水质是随时间不断变化的。

上述这些因素构成水质的复杂性，是水质功能发现和控制的难点。水质改善的工作目标就是认识水质和功能的关系，推动水质向目标水质转化并维持在一定范围内，使之满足用水或排放的要求。

一、水污染的实质

水中的杂质（污染物）在水体环境中会发生迁移、转化行为，这些行为体现了污染物自身的特性。多种污染物之间受到相关物理、化学、生物因素的相互影响和作用，其作用效果会随环境条件的不同而异。这些行为如果导致危害加剧或持续，造成水功能受损，属于污染或二次污染；如果危害减轻或消失，水功能恢复，则称为自净作用。

水污染的实质是进入水中的杂质或者物理因子在水环境的自然变化（或人为干预）过程中导致水质恶化、功能受损的现象。这些杂质即为污染物。水中的污染物在微生物或物理、化学过程的作用下，发生迁移或转化，在这一过程中会对生物、生态系统以及用户生活或生产活动产生危害。污染过程和污染物的转化过程是相伴而生的，并且污染物的污染能力通常在转化过程中由于稀释、沉淀、挥发等作用而降低，或从水体中分离。污染的发展与水质改善过程通常呈现相伴随行的关系。然而，在既定的水资源量条件下，面对不断增长的用水需求，人们不可能有足够的时间等待如此长时间的自净过程，更不愿意承受污染发展过程中所造成的危害。因此，水处理就成为人们应对水污染的重要手段。

二、水处理的实质

水处理有助于有效保护和合理利用水资源。具体地说就是通过人为干预（或利用自然过程）来调控水质中导致功能受损的因子，缓解或消除其危害，实现水质改善的过程。水处理是在经济有效的前提下，加速被污染水质的转化，控制处理过程中对水体及相关环境生态系统造成的危害，尽快恢复水质功能的过程或方法。

从污染的角度来看，主要的污染过程实质上是一种物理混杂、化学变化和生物代谢的过程。污染物可以分为活性较高的污染物和相对惰性的污染物两大类。水处理方法的选择视水中主要污染物的活性和浓度而定。浓度高、活性强的污染物通常采用加速反应过程、释放活性的方式处理；浓度高、活性弱的污染物采用物化法分离处理；浓度低时则处理方法多样，视污染物性质和处理成本确定。在污染治理中，污染物浓度较高时，分离或回收通常比降解更合理。因为降解是将污染物分解或者转化为无毒、低毒的形态，这种处理方式往往需要超过反应当量的反应药剂或者能量，增加了成本，同时还伴随着过剩物料残留、副反应产物、二次污染等问题。

控制污染可以从物质分离的角度、化学转化和生物修复的角度着手。理想的处理方式是合理运用这些手段，使其在污染发生、发展以及遏制等过程中经济、有效地发挥作用。通常以物质分离为主的物理处理方法多应用于污染的发生阶段，化学转化和生物修复方法更多应用于污染发生的中后期。通常生物修复的成本低于化学转化，因而生物处理应用更为广泛。

给水处理的目的是去除或减少原水中的悬浮物质、胶体、有害细菌、微生物以及其他有害杂质，改善影响水质功能的物理因子，使处理后的水质满足用户的用水水质要求。给水处理的经典模式已经运行多年，在以地表水为原水的情况下通常都是采用以混凝-沉淀-过滤-消毒为主干的流程。在此基础上，可针对不同来源原水的水质特点或地域环境特点，对部分环节进行适当的调整或强化。生活污水处理场景如图 3-1 所示。

图 3-1　生活污水处理场景

功能水的生产同样属于水处理的一种。水是重要的载体，突出体现在功能水方面。人体必需的营养和能量物质通过消化道摄入，水在其中发挥着重要的作用。值得留意的是，即使食物是在水的协助下被摄入，人体对其消化和吸收都存在极大的变数。在摄入量充足的情况下，可能由于某些共存物质的干扰，或者机体功能存在缺陷，导致该营养物质的消化或吸收障碍，从而发生营养缺乏症。当然，导致上述营养缺乏的原因还可能是身体某些疾病或异常所引发的某些物质的过度流失。这里一个最常见的例子就是人体对钙等必需金属元素的缺乏，尽管钙通常是食物中含量丰富的元素。这些营养素通过饮水方式的补充可有效提升吸收效率，至少可以减少对消化的限制。这就是功能水产生的根源。功能水最简单的制备方式是水纯化（目的是去除有害杂质）后，添加某些功能明确的物质，并且调整其物理因子到适宜的范围。而这种做法仍存在缺陷，主要是人们对这些杂质之间、杂质与物理因子之间联合作用的效果仍然不能充分了解。这些正是水处理（水质改善）的复杂之处，同时也蕴含着很多机会。

第二节　水污染控制

一、水污染防治概述

根据《中华人民共和国水污染防治法》，水污染防治应当坚持预防为主、防治结合、综合治理的原则，优先保护饮用水水源，严格控制工业污染、城镇生活污染，防治农业面源污染，积极推进生态治理工程建设，预防、控制和减少水环境污染和生态破坏。水污染控制应该充分考虑自然环境、技术可行性、成本控制，正确处理水资源开发利用与水环境保护之间的关系。

水污染控制需要进行系统性统筹安排和实施，至少包括以下内容：
① 全面规划，合理布局，开展区域性综合治理；
② 建立水资源保护区；
③ 强化污染源头治理，强化污水处理技术和措施，降低污染源排放的强度和总量；
④ 加强监测管理，合理制定并严格执行法律和控制标准。

二、污染控制分类

从物质流、能量流和信息流的角度整合水污染控制方法。物质流是指主要污染物的流量、分布、流向、转化方式、转化速率和变化等。物质流的有效控制是水处理的核心部分。能量流指的是推动水流运行过程中的能量需求、供给和分布情况。一方面，能量流是推动水流通过水处理设备、设施，完成既定反应和过程等所需的能量配置；另一方面，能量流在污染物转化过程中提供必要的能量供给，如电化学过程等。信息流指提供物质流、能量流信息，分析污废水或原水中污染物的主要成分（信息流），形成对物质流的认识，分析污染物形态、物化性质和产生危害的条件，追踪其在不同水处理工艺环节中的变化情况，其间通过信息反馈引导物质流和能量流运行，直至满足用水或排放水质要求（水质标准）。

利用物质流、能量流和信息流系统分析、整合水污染控制过程，从水污染控制的环节上分类，可以分为以下几方面。

（1）源头治理、污水处理和排放技术与管理

有效控制污染源向水体排放污染物。从污染物的物质流分析，水污染控制应该明确主要污染物的类别、流量、来源和去向，追溯产生污染的生产环节或生活过程。在技术可靠、经济的前提下，改善生产方式或生活方式，减少污染物的产生量；强化源头治理，合理强化污废水处理技术和监管，提升水处理技术水平，保证污废水处理满足排放要求；提升污废水处理后出水的排放控制水平，合理利用受纳水体环境容量。

（2）地表水、地下水维护

地表水、地下水既可能是人类取水的水源，也可能是重要自然生态保护区的主要水源和某些生物的栖息地，还可能是雨水、污水等的受纳水体。地表水、地下水在自然循环和社会循环过程中，受到外界影响以及自身水质变化的影响，水质可能恶化，以至于降低其水体功能。地表水、地下水维护主要是保证水质不发生恶化或剧烈波动，维持或改善现有水质功能，其内容包括限制污废水排放、控制富营养化、保护水源地、保护生态等。

（3）给水处理

给水处理是对从水源获取的水进行适当的净化处理，得到质量符合用户要求的水质。其内容包括水源选择、给水常规处理过程（如澄清、过滤、消毒、除臭、除味、除铁、软化、淡化和除盐等），以及特殊用途用水处理（如反渗透技术制备超纯水）等。

水中的有害杂质以及物理因子通常可以被不止一种方法去除或改善。近年来研发、实施的多种水处理技术和工艺，连同传统的水处理技术，构成了水处理方法的多种选项。

根据用水或排水水质要求，针对原水水质，可以采用相应的处理工艺和技术。严格地说，每种用水的场景（产品、服务及生产过程）都存在自身的水质要求，因而水质需要符合不同级别的水质标准以及行业、生产过程的具体水质要求等，其中，最受重视和普遍采用的是国家级强制标准。就其水处理的工艺和方式而言，通常存在适用性强且经济合理的一种或几种方案。同样，污水排放必须满足水环境保护的要求，采用适宜的处理程度和方法。采用有效且经济的水处理方法对用户而言是有经济利益的，对于某些行业甚至可能是在质量、成本、准入等方面具有决定性意义的环节。

这其中涉及的水质要求、水质标准一直处于人们不断地探索中，例如，哪些是维持人体健康的水质特征，加工产品时适宜的水质有哪些特征。同时，水质标准或者水质要求中是否有过度严格的指标，并不是充分必要条件却增大了水处理的难度和成本等。从长远来看，水质标准或水质要求会不断完善和变化，这种变化将对水处理技术和工艺提出更新的要求，也将对产品、服务以及过程的质量和成本等方面造成不同程度的影响，甚至关乎相关用户（比如企业）的存亡。同时，水处理技术、工艺和方式处于发展中，每一项技术实质性的进步都会在处理效果、效率和成本等方面影响着其应用领域。

污染控制应该遵循一定的原则，比如评价标准应该由技术标准、成本标准等构成，其中成本标准应该包括经济成本、环境成本以及安全性等。

水中的杂质、污染物多种多样，处理效果与处理成本密切相关。随着处理效果的提升，处理成本可能以指数形式快速增长。因此，水处理程度尤为重要，决定了经济成本和处理方法推广的可能性，是选择水处理方法的重要依据。

污染强度可以用污染浓度或剂量与相应标准的比值来表示，也就是说污染强度可以用单位污水可以使多少倍体积的受纳水体刚好超标来表示。比如可以用污水的 BOD_5 值与排放水体或水质标准中相应的 BOD_5 值的比值表示污水 BOD_5 的污染强度，用污水的氨氮浓度与水质标准中氨氮限值的比值表示污水中氨氮的污染强度。如果用综合强度标准，则可以用关键指标作为污染强度的加权指数，而这种加权权重各有不同。不同指标的污染强度之间存在一定的关联关系和相互影响，甚至是决定性的影响。耗氧速率决定了水中溶解氧的状况。如果耗氧速率大于复氧速率，水体将呈现缺氧或厌氧状态，水体微生物的构成将以厌氧或兼性厌氧微生物为主体，水中污染物降解的途径将以厌氧过程为主；如果耗氧速率低于或等于复氧速率，水中溶解氧将不至于降低，水体呈现需氧的微生物分布及有机物代谢途径。不仅有机物，含氮化合物、含磷化合物、金属离子、配位化合物等物质的迁移、转化途径与方式都将发生相应改变。与此同时，这些杂质变化导致水质及功能发生变化。

水处理方法应选用针对首要污染物、兼顾次要污染物的最有效的处理方法。

污废水处理的程度通常需综合考虑受纳水体的水质基础特征、自净能力和污废水典型污染物特征，同时要满足相关污废水排放标准。在满足标准的前提下，通常污废水处理程度都贴近标准要求，以保持较低的处理成本。

水质要求或水质标准越严格，制水或水处理成本越高；若过于宽泛，则水质不良导致的风险增大，导致社会成本增高。这方面的工作还有很多需要具体化、量化。现行的一些标准以及相应的方法仍有待充分论证，以充实水处理技术分析、评价、对比和筛选的依据。

饮用水处理程度的把控较为明确，水质必须满足现行的《生活饮用水卫生标准》。这一标准随着技术、经济和认知水平不断修订完善。

三、污染控制方法

污水处理技术方法主要有物理、化学和生物方法，或者是这些基础方法的组合。

物理方法主要有沉降、气浮、汽提、过滤等，常用于杂质分离。当然，为了实现特定的目的，水处理中也包括这些方法的逆过程，比如混合、分散、溶解等。此外，物理方法还包括对水体物理因子的控制以满足水质要求等内容，比如加热或冷却等。物理方法是最原始的水处理方法，随着人类生产水平和认知水平的提升，存在一系列的演变过程。并且这种演变还将进行下去。不能认为物理处理方法只是预处理或简单处理，如纯净水甚至超纯水生产中最核心的处理方法就是膜分离（反渗透）。反渗透处理是目前纯水生产的主要方法。此外，物理方法通常与化学、生物方法密不可分，因为化学过程和生物过程往往涉及物质转移和分离。

1. 污染治理的生物学逻辑

污染控制中最基本的转化或降解方法有两类，即化学转化和生物转化。在自然界的自净过程中化学转化和生物转化同样重要且普遍存在，在人工干预的水质改善过程中化学转化和生物转化的运用也非常广泛。最常见的化学处理方法包括混凝、氧化、还原、沉淀、中和等，生物处理方法包括好氧处理、厌氧处理、生物除磷、生物脱氮等。化学转化中主要考虑药剂成本、污染控制能力、二次污染、药剂残留及其控制。生物处理中生物对杂质的作用主要分两部分：转化和同化排泥。生物转化主要考虑物种的选择和稳定、控制条件和生物污染的控制等内容。对于水处理而言，最主要是看水质适合哪些大量、快速代谢的生物种，这些生物能否快速代谢、生长和繁殖，其代谢产物是否安全，污染物降解完成后这些生物体能否被快速分离。

生物处理通过生物体自身的生理、代谢活动，吸收、降解、转化水体污染物（主要是可生化有机物、营养元素等），形成无毒、低毒、无害物质以及同化到生物体内部，从而降低水污染程度，实现污染控制。那么，在动物、植物、微生物这么多的生物种类中，以哪种生物或者哪些类别的生物为主体处理效果较好、成本较低呢？目前的湿地处理、生态治理、低等动物治理等水处理方式已被报道，甚至得到推广应用。究竟这些处理方式是否有科学依据，是否可以达到良好的效果呢？为什么主流的污水处理厂却广泛使用微生物作为水处理的主体呢？回答这些问题，就有必要梳理污染治理的生物学逻辑。

动物、植物、微生物的生理代谢特点决定了生物处理的主体是微生物。从动物、植物、微生物的生物量、转化率、世代周期、转化产物安全性及自身污染风险等角度梳理污染治理的生物学逻辑，有助于发挥各种生物种类在水处理、污染控制和生态保护行动中的作用，消除模糊认识，降低试错成本，推测并设计污染治理主体物种及群落构成，为污染治理工作提供更有效和经济的手段。

天然水体见图 3-2，复杂的天然水体自净系统见图 3-3。水体自净过程中生物自净和化学自净都发挥着重要的作用。观察生物自净过程会发现，在污染程度高的水中首先出现的是微生物，以细菌以及某些真菌为主。并且，厌氧或兼性厌氧微生物在前，好氧微生物在溶解氧条件改善之后才出现。水质进一步改善之后才可能出现藻类以及原生动物，再出现后生动物。所有这些生物都具有两面性，一方面参与水污染过程，另一方面参与水质净化。它们通过消耗水中的部分污染物，实现生长和增殖，同时产生一些代谢物。

图 3-2　天然水体

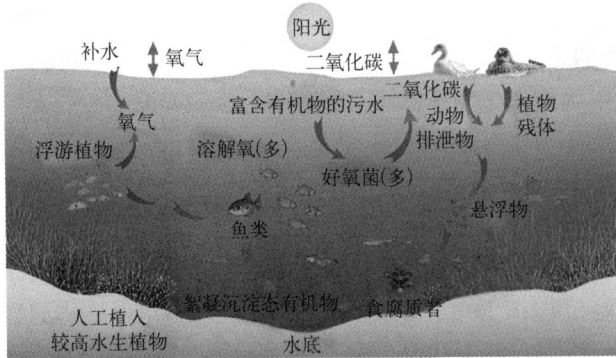

图 3-3　复杂的天然水体自净系统

2. 动物在水处理中的作用

动物（即使是原生动物）生存所需的基本要素有溶解氧、有机物（食料）等营养物质、适宜的环境条件（温度、pH 等）、无毒或低毒的环境。此外，动物的作用还需要从其生长繁殖方面，考虑其生长周期、比生长量等的影响，以此分析其作为生物处理主体物种的可能性。

从原污水中溶解氧的变化规律和生物对溶解氧适应及需求的角度，可以断定原生动物出现在水质改善到一定程度之后。如果把污废水设定为污水处理厂进厂水平（如 COD_{Cr} 300mg/L、BOD_5 150mg/L），植物（包括藻类）、动物等物种是不大可能发挥作用的，甚至连自身生存都有问题。污水处理厂曝气池中的溶解氧维持在一定水平，给原生动物提供了发挥作用的可能，它们通过捕食、吸附、消化降解有机物等，去除水中的 BOD 等。

原生动物体型微小，大小在几微米到几百微米，如常见的尾草履虫，体长 80～280μm，以分裂方式进行繁殖，繁殖周期约 0.5h，寿命约 24h。以草履虫为例，了解原生动物对水质的影响。草履虫摄取水中的细菌、浮游藻类或其他有机物，通过表膜进行呼吸，利用溶解氧分解有机物产生能量，但有研究表明有些草履虫可以耐受溶解氧较低的环境。草履虫降解有机物产生的代谢产物为二氧化碳和一些含氮废物，通过表膜排出体外。可见，在适宜的环境条件（有一定浓度溶解氧）下，原生动物对水中的有机物、浮游藻类、细菌等或有一定的处理能力。

通常后生动物生长、繁殖周期较长，比生长量较小，同化效果较弱。无法认定被动物摄取或者吸附/吸收的污染物就是被降解掉了。另外，即便被同化到动物体内的物质（污染物），仍存在如何从水中分离的问题。如果不能有效分离，这些有机体终将转化为水体污染物。后生动物世代周期长，成熟期晚，繁殖能力有限，细胞或者生物体增殖的部分较少。

在水处理中，原生动物通常作为指示生物，用于观察水处理过程的运行情况，而非水处理的主体生物。

后生动物包括除原生动物以外所有的动物。而水污染及处理过程中出现在水中的通常是相对简单的低等动物，比如轮虫、水蚤、线虫等。贝类、虾蟹、鱼等动物对污水处理的作用非常有限。相反，它们的正常生存对水质有一定的要求。现以水蚤为例，分析其在水中的生活过程对水质的要求和影响。水蚤是一种小型甲壳动物，属于节肢动物门、甲壳纲、枝角目。水蚤体长 0.1～2mm，蛋白质含量高，且含有鱼类所必需的氨基酸、维生素及钙质，可以作为鱼类的饵料。适宜水蚤生存的条件为：水温 18～25℃、pH 值 7.5～8.0、溶氧饱和度通常为 70%～120%，此外，需要光照用于培养浮游藻类以提供水蚤的食物并补充溶解氧。水蚤主要以细菌、真菌、藻类及有机物碎屑（动植物残片）为食，比增长量约为 0.1g/(g·d)，繁殖周期是 15～20 天。通常后生动物的生存条件较高，世代周期长，成熟期晚，繁殖能力有限，细胞或者生物体的增殖量较少。

可见，动物不可能是污水处理的主体生物，只是在水质相对较好、溶解氧较高的情况下，可能发挥一定作用。

3. 植物（包括藻类）在水处理中的作用

水中的植物对水质具有两面性。藻类、浮游植物、底栖植物等对水污染都有不同程度的净化能力；同时，这些植物在生命过程中可能导致水质恶化。植物的净化作用取决于其种类、数量、分布、生长时期、健康状况以及环境因子等的影响。其中环境因子可以认为是污水水质、光照、温度等。污水中污染物的种类、浓度等决定了水生植物的种类、数量和分布。植物（包括藻类）对水质改善的作用主要体现在以下几个方面。

① 通过自身的生长代谢，吸收氮、磷等水体中的营养物质，并把其中一部分同化到体内。

② 一些种类的植物对某些污染物有一定的耐受能力和富集能力，可以富集某些重金属或吸收、降解某些污染物。

③ 通过影响微生物的生长代谢，可以促进可生物降解有机物的降解；可能参与或改善水中氮素的转化和脱氮过程。有些植物甚至可以降解有毒污染物，如凤眼莲具有直接吸收、降解有机酚类的能力。

④ 通过抑制低等藻类的生长，控制富营养化现象等。

分析水污染中植物处理的作用可知，污染物进入植物体内或在体表以及周边形成的微小生态体系后，进而发生转化或降解。污染物中某些形态的氮、磷等营养物质被吸收后用以合成植物自身的结构组成物质，储存于体内。有些污染物则在脱毒后储存于体内或在植物体内被降解。比如植物可通过螯合作用耐受并吸收、富集环境中的重金属，重金属诱导可使凤眼莲体内产生有重金属配位作用的金属硫蛋白。

4. 湿地处理

水生植物对水质的作用很早就被人们所认识。20 世纪 70 年代前后，许多这类植物的耐污及治污能力被发现，水生植物也因此进一步得到人们的关注，多种以大型水生植物为核心的污水处理和水体修复生态工程技术得以开发。湿地处理系统是人工建造或改造的、与沼泽地类似的区域，它通过构建和维持自然生态系统中物理、化学和生物三者的协同作用以实现对污水的净化。其中最重要的构建内容是构建以适宜水生植物为主的动植物生态系统，微生物自然地参与其中。一些工程实践表明，植物对水质的修复技术具有低投资、低能耗等优点，近年来已成为环境领域的研究热点之一。

植物可通过光合作用将光能转化为化学能，并释放氧气，能够发挥多种生态功能，如短期储存水体中的 N、P、K 等植物营养物质，净化水中的污染物，抑制低等藻类的生长，促进水中其他水生生物的代谢。在水体生态系统中，植物处于核心地位，其光合作用使系统可以直接利用太阳能；而植物的生长构成适合某些其他物种栖息的环境，使多样化的生命形式在湿地系统中发挥作用，植物和这些生物的联合作用使污染物得以降解。通常，湿地处理系统被称为自然处理系统或人工生态处理系统。

与传统的微生物处理方式相比，一些研究者认为水生植物处理方式的优势之处在于：低投资、低能耗、处理过程与自然生态系统有着更大的相融性等。其缺点主要在于：可承受的污染负荷小、处理时间长、占地面积大及受气候影响严重。这样的认识或许失之偏颇，放大了植物对污染物的降解和对污染程度的缓解作用，忽视了植物的其他作用，比如没有光照、深水条件，植物缺乏光合作用，加剧溶解氧消耗等。很重要的一点是，植物（包括藻类）通常对污染物，尤其是重金属、难降解有毒有机物、农药等并不具备很强的耐受能力，对污染冲击的抵抗力弱。而且生命形态脆弱，对外界环境变化的适应能力弱，即使是一年四季的变化，也可能对植物生命构成威胁。植物的生老病死会对水质造成复杂的影响，比如植物残体本身就会回归水体，成为内生污染源。

5. 微生物在水处理中的作用

理想的生物处理主体生物应该是：个体足够小，便于分散于水中，具有较大的比表面积以有利于吸附；个体适应能力强，对环境如温度、营养条件、pH 值、有毒有害物质等的要求比较宽泛；代谢能力强，生长速率高；不产生或少产生人类已知的污染代谢产物，代谢产物相对安全或者易于控制；生物体易于分离或去除。微生物的基本特点决定了其适合作为污水处理的主体生物。

水处理中满足上述条件的生物，最可能被应用的就是微生物以及浮游藻类。但浮游藻类生长需要光照，因而对水质的要求较高，将其用于地表水的改善和维护较为合理，对污染较为严重的污水并不适宜。而细菌等微生物种类繁多，整体对环境适应能力强，多数没有对光照的需求。因此，微生物是天然的污水处理主体生物。污水处理系统中污染物的降解途径和产物见图 3-4。

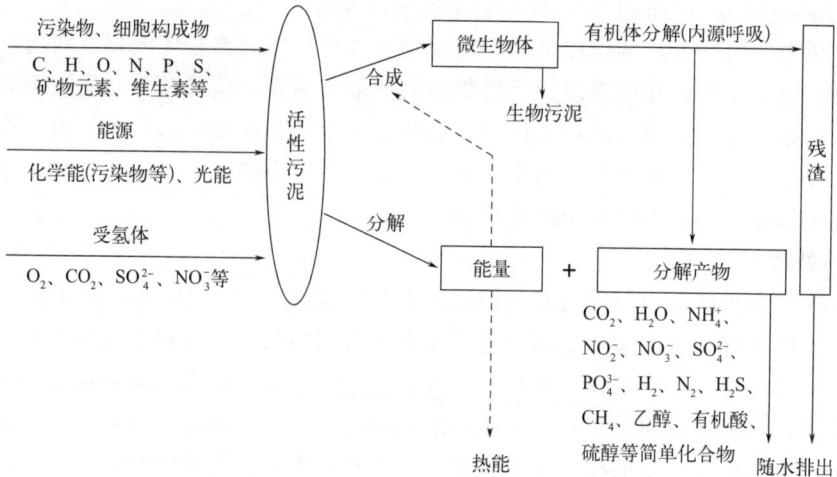

图 3-4　污水处理系统中污染物的降解途径和产物

微生物的优势主要体现在以下几个方面。

（1）微生物代谢强度高、繁殖速度快

微生物的大小通常以μm计，因而比表面积（表面积/体积）大，形成了较大的营养吸收、代谢废物排泄和环境信息交换界面，因此微生物具备更强的与外界进行物质交换的能力。这些特点非常有利于微生物通过体表吸收营养和排泄废物，为其高速生长繁殖和产生大量代谢产物提供了充分的物质基础。

微生物繁殖速率高。在适宜的条件下，微生物繁殖一代只要几十分钟，一天就可以繁殖几十代。例如，大肠埃希菌在合适的生长条件下，12.5～20min便可繁殖一代，每小时可分裂3次，由1个变成8个；每昼夜可繁殖72代，由1个细菌变成4.72×10^{21}个（重约4722t）。高速繁殖和增长成为微生物同化水体污染物的重要特征。

（2）微生物生物多样性远高于动植物，代谢多样性高、分布广

微生物分布区域广，分布环境广，在万米深海、高空、地层下128米和427米的沉积岩中都发现有微生物存在。在自然界，尤其是人类活跃的区域，微生物分布非常广泛且种类繁多。由于微生物种类繁多，代谢方式多样性，不同类型的微生物具有不同的代谢方式，能降解的物质类型也随之多样化。目前已发现的微生物有10万种以上。微生物作为自然界的分解者，能将可生物降解的污染物彻底矿化。一些微生物可以降解有毒物质。例如，*Thauera*属的一些物种能够降解酚类物质，将其彻底分解。近年来，人们甚至发现了能降解塑料的微生物。相比之下，动植物对污染物的耐受能力弱，物质代谢方式较单一，适应能力弱，且动物消化、植物养分吸收等过程甚至要依赖微生物的作用。

（3）微生物适应环境能力强、变异较为活跃

由于微生物个体小、比表面积大等特点，微生物容易受环境条件的影响。在紫外线、生物诱变剂、化学污染物等的作用下，以及环境中的某些营养因子发生改变时，微生物个体可能因此产生基因结构改变，形成变异体。在不同的环境条件以及营养条件下，微生物有可能被诱发变异，形成与环境相适应的变异体。这样不仅丰富了微生物种类，而且可能增强微生物对污染物的适应和代谢转化能力。

微生物对环境条件尤其是恶劣的"极端环境"具有惊人的适应力，这是高等生物所无法

比拟的。例如，多数细菌能耐0℃到−196℃的低温；在海洋深处的某些硫细菌可在高温条件下正常生长。

从上述分析可知，细菌、真菌、浮游藻类、原生动物等具备上述必要特征，是生物处理中天然的主体生物。污水生物处理实际上是水体自净的强化过程。

微生物用于污水处理除具备上述优势之外，也存在一些局限，体现在以下几方面。

①微生物种类不同，环境因素及营养条件不同，处理能力不同，对水质的影响也不同。比如微生物处理过程经常受到温度、化学毒物等的干扰，造成产出水质波动。

②微生物处理的自然顺序未必是对水质改善更有利或者更有效的。

③微生物的出现可能导致某些污染物的毒性增强或者使水质更复杂。

④微生物本身可能是一类污染物，其中的致病性微生物及其形成的致病性微生物环境等都会对水质造成威胁；微生物代谢可能产生有害代谢产物，如细菌毒素、藻毒素等。

⑤藻类尤其是浮游藻类作为污水处理的主体生物曾经得到深入的研究，但其高耗能的问题是其推广应用的核心障碍。

四、水处理的主要问题

1. 成本对技术的约束

随着人们对饮用水安全和生态环境质量要求的提高，水质标准不断更新并日趋严格，对水处理技术的要求也随之提高，进而催生出众多的水处理技术。现在已经具备把所有类型的污废水处理成纯净水的技术，但水处理技术的局限性往往是由于经济因素的限制。很多新兴水处理技术虽然处理效果好，但成本高，难以大规模应用。此外，部分污染企业为了降低生产成本，可能不愿意投入足够的资金用于污染治理，导致污水超标排放。这体现了经济利益与环境保护技术应用之间的矛盾。

当前常见的处理成本高的水有高盐废水、焦化废水、垃圾渗滤液等。此外，海水淡化和超纯水制备等的成本都很高。海水淡化一直是航海人员、沿海或海岛地区人们的迫切需求。而高成本是制约其可行性的核心障碍。超纯水的应用日趋广泛，而居高不下的成本仍然是沉重的负担。至今为止，开发低成本的海水淡化和超纯水制备技术仍然吸引着很多水处理工作者。

上述水处理问题的根源和表现似乎各不相同，但成本对技术的约束是其中的关键因素。处理能力和处理效率在成本的制约下决定了技术的应用情况。当人们意识到现行技术在处理能力、效率以及成本方面存在缺陷时，就会推动对新技术的拓展。新技术的发展方向应该更安全、更环保，同时更有效、更经济等。

2. 投资大、试错成本高

部分人认为动辄几百万元、上千万元构建成本的污废水处理设施，成为企业取得达标排放这一生产"通行证"的沉重负担。但是这个负担从社会、环境、经营等角度来看都是必要的。这里的问题是污废水处理设施的成本（负担）究竟应该多大，在企业生产成本构成中应该占据多大的比重。另一个突出问题是，污染治理技术、工艺之间的对比和筛选缺乏明晰的清单或规程。如此高成本的投资，一旦不能实现预期效果，或者相比其他技术工艺并无优势，企业很难撤回资金重建，只能进行调整。事实上，这种偏差甚至失误是较为常见的。实际工程中大多要在既定的工艺流程、技术环节和运行参数等方面进行复杂的调整。可见，导致企业或者用户的试错成本高的主要原因有：①水处理技术对比和筛选规则不够明晰；②水处理技术市场管理仍有待完善；③水质标准的制定和应用论证还需要更加充分。

污染治理其实是成本-效益权衡的问题，环境质量标准或水质标准的制定在这一权衡中起到重要的作用，甚至可能决定了企业、行业的兴衰。

3. 水处理环境影响外延

（1）水处理中污染物的迁移和转化

① 水相到气相。尽管二氧化碳的释放在水处理中被认为是安全的，但仍然有很多转化到气相中的污染物，比如脱氮过程中会有氮气和一氧化二氮等氮氧化物的释放，还可能有甲烷、臭气等的释放。

② 水相到固相。如有机物等污染物的处理过程常用的吸附和离子交换会导致水相污染物进入活性炭等吸附剂或者离子交换树脂中；污水厂产生的剩余污泥等。污染物由水相转入固相，产生的活性炭、剩余污泥、树脂等被认定为危险废物。此类废弃物的处理/处置费用较高，因而增加了总处理成本。

水处理中污染物的迁移和转化问题通过物料衡算很容易发现。据此可以更深入探讨污染物转化和治理技术的作用机制，探讨改进和评价技术的方法，为更合理、安全且经济的水处理技术筛选和推广提供依据。

（2）水处理系统的碳排放

当前的水处理过程存在较为严重的温室气体排放（碳排放）问题，包括直接排放和间接排放。比如在污水生物处理过程中，微生物分解有机物会产生甲烷和一氧化二氮等。在厌氧污水处理工艺中，有机物质在厌氧条件下分解，会产生大量甲烷。甲烷的全球增温潜能值（GWP）是二氧化碳的 28 倍。据估算，污水处理厂产生的甲烷排放量占全球人为甲烷排放量的 3% 左右。在污泥的厌氧消化、填埋或焚烧过程中也会产生温室气体。如果污泥采用填埋方式处理，污泥中的有机物会在厌氧条件下分解产生甲烷。

水处理过程中会消耗大量的电能和药剂（如混凝剂、消毒剂、氧化剂等）。电能的产生往往伴随着碳排放。如果电力来源主要是火力发电（燃烧煤炭、石油等化石燃料），则会产生大量的二氧化碳。化学药剂在生产过程中需要消耗能源，同时在运输和储存过程中也可能产生碳排放。以聚合氯化铝（PAC）这种常见的絮凝剂为例，其生产过程涉及矿石开采、加工和化学合成等多个环节，每个环节都会产生一定的碳排放。

不同水处理工艺的能耗差异大。传统的活性污泥法处理工艺相对简单，但能耗较高，特别是曝气过程需要消耗大量电能来提供微生物所需的氧气。而有些污水处理工艺，如膜生物反应器（MBR），虽然能更有效地去除污染物，但膜组件的清洗和运行也需要消耗较多的能源。例如，MBR 工艺的能耗可能比传统活性污泥法高出 30%～50%。

不同处理工艺的温室气体产生量也存在差异。例如，采用好氧处理工艺时，主要产生二氧化碳，而采用厌氧处理工艺时，则会产生较多的甲烷。选择合适的处理工艺组合可以在一定程度上减少温室气体排放。

（3）污废水资源化

污废水资源化是一个有吸引力的话题。2021 年，国家发展改革委等十部委发布《关于推进污水资源化利用的指导意见》，提出在城镇、工业和农业农村等领域系统开展污水资源化利用，实施区域再生水循环利用、污水近零排放科技创新试点和污水资源化利用试点示范等重点工程。资源化的重点集中在污水中水资源的回收和再利用，再延伸就涉及其他污染物的资源化回收，比如能源、氮化合物、磷等。

从定性的角度看，污废水资源化既可以控制污染，又可以回收资源。但从经济性核算角度来看，污废水资源化存在诸多障碍，并且使技术评价和筛选更加复杂。以氨氮回收为例，成品己内酰胺级硫酸铵的价格曾在 1125 元/t 左右。在这样的价格基础上，污废水氨回收产生的经济效益微不足道，几乎可以忽略。另外，污废水回收氨氮方法的技术空间受到制约，只有高浓度范围的污废水才可能产生经济效益。这种高到靠回收可以产生经济效益的浓度可能并不存在。这里存在一个逻辑关系。如果废水中的某些具有资源属性的杂质含量达到一定值，满足回收的经济核算要求，那么这些"废水"一定会先经过回收处理之后再排放。这样，排出的废水中的这些杂质的含量就是不足以平衡回收成本的。而这才是真正的废水/污水。

有报道指出，以常规的生活污水（COD 为 500mg/L）为例，其中有机物所蕴含的能量约 22.55（kW·h）/m³。采用普通的活性污泥法，能耗为 0.3～0.6（kW·h）/m³。在污水能源回收以及碳物质回收的常规做法中，厌氧消化产生甲烷实现的能量回收目前为 1.5～1.9（kW·h）/m³，仅占总蕴含能量的 6.7%～8.4%。由此看来，常规生活污水中蕴含的能量足以抵消污水处理所消耗的能量，甚至实现能量的净回收。

事实上，市场上价格（或者资本逐利）这样的"看不见的手"总是主动发挥调节资源配置和提高利用效率作用的。或许污废水资源回收的实际意义就在于发现价值错位。这样的机会不是没有，但会导致其资源属性的转变。从这个层面看，污废水资源回收最重要的收益是环境效益而远非经济效益。针对由于认知局限和暂时技术限制出现的污废水资源化利用问题，应像低品位矿物开发一样，严格权衡成本和收益。

因此，污废水资源化利用技术应该进行更合理、充分的技术及成本论证，找准定位，明确可行性，促进有实效的技术得以应用。

五、水处理方法的选择

物理、化学、生物处理法的选择通常可以从以下三个方面进行衡量。

（1）效率的对比——时间成本

效率对比的内容包括效率高低和稳定性。相同条件下，对比单位时间内各方法去除目标污染物的效率，筛选出方法中效率更高的一类。处理稳定性对比指对比维持一定处理能力随时间的波动性。理想的处理方法应具备更高而且更稳定的处理效率。

（2）经济的对比——经济成本

在保证相同去除率的前提下，对各种方法的处理成本进行比较，包括构筑物、设备、药剂等耗材、动力、人工等。

（3）安全性对比——环境成本

在保证水污染控制效果的前提下，应对污染控制技术产生的其他污染物，如废气、污泥、噪声等，以及能耗、物耗等进行对比，衡量其安全性及环境成本。同时，要对比水处理技术和工艺的碳排放情况，在有效、安全、经济的前提下，尽可能降低碳排放，实现碳中和。

上述对水污染控制技术的对比和筛选内容的归纳，基本覆盖了技术可行性涉及的主要要素，尽管不尽完善，但仍可以作为该项工作的基本工具。

第三节　水处理与碳排放

随着全球气候变化问题的日益严峻，减少碳排放已成为国际社会共同关注的重要议题。水处理行业作为能源消耗和温室气体排放的重要领域之一，其碳排放问题逐渐受到广泛关注。水处理工艺碳排放核算和碳减排改造势在必行。

水处理工艺作为水污染治理的重要技术，在生态环境治理中发挥着重要的作用。但污水处理过程不仅消耗大量的电能和化学品，而且微生物驱动的有机物降解和转化，会排放大量的 CO_2、CH_4、N_2O 等温室气体，甚至其他有害气体。近年来，国家提出的"双碳"目标，进一步推动了污水处理行业低碳化改造的进程。据报道，污水处理行业的碳排放量占全社会总排放量的 $1\%\sim2\%$，在环保产业中占比最大。目前缺乏国家层面的、详细的污水处理碳排放基础数据，严重制约了我国碳减排策略的制定和实施。生态环境部印发的《减污降碳协同增效实施方案》明确提出要推进水环境治理环节的碳排放协同控制，增强污染防治与碳排放治理的协调性。水处理行业面临着低碳改造，也迎来了实现碳中和、健康发展的重大机遇。充分研究水处理过程中碳排放的主要来源、影响因素及减排策略，将为水处理行业的低碳化发展提供理论依据和实践指导。

一、水处理过程中碳排放的主要来源

水处理过程中碳排放主要来源于两个方面：直接碳排放和间接碳排放。

1. 直接碳排放

直接碳排放主要指的是水处理过程中有机物转化、厌氧消化、生物脱氮等产生的温室气体排放，主要包括 CO_2、CH_4 和 N_2O。其中，好氧生物处理中有机物转化产生的 CO_2 是主要的直接碳排放源；厌氧消化过程中会产生 CH_4 和 N_2O 等。有研究指出，我国污水处理厂的平均碳排放效率（以 CO_2 计）为 $0.59kg/m^3$ 左右。

2. 间接碳排放

间接碳排放主要来源于水处理所用电能和药剂等在生产、储运等过程中的碳排放。在水处理过程中，泵站提水、污水处理等都需要消耗大量的电能，而电能生产过程中会产生大量的碳排放。此外，废水处理中常用的混凝剂、氧化剂等药剂的生产和使用过程同样会产生碳排放。有研究表明，污水处理厂间接碳排放量占污水处理厂温室气体总排放量的 $53\%\sim74\%$，而直接碳排放量占污水处理厂总温室气体排放量的 $26\%\sim47\%$。

二、水处理过程中碳排放的影响因素

水处理过程中碳排放的影响因素众多，主要包括处理工艺、处理规模、排放标准及能源结构等。

1. 处理工艺

不同的处理工艺对碳排放效率有显著影响。例如，有报道称，A/O 工艺的碳排放效率高于 A^2/O、氧化沟和 SBR 工艺。采用厌氧消化＋沼气发电的方式处理污泥，能够显著减少温室气体排放量，且污泥经消化后脱水性能较好。处理工艺不同，其污染物降解方式和途径、能耗、药耗、维护方式和更新周期等各不相同，因而碳排放能力也可能不同。

2. 处理规模

处理规模对碳排放效率也有显著影响。处理规模越大，碳排放效率越高。这可能是因为大规模污水处理厂在单位处理成本和能耗方面具有更高的效率，从而使其在碳排放控制方面更具优势。

3. 排放标准

实施更高排放标准的污水处理厂的碳排放通常较高。同样，给水处理中对水质要求或水质标准的提高将对水处理工艺或者运行参数提出更高的要求，从而增加能耗、药耗和运维成本，进而使碳排放增加。例如，实施一级 A 标准的污水处理厂碳排放高于实施一级 B 标准的处理厂。严格的排放标准促使污水处理厂采用更为复杂的处理技术，从而提高碳排放。

4. 能源结构

能源结构对水处理过程中的碳排放也有重要影响。传统能源（如煤炭、石油等）在生产和使用过程中会产生大量的碳排放，而清洁能源（如风能、太阳能、热泵等）的使用则可以显著降低碳排放。因此，优化能源结构，提高清洁能源的利用比例，是降低水处理过程中碳排放的重要途径。

三、水处理过程中碳排放的减排策略

针对水处理过程中的碳排放问题，国内外学者提出了多种减排策略，主要包括优化处理工艺、提高能效、加强管理、推广清洁能源等。

1. 优化处理工艺

通过优化或选择适宜的处理工艺，可以提高废水处理效率，减少碳排放。例如，采用 A^2/O 工艺可以实现较低的碳排放量；而采用前置混凝＋生化处理或 AB 法可以进一步降低碳排放。厌氧消化技术可以将有机物转化为沼气，在减少碳排放的同时实现能源回收。

2. 提高能效

提高能效是降低水处理过程中碳排放的重要途径。通过使用高效的泵、搅拌器和曝气系统，可以显著降低能耗。例如，通过高效电机和负荷管理机制，污水提升泵站的能效可以提高 $20\%\sim50\%$，搅拌器的能效可以提高 $20\%\sim40\%$，曝气系统的能效可以提高 $20\%\sim30\%$。适时采用热泵等高能效技术是近年来提高水处理能效的重要手段。此外，加强设备的维护保养，减少故障停机时间，也可以提高能效，降低碳排放。

3. 加强管理

加强管理以降低水处理过程中的碳排放。首先，应建立健全的碳排放核算体系，明确碳排放量，为减排提供数据支持。其次，应加强员工培训，增强员工的环保意识和节能意识，使其在日常工作中自觉采取节能减排措施。此外，还可以通过建立激励机制，鼓励员工积极参与节能减排工作。

4. 推广清洁能源

推广清洁能源的使用是降低水处理过程中碳排放的有效措施。通过引入风能、太阳能等清洁能源，可以减少对传统能源的依赖，从而降低碳排放。例如，可以在污水处理厂周围建设太阳能发电站或风力发电站，为废水处理提供清洁能源。

四、未来研究展望

尽管国内外学者在水处理过程碳排放问题的研究上已取得了一定的成果，但仍存在一些问题有待解决，应重点关注以下几个方面。

① 碳排放核算方法的完善。目前，碳排放核算方法仍存在不精确、不统一等问题。碳排放核算的基本参数同样需要进一步细化、系统化、标准化，比如碳排放系数的测定、归纳、标准化等。未来研究应进一步完善碳排放核算方法，提高核算的准确性和可靠性。

② 低碳处理技术的研发。目前，虽然已有一些低碳处理技术得到了应用，但仍存在处理效率低、成本高等问题。未来研究应继续加强低碳处理技术的研发，提高处理效率，降低成本。

③ 综合减排策略的制定：未来研究应结合实际情况，制定综合减排策略，从工艺优化、能效提升、管理加强等多个方面入手，实现水处理过程中的碳减排目标。

④ 国际合作与交流。水处理过程中的碳排放问题是一个全球性问题，需要各国共同努力。未来研究应加强国际合作与交流，借鉴国内外先进经验和技术，共同推动水处理行业的低碳化发展。

水处理过程中的碳排放问题是一个重要而复杂的议题。通过系统梳理和综合分析国内外相关研究成果，构建标准化的碳排放核算体系，揭示水处理导致碳排放的主要来源、影响因素及减排策略，引导水处理工艺的低碳化发展是水处理发展的方向。未来研究应进一步完善碳排放核算方法，加强低碳处理技术的研发，制定综合减排策略并加强国际合作与交流，共同推动水处理行业的低碳化发展。在实现经济效益的同时，积极应对全球气候变化，助力实现美丽中国和全球可持续发展的目标。

第四节　水质改善与水处理工艺

水质改善是水污染控制的目的，包括水中污染物的去除，但水质改善的概念比去除水污染物更为宽泛。水质不足以保证水功能的发挥时，就需要改善水质。这其中有水污染控制的内容，比如去除水中的污染物等；还有添加某些成分或调整某些物理因子的内容，比如在循环冷却水中添加物质以防止水的腐蚀性、控制水温等。

一、污废水处理

1. 污废水处理的分类体系

（1）按污废水中污染物的去除方式分类

① 稀释：既不把污染物分离出来，也不改变污染物的化学性质，而是通过稀释混合，降低污染物的浓度，降低其危害，甚至达到无害的目的。

② 分离：通过沉淀、气浮、吹脱、蒸发、过滤等方法使污染物从水中分离出来，一般不改变污染物的化学性质。

③ 转化：通过化学或生物化学方法，使水中的污染物转化为无害物质，或是转化为易于分离的物质，然后再进行分离。

（2）按处理的程度分类（表3-1）

一级处理：只能除去废水中大颗粒的悬浮物及漂浮物，处理后的水质很难达到排放标准，但有利于进一步处理，因而通常作为预处理。

二级处理：可以去除细小的或呈胶体态的悬浮物及有机物，处理后的水质一般能达到排放标准。

三级处理：进一步去除废水中的胶体及溶解态污染物，处理后的水质一般可达到回用的要求。

表 3-1　污水处理程度分类

处理级别	污染物质	处理方法
一级处理	悬浮或胶态固体、悬浮油类、酸、碱	格栅、沉淀、气浮、过滤、混凝、中和等
二级处理	可生化降解的有机物	生物化学处理
三级处理	难生化降解的有机物、溶解态的无机物、病毒、病菌、磷、氮等	吸附、离子交换、电渗析、反渗透、超滤、消毒等

（3）按处理过程中发生的变化分类

① 物理法：包括沉淀、气浮、筛网等。

② 化学法：包括中和、吹脱、混凝、消毒等。

③ 生物处理方法：包括好氧处理、厌氧处理等。

④ 物理化学方法：包括吸附、离子交换、膜技术等。

2. 生活污水处理

生活污水处理通常采用二级处理或三级处理，主要应用生物处理法，通过微生物的代谢作用进行物质转化，将污水中各种复杂的有机物氧化降解为简单、无害的物质，或通过同化作用，转化为剩余污泥被分离。有些水厂通过三级处理可使水质达到冲洗、灌溉等回用要求。

生活污水处理一般流程见图 3-5。

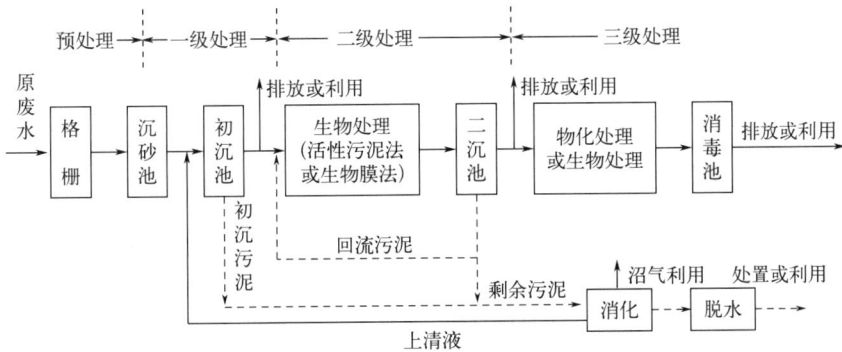

图 3-5　生活污水处理一般流程

3. 工业废水处理

工业废水与生活污水不同，其成分更为复杂，并且可能含有难降解的有毒有害成分，相较于生活污水而言，处理难度较大。根据废水水质和出水要求不同，工业废水处理程度和工艺有多种选择，但一般仍以生物处理为主，处理过程涉及资源回收和减毒（提升废水可生化性）等过程，常有前处理（调节水质水量、气浮除油、中和）；根据需要可能有后处理，如混凝、过滤、活性炭吸附等。

二、给水处理

给水处理的基本方法如下。

① 去除水中的悬浮物：混凝、澄清、沉淀、过滤、消毒等。

② 调整水中溶解物质：软化、除盐、水质稳定等。

③ 降低水温：冷却等。

④ 去除微量有机物。

常规处理工艺如图 3-6 所示，地下水软化流程如图 3-7 所示。

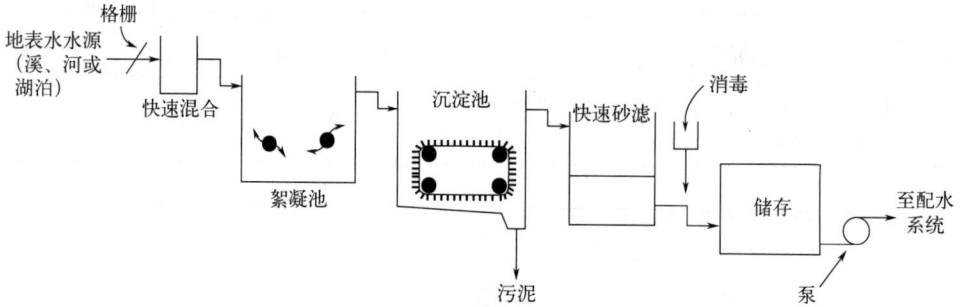

图 3-6　常用地表水水源生活饮用水处理流程

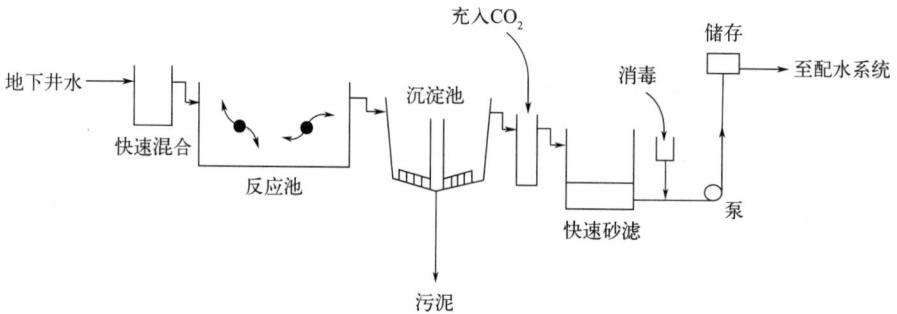

图 3-7　地下水软化流程

三、水处理技术发展趋势

水处理技术层出不穷，比如臭氧氧化、高级氧化、电化学氧化、超临界氧化等氧化降解技术，高效曝气、阶段曝气、阶段进水等生物处理技术，臭氧、二氧化氯、氯胺等消毒技术等。即便如此，对水处理技术中存在的问题以及新技术的探索仍在继续。通过梳理以水质变化物质流、能量流、信息流为核心的认知系统，可以把水处理技术发展过程归纳为以主要污染物流量和流向为主线的污染物控制系统。能量流一方面类似于物质流的动力系统，为污废水流经各个处理环节提供足够的能量；另一方面是对污染物转化过程提供必要的能量。信息流指沿程提供物质流、能量流信息，分析污废水或原水中污染物的主要成分，形成对物质流的认识，分析污染物的形态、物化性质和发生危害的条件，追踪其在不同水处理工艺环节中的变化，其间通过信息反馈引导物质流和能量流运行，直至满足用水或排放水质要求（水质标准）。通过上述分析，可以整合现有的水处理技术，构建以污染物控制（水质改善）有效性、成本经济性和低碳-碳中和为一体的目标体系，针对性地解决水污染治理和水质改善过程中遇到的问题，同时拓展对水质改善过程中出现的新问题或技术瓶颈的解决思路。

第四章 污水处理原理及技术

第一节　污废水处理

人们利用水时，通常并不会对水量产生明显的改变，发生显著变化的是水质。水中杂质增多，或者某些性状改变后，不再具备原先的使用功能；如果能找到其他利用途径，经济地发挥水的其他功能，就构成水资源的多级利用。当水失去利用价值，或者被放弃使用，这样的水就被称为污水或废水。污废水若不经处理随意排放，将引发受纳水体及自然环境污染。为此，污废水必须经过适当处理才可以排放或者回用。

一、污废水处理的目的

污废水处理的目的主要是改善水质，消除或降低水污染，维护水环境及相关环境质量，促进水资源的有效利用、循环利用，维持或改善水体的基本功能。

二、污废水处理的一般方法

针对污废水水质特征和处理要求，处理的一般方法包括物理法、化学法和生物法，以及这些方法以一定顺序和方式的组合。

物理法是利用物理作用分离去除废水中不溶性悬浮污染物、油脂和易挥发气体等的方法，物理法处理过程中污染物的化学性质不发生改变。主要工艺有筛滤截留、重力分离（自然沉淀和上浮）、离心分离、冷凝和加热等。使用的处理设备和构筑物有格栅、筛网、沉砂池、沉淀池、隔油池、气浮装置、离心机、旋流分离器等。

化学法是利用化学反应来分离、回收水中的污染物，或将其转化为无害物质的方法。常见的化学法包括中和、混凝、消毒、氧化还原、化学沉淀等；物理化学方法则有吸附、离子交换等。

生物法包括好氧处理、厌氧处理、生物膜法、生态治理（包括湿地处理）等。生物处理方法是利用生物代谢、生长等过程，将污水中的有机物、营养盐等转化为稳定无害的无机物质或被生物体同化后从水中分离，从而使水质得以净化的方法。

生物法是污废水处理的主要方法。水的生物处理法通常是采用一定的措施，选用特定种类微生物，营造有利于微生物生长、繁殖的环境，使微生物大量繁殖，提高微生物降解或同化有机污染物等的能力，随后分离剩余污泥，使污水得以净化的方法。根据微生物的呼吸特性，生物处理可分为好氧生物处理和厌氧生物处理两大类；根据微生物的生长状态，废水生物处理法又可分为悬浮生长型（如活性污泥法）和附着生长型（生物膜法）。

生态治理法即在自然条件或人为设置的条件下，维持或构建一定的生态体系，利用其中生物（微生物、植物和动物）的生长、繁殖等过程，使水质得到进一步改善的方法。生态治理法的主要特征是工艺简单，运行费用较低，但抗污染、抗冲击能力弱，净化功能较弱，且易受到自然条件的制约，因此通常不是污水处理的主流方法。但生态治理法经常作为污水处理厂出水进一步改善的补充手段。

目前，由于成本和技术发展程度的制约，主流方法是生物处理法，其中最典型的是活性污泥法。

三、污水处理程度

污水处理程度一般分为三级，具体选择主要根据污废水特点、处理目的、处理规模、技术条件和处理成本等确定。

1. 一级处理

通过沉降、过滤等物理过程去除污水中的悬浮物。其中，筛滤可除去较大杂质；重力沉淀可除去相对密度较大的颗粒；浮选可除去相对密度较小的物质（如油类等）。一级处理通常由筛滤、重力沉淀和浮选等方法单独或串联组成，可除去污水中大部分粒径在 $100\mu m$ 以上的颗粒物。废水仅经一级处理一般达不到排放标准，因而一级处理往往作为预处理。

2. 二级处理

二级处理的目的是去除水中的溶解性污染物和胶体污染物。二级处理主要采用生物法，结合一定的物理化学处理技术。经过二级处理后的污水，一般可以达到农灌水要求和排放标准。

3. 三级处理（深度处理）

三级处理是污水经二级处理后，进一步去除污水中的其他污染成分（如氮、磷、微细悬浮物、微量有机物和无机盐等）的处理过程。主要处理方法有生物脱氮法、混凝沉淀法、砂滤法、反渗透法、离子交换法和电渗析法等。三级处理后的出水通常可回用。

第二节　生物处理概述

以活性污泥法为例可以较为透彻地理解污水生物处理的主要原理及影响要素。活性污泥法中最重要的就是活性污泥。顾名思义，活性污泥可以说是有活性的污泥，见图 4-1。这种"活性"是指具备代谢转化能力和增殖能力。实质上，活性污泥是以微生物为主体的复合物，其活性主要源于微生物的代谢、转化和生长能力。活性污泥中的微生物通过代谢、生长和增殖等，将水中的某些污染物作为原料或营养物质加以利用并降解，从而净化水质。生物法降解的污染物主要包括水中的部分有机物、含氮化合物、含磷化合物等，这些物质是微生物代谢、生长过程中的营养物质和能源物质。

图 4-1 活性污泥——污水生物处理的主角

一、水中的微生物

微生物个体微小，但分布广泛，繁殖力强，适应性强，几乎遍布地球生命所及的每个角落。天然水体具备适宜微生物生长的条件，本来就存在一些微生物，另有些微生物则来自生活污水和某些工业排放物、垃圾、土壤、空气等。污废水中通常含有大量的微生物。

微生物在水中的存在对水质转化有重要作用，但某些致病性微生物可能对人体造成危害。发挥水处理功能的微生物和致病性微生物之间可能存在交集，难以区分。因此，水处理必须扬长避短，经过生物处理的水需要消毒，以降低其微生物带来的风险。

二、活性污泥中的微生物群落及其作用

活性污泥外形为茶褐色絮凝体，是以细菌、原生动物和后生动物等为主体，此外还有一些无机物、未被微生物分解的有机物和微生物自身代谢产生的残留物。活性污泥是由细菌、真菌、微型动物为主的生物与胶体物质、悬浮物质等混杂在一起形成的，具有很强吸附和分解有机物能力的污泥状复合物质。活性污泥中生存着各种微生物，构成了复杂的微生物群落，是污泥的主体。其中数量最多的是各种细菌，此外还可能有酵母菌、丝状霉菌、单胞藻类、轮虫、线虫等。

1. 活性污泥中的细菌、丝状菌、真菌及其作用

活性污泥中细菌的数量为 $10^8 \sim 10^9$ 个/mL，是去除污染物的主力军。最常出现的优势种群有产碱杆菌属、芽孢杆菌属、黄杆菌属、假单胞菌属、动胶菌属等，此外还有无色杆菌、诺卡氏菌、硝化细菌、大肠埃希菌等。它们多是化能异养菌，多数为革兰氏阴性菌，可以有效地分解废水中的有机污染物。

在活性污泥形成初期，细菌多以游离态存在。随着活性污泥的成熟，菌胶团细菌分泌胞外聚合物（如蛋白质、核酸、多糖等），这些具备黏性的胞间物质相互黏结，形成菌胶团絮状物。丝状细菌附着于污泥上或与菌胶团交织而构成活性污泥的骨架，真菌等微生物混杂其中，形成活性污泥絮状颗粒。菌胶团是活性污泥的结构和功能中心。由于其巨大的表面积和黏性，活性污泥具有吸附能力，并可以降解污染物。同时，菌胶团有利于微生物抵御外界不良因子的冲击，保持微生物整体的活力，维持反应系统的稳定。

真菌是一类具有多样性和复杂性的生物，对人类和生态系统都有着重要的影响。水中可以发现多种真菌，如酵母菌、霉菌、水霉、丝囊菌、木霉菌等。它们在水生生态系统中发挥着重要作用，一些水生真菌可能对水生生态系统有益，如分解有机物质、参与营养循环等；而另一些则可能对水生生物造成危害。水生真菌的种类和分布因地理位置、水质、温度和其他环境因素而异。污水中常见的真菌有一些具有特殊生化活性，能高效分解污水中某些有害物质；有些丝状真菌对活性污泥絮体有构架作用。通过分析污水中生长的优势真菌类群的种类和数量，可以判断水体受污染程度。曾有学者将污水真菌区分为：①专性污水真菌，它们只能在污水中生长，如小帚囊瓶菌、肉色艳盘菌；②喜污水真菌，它们在污水中生长得特别旺盛，如水节霉、白地霉、绿色木霉、淡紫拟青霉等；③条件污水真菌，它们通常在污水中不生长，只在一定条件下才能生长，大多数陆生真菌和空气真菌属于这一类型，如青霉属、曲霉属等；④嫌污水真菌，它们在污水中不生长，如爪哇正青霉、粒状青霉、点青霉等。污水中优势真菌类群的数量和组成，随污染物的成分、浓度发生变化。白腐菌是一类具有特殊分解能力的真菌，属于担子菌门中的伞菌纲和多孔菌纲。白腐菌能够分泌一种特殊的酶，这种酶可以分解木材中的木质素。木质素是一种复杂的难降解有机聚合物。白腐菌在生态系统中的作用非常重要，参与生态系统中有机物的分解和营养循环。

有研究报道利用丝状真菌可改善污泥脱水性能，并用于处理剩余污泥。如有研究表明，顶青霉（*Penicillium corylophilum*，编号为 WWZP1003）和黑曲霉（*Aspergillus niger*，编号为 SCahmA103）分别处理灭菌的剩余污泥（含固率为 $0.5\% \sim 1\%$）2d 后，污泥比阻从未处理时的 $1.36 \times 10^{12}\,\mathrm{m/kg}$ 降至 $0.093 \times 10^{12}\,\mathrm{m/kg}$ 和 $0.13 \times 10^{12}\,\mathrm{m/kg}$，分别减少 93.20% 和 90.10%；有研究者从污泥中分离出 1 株扩展青霉（*Penicillium expansum*，编号为 BS30），研究发现用此菌株处理含固率为 1% 的剩余污泥，可使污泥的毛细吸水时间（CST）从 $80 \sim 245\mathrm{s}$ 降至 $12.6 \sim 16\mathrm{s}$，污泥的脱水性能显著改善。

2. 活性污泥中的原生动物及其作用

活性污泥中常见的原生动物优势种是纤毛类，它们主要附着在污泥表面。有些原生动物（如变形虫等）能吞噬水中的有机颗粒和游离细菌，对污水起到直接净化作用；某些原生动物（如纤毛虫）能分泌黏性物质，可促进生物絮凝作用，有利于改善出水水质；还可作为污水净化的指示生物。

在活性污泥的培养和驯化阶段，原生动物按一定的顺序出现。随着水质条件（如营养、温度、pH 值、溶解氧等）的变化，细菌与原生动物、后生动物的种类和数量发生一定的变化，并遵循一定的演替规律：细菌→植鞭虫→动鞭虫→变形虫→游泳型纤毛虫、吸管虫→固着型纤毛虫→轮虫。因此，根据污水中原生动物的出现和活动规律，可以判断水质和污水处理程度。例如，在污水处理系统运行初期，曝气池中常出现鞭毛虫和肉足虫；若钟虫出现且数量较多，说明充氧正常，且活性污泥已成熟；若固着型纤毛虫数量减少，游泳型纤毛虫数量突然增加，说明污水处理系统运转不正常。

三、生物膜中的微生物群落及其作用

当污水通过滤料时，在滤料表面逐渐形成一层黏膜，黏膜中生长着各种微生物，这层黏膜就是生物膜。生物膜有巨大的表面积，能吸附污水中的有机物，具有非常强的转化能力。在活性污泥系统中，与污水有效接触的界面上通常都存在生物膜并发挥作用。

生物膜的主要组成菌有：好氧的芽孢杆菌、不动杆菌；专性厌氧的脱硫弧菌；假单胞菌、产碱杆菌、黄杆菌、无色杆菌、微球菌和动胶菌等兼性菌。这些细菌互相粘连构成菌胶团。生物膜上的丝状细菌有球衣细菌、贝氏硫菌等，它们降解有机物的能力极强。大量生长的菌丝体交织形成网状结构，对污水具有过滤作用。被处理污水中的悬浮物被丝状菌吸附截留，使出水变得澄清，同时菌丝的交织作用可使膜的机械强度增加，使其不易脱落更新。但丝状细菌快速生长会堵塞滤池，影响净化过程的正常进行。生物膜中出现较多的真菌是镰刀霉、曲霉、地霉、枝孢霉、青霉及酵母菌等，可形成类似丝状细菌的网状结构。根据水质情况，藻类通常生长在生物膜表面见光处，主要有小球藻、席藻、丝藻等。藻类可降解或吸收利用一些污染物，并通过光合作用补充溶解氧。原生动物主要有钟虫、草履虫等，能提高污水净化效率。此外，轮虫、线虫、沙蚕等后生动物能够消耗池内污泥，防止污泥积聚，抑制生物膜过度生长，保持生物膜的好氧状态，对污废水净化发挥一定作用。

生物膜上微生物的生态演替主要受溶解氧和营养条件的制约。从膜面到膜内，微生物按好氧→兼性→厌氧的顺序出现；随着有机物浓度逐渐降低，微生物优势种以菌胶团细菌→丝状细菌、鞭毛虫、游泳型纤毛虫→固着型纤毛虫、轮虫的序列出现。因此，通过观察各区段微生物种类的演替情况，可判断污水浓度的变化或污泥负荷的变化。

四、污水处理的环境因素

污水生物处理是利用微生物的作用来完成的，因此要高效地发挥处理效能，就必须为微生物的生长繁殖创造适宜的环境条件。在污水生物处理中，较为重要的水环境条件主要包括以下几方面。

1. pH 值

好氧生物处理中，pH 应保持在 6～9 的范围内。厌氧生物处理的各阶段对 pH 值的要求不同：酸化阶段对 pH 要求较为宽泛；产气阶段 pH 应保持在 6.5～8 之间。pH 过低、过高的污水在进入处理装置时应先行调整 pH 值。此外，在运行期间，pH 不能突然变化太大，以防微生物生长繁殖受到抑制或死亡，影响处理效果。

2. 温度

一般好氧生物处理要求水温在 20～40℃之间。在一些情况下，高浓度有机污水或污泥的厌氧消化利用高温微生物进行厌氧发酵，温度应提高至 50～60℃之间，即高温消化。不过中温消化（25～40℃）更为普遍，其设备投资和运行成本通常更有吸引力。

3. 营养物质

微生物的生长繁殖需要多种营养物质。好氧微生物群体要求 BOD_5（C）：N：P＝100：5：1，厌氧微生物群体要求 BOD_5（C）：N：P＝200（或以上）：6：1。好氧与厌氧生物处理过程的营养差异主要是由于菌种特性、代谢途径和产物的差异。如好氧处理中有机物变化的主要途径为同化后分离，而厌氧处理则为将有机物转化为甲烷等。

污水所含的有机物浓度过高或过低皆不宜，这对生化处理方式的选择尤为重要。一般来说，好氧生物处理法进水有机质浓度不宜超过 1000mg/L（以 BOD_5 计），不低于 50mg/L。浓度过高会导致能耗高，处理成本高；过低则导致微生物生长能力不足，工艺运行不稳定，处理效率低。厌氧生物处理适用于降解高浓度有机污水，进水 BOD_5 浓度可高达 5000～10000mg/L 甚至更高；若有机物含量低，能耗就不经济，稳定性也得不到保证。

通常，城市生活污水能满足活性污泥的营养要求。但工业废水往往存在营养成分不够充分、缺乏某些养料或者比例不够合理等问题，影响生物处理效果。故这类废水进行生物处理时，常需要投加生活污水、粪尿或氮、磷化合物等，以满足生化反应的基本要求。

4. 有毒物质

工业废水中往往含有对微生物有毒性的物质，如重金属、H_2S、氰化物、酚类等。虽然初次接种到某种废水中的微生物群体（活性污泥或生物膜）在培养驯化中都已经历了适应和筛选过程，剩下的细菌中绝大部分都是以该种废水中的污染物质为主要营养源且适应水环境条件的优选菌，但当污水中的有毒物质超过一定浓度时，仍能破坏微生物的正常代谢，影响污水生物处理效果。游离氨作为内生有毒物质的问题近年来得到关注。氨化反应导致污水中氨氮浓度发生变化，游离氨的比例在相对较高的 pH 值时会升高。在污水处理中，游离氨对微生物构成较大的影响，当游离氨浓度过高时，会威胁水处理系统的稳定性。这种情况更多地发生在厌氧处理的系统中。

5. 溶解氧

溶解氧浓度会影响好氧微生物群落的结构。不同种类的好氧微生物对溶解氧的需求不同。一些好氧细菌，如假单胞菌属，对溶解氧有较高的亲和力，在较低溶解氧浓度下也能生长；而一些原生动物和微型后生动物，如钟虫，则需要相对较高的溶解氧环境。适宜的溶解氧浓度有助于维持微生物群落的多样性和稳定性，保证污水处理系统的正常运行。如果溶解氧浓度过高或过低，会导致微生物群落结构失衡，一些对溶解氧敏感的微生物可能会死亡或生长受到抑制，从而影响污水处理的效果。

好氧生物处理要保证供应充足的氧气，曝气系统应均匀、稳定，否则影响处理效果。曝气不足或不均匀会造成局部厌氧分解，使厌氧微生物活跃，产生有机酸等中间产物，使处理后的水质变差，还会导致污泥性能下降，曝气池污泥上浮。生物膜法中，曝气不足可能造成生物滤池或生物转盘上的生物膜大量脱落。但过度曝气一方面会增加曝气能耗，增加成本；另一方面会对一些生物处理过程造成不利影响。过高的溶解氧使微生物的内源呼吸加剧，导致微生物自身氧化分解，从而降低污泥总量，影响污泥活性。

厌氧污水处理过程包括水解、酸化、产乙酸和产甲烷等多个阶段。溶解氧的存在会干扰这些阶段的正常进行。在水解阶段，溶解氧可能会使一些水解酶的活性降低，影响有机物的水解速率。在产甲烷阶段，产甲烷菌是严格厌氧菌，对溶解氧极为敏感。即使微量的溶解氧也会抑制产甲烷菌的活性，使甲烷产生量减少，从而影响整个厌氧处理过程的效率。

厌氧过程主要依靠厌氧微生物在无氧或低氧环境下进行代谢活动。溶解氧对厌氧微生物有抑制作用。厌氧微生物体内缺乏一些在有氧环境下进行代谢所必需的酶系统，如细胞色素氧化酶等。当有溶解氧存在时，这些酶会与氧发生反应，产生一些对微生物有毒害作用的中间产物，如超氧阴离子自由基（$O_2^-\cdot$）、过氧化氢（H_2O_2）等。这些自由基或中间产物会破坏微生物的细胞膜、蛋白质和核酸等生物大分子，导致微生物的活性降低甚至死亡。例如，在厌氧沼气池处理污水的过程中，如果有空气进入，池内的产甲烷菌等厌氧微生物的活性会受到严重影响，沼气的产量会明显降低。

五、活性污泥处理对水质的影响

活性污泥处理对水质的影响主要有：降解、转化水中的可生化有机物；实现对氮和磷的同化和转化；吸附某些金属离子；对水体污染物有吸附和黏附等作用。此外，大多数微生物对溶解氧较为敏感，其中好氧微生物消耗溶解氧；同时会产生微生物代谢物，有些是有毒代谢物，如藻毒素、菌毒素等，有些是安全、稳定的代谢物，如氮气、水、二氧化碳等。微生物数量和种类也会发生变化，出水中的微生物必须分离去除，否则会影响出水水质中的微生物指标。

第三节 活性污泥法和生物膜法

1912 年，英国的 Clark 和 Gage 发现对污水进行长时间曝气会产生污泥并使水质明显改善，其后，Ardern 和 Lockett 研究发现，由于实验容器洗不干净，瓶壁留下残渣反而使处理效果提高，从而发现活性微生物菌胶团，称其为活性污泥。1916 年英国建成了第一座污水处理厂，图 4-2 为活性污泥处理工艺基本流程。历经百年至今，污水处理的基本流程框架仍然得以保留。

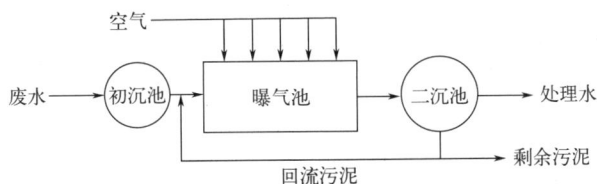

图 4-2 活性污泥处理工艺流程简图

一、好氧活性污泥法的基本特征

好氧活性污泥法的基本特征如下：
① 以生物絮体为反应主体；
② 通过曝气设备提供氧源；
③ 通过混合搅拌加速反应；
④ 通过沉淀降低固体含量；
⑤ 实现回流生物絮体再利用。

二、活性污泥法中的微生物

活性污泥中的有机物、细菌、原生动物与后生动物构成了小型的、相对稳定的生态系统和食物链。活性污泥中的细菌以异养型细菌为主。

1. 净化污水的第一承担者——细菌

细菌在活性污泥中的数量占比最高，对净化水质的贡献通常是最大的，因此细菌是净化污水的主体生物。细菌在生长繁殖过程中会形成菌胶团，菌胶团细菌是构成活性污泥絮凝体的主要成分，有很强的吸附、氧化分解有机物的能力，沉降性能良好，还可防止被微型动物所吞噬，在一定程度上可免受毒物的影响，从而提升了活性污泥对抗水质变化冲击的适应性。

2. 形成活性污泥的骨架——丝状菌

丝状菌与菌胶团共同构成絮体。适当的丝状菌可增强活性污泥的沉降性能，保持较高的净化效率，但是过量会引起污泥膨胀。

3. 净化污水的第二承担者——原生动物

原生动物能够吞噬水中的有机颗粒和细菌，还可以成为指示微生物。通过显微镜对原生动物进行镜检是对活性污泥质量评价的重要手段之一。

三、活性污泥法中污染物的转化

活性污泥法中物质转化和转移的实质是水中大部分污染物被细菌等微生物同化为剩余污泥被分离，少部分被降解为二氧化碳和水等简单无机物，见图 4-3。

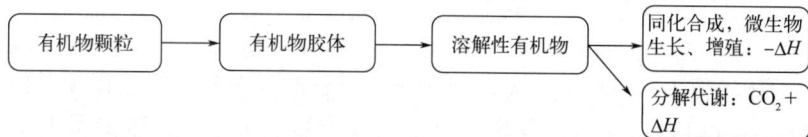

图 4-3　活性污泥法污染物转化流程图

有机物同化合成：

$$C_x H_y O_z + NH_3 + O_2 \xrightarrow{\text{酶}} (C_5 H_7 NO_2)_n + CO_2 + H_2O - \Delta H$$

微生物呼吸过程包括有机物降解和内源呼吸过程，二者均构成有机物的降解和 CO_2 的产生。不同的是活体微生物内源呼吸消耗胞内有机物且始终进行，而对污水中有机物（食料）的降解则依赖于环境条件（供给）。

四、活性污泥法基本运行条件和主要影响因素

1. 活性污泥法基本运行条件

好氧活性污泥法处理有效运行的基本条件如下：

① 污水中有足够的可溶解性易降解有机物；

② 混合液中含有足够的溶解氧；

③ 没有微生物和有毒物质进入；

④ 活性污泥在曝气池中呈悬浮状态；

⑤ 活性污泥连续回流；

⑥ 及时排除剩余污泥。

2. 活性污泥法主要影响因素

影响活性污泥法运行的环境因素主要如下。

（1）BOD 负荷率（污泥负荷，N_s）

$$N_s = \frac{QS_0}{XV}$$

式中，Q 为进水流量，$\mathrm{m^3/d}$；S_0 为污水 BOD 浓度，$\mathrm{kg/m^3}$；X 为污泥浓度，$\mathrm{kg/m^3}$；V 为有效容积，$\mathrm{m^3}$。

N_s 过低，丝状菌膨胀；N_s 过高，絮体活性高，不易沉降。

N_s 增高，会导致污泥增长速率增高，底物降解速率增高；此时出水水质较差，污泥龄下降。N_s 下降，会导致污泥增长速率减缓，底物降解速率降低；此时出水水质较好，污泥龄延长。BOD 负荷在 $0.5 \sim 1.5 \mathrm{kg/(kg \cdot d)}$ 范围内时，SVI 控制在 $100 \mathrm{mL/g}$ 左右比较合适。

（2）营养物质

营养物质平衡用 BOD_5 : N : P 的关系来表示，一般需求为 100 : 5 : 1。生活污水和城市污水通常含足够的营养物质，但工业污水可能含量低，或者存在某些营养物质的不足，有

些工业污水需要调整营养构成以满足生物处理的需要。

（3）溶解氧

好氧活性污泥处理中溶解氧增加可以提升污泥的增殖速率，提升污水净化速率，提高出水水质，但代价是运行费用高，还必须防止过度曝气影响二沉池效率。通常对于游离细菌来说溶解氧应保持在 0.3mg/L 以上；活性污泥的絮凝体应保持在 2mg/L，不低于 1mg/L。

（4）pH 值

通常污水生物处理最适宜的 pH 值在 6.5～8.5。当 pH＜6.5 时，有利于真菌增长，可能导致丝状菌易膨胀；当 pH＞9 时，菌胶团易解体，活性污泥絮凝体遭到破坏。

（5）温度

活性污泥中的微生物多为嗜温菌，其适宜温度 15～30℃。在适宜温度下，微生物的生理活动强劲、旺盛，表现在增殖方面则是裂殖速率快，世代时间短。通常在冬季或低温运行时工业污水和城市污水处理受到低温影响比较明显，应注意保温或升温。某些水温过高的特殊工业污水要适当降温。

（6）有毒物质（抑制物质）

重金属、氰化物、H_2S 等无机物，酚、醇、醛、染料等有机物对微生物有一定的毒性，对生物处理有不同程度的抑制作用。但毒害作用只有当有毒物质在环境中达到某一浓度时才能显露出来，该浓度叫作有毒物质的极限允许浓度。有毒物质的毒害作用还与 pH 值、水温、溶解氧、有无其他有毒物质、微生物数量以及是否驯化等因素有关。

五、活性污泥动力学

活性污泥中的微生物主要是细菌，可借鉴 Monod 方程分析微生物生长动力学。Monod 方程表示在微生物生长曲线的对数期和平衡期，细胞的比生长速率与限制性底物浓度的关系，即

$$u = \frac{u_{max}S}{K_s + S}$$

式中　u——单位质量微生物的生长速率，kg/(kg・d)；

　　u_{max}——微生物最大比生长速率，kg/(kg・d)；

　　K_s——饱和常数，半速率常数，即 $u = 0.5u_{max}$ 时的基质浓度，mg/L；

　　S——反应器曝气池中的底物浓度，mg/L。

Monod 方程是典型的均衡生长模型，其基本假设如下：

① 细胞的生长为均衡式生长，描述细胞生长的唯一变量是细胞的浓度；

② 培养基中只有一种基质是生长限制性基质，其他组分过量不影响细胞的生长；

③ 细胞的生长视为简单的单一反应，细胞得率为一常数。

微生物的生长速率正比于底物降解速率，底物降解速率 v 可以通过类比得到：

$$\left. \begin{array}{l} v = \dfrac{v_{max}S}{K_s + S} \\[3mm] v = -\dfrac{\dfrac{dS}{dt}}{X} = \dfrac{d(S_0 - S)}{X dt} \end{array} \right\} \Rightarrow -\frac{dS}{dt} = \frac{v_{max}XS}{K_s + S}$$

$$\Rightarrow \begin{cases} \text{高底物浓度，} S \gg K_s, \quad v = v_{\max} \\ \text{低底物浓度，} K_s \gg S, \quad -\dfrac{\mathrm{d}S}{\mathrm{d}t} = \dfrac{v_{\max} X S}{K_s} = K_2 X S, \quad \left(K_2 = \dfrac{v_{\max}}{K_s}\right) \end{cases}$$

式中，$v_{\max}$ 为最大底物比降解速率；S_0 为底物初始浓度；X 为污泥浓度；t 为反应时间。

城市污水一般有机物浓度低，常用 $v = K_2 S$ 描述，符合一级反应

$$S = S_0 \mathrm{e}^{-K_2 X t}$$

活性污泥动力学研究的假定条件如下：

① 曝气池为完全混合式；

② 反应池处于稳定状态；

③ 进水和出水中没有微生物；

④ 二沉池中不发生微生物对有机物的降解；

⑤ 底物浓度用可降解的有机物浓度表示；

⑥ 温度不变，进水有机物成分、性质不变。

稳定状态是指反应器（这里是曝气池）内各种参数（如温度、压力、浓度、反应速率等）在一定时间范围内保持相对不变或者在小幅度波动范围内保持平衡的状态。

反应器的稳定状态与化学平衡状态不同。化学平衡状态强调正逆反应速率相等，是一种动态平衡，且主要关注反应本身的平衡。而反应器稳定状态是从反应器整体运行的角度，考虑多种参数的综合稳定情况。例如，在一个非平衡态的连续反应过程中，反应器可以通过控制操作条件达到稳定状态，使反应持续进行并获得期望的产品。稳定状态的实现通常需要一定的控制手段，例如，对温度、进料速率等反应条件的控制。完全混合式反应器和稳定状态等属于化工原理中理想反应器部分的重要概念，更详细的内容请参考相关资料。

活性污泥物料衡算示意图见图 4-4。

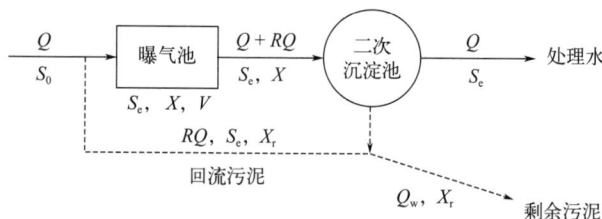

图 4-4　活性污泥物料衡算示意图

Q—进水流量；S_0—底物初始浓度；V—曝气池有效容积；X—污泥浓度；S_e—曝气池中底物浓度；
X_r—回流污泥浓度；Q_w—剩余污泥量；R—污泥回流比

对曝气池有机浓度（S）列出物料平衡式，并假定在稳定状态下：

$$S_0 Q + RQS_e - (Q + RQ)S_e + V\frac{\mathrm{d}S}{\mathrm{d}t} = 0$$

$$\Rightarrow -\frac{\mathrm{d}S}{\mathrm{d}t} = \frac{Q(S_0 - S_e)}{V}$$

结合 $-\dfrac{\mathrm{d}S}{\mathrm{d}t} = K_2 X S$，可得：

$$-\frac{\mathrm{d}S}{\mathrm{d}t} = \frac{v_{\max} X S_e}{K_s + S_e}$$

因此

$$N_s = \frac{S_0 - S_e}{Xt} = K_2 S = \frac{v_{max} S_e}{K_s + S_e}$$

去除率 η 则为：

$$\eta = \frac{S_0 - S_e}{S_0} = \frac{K_2 Xt}{1 + K_2 Xt}$$

对一定污水，K_s、v_{max}、K_2 是常数，可以通过下述方法得出。

利用 $\dfrac{S_0 - S_e}{Xt} = K_2 S_e$

通过实验，测定不同时间点的有机物残余量 S_e，分别以 $\dfrac{S_0 - S_e}{Xt}$ 和 S_e 为纵横坐标作图，则斜率即为 K_2。

利用 $\dfrac{Q(S_0 - S_e)}{VX} = \dfrac{v_{max} S_e}{K_s + S_e}$

两边分别取其倒数：$\dfrac{VX}{Q(S_0 - S_e)} = \dfrac{K_s}{v_{max}} \dfrac{1}{S_e} + \dfrac{1}{v_{max}}$

通过实验，测定不同时间点的有机物残余量 S_e，分别以 $\dfrac{VX}{Q(S_0 - S_e)}$ 和 $\dfrac{1}{S_e}$ 为纵横坐标作图，则斜率即为 $\dfrac{K_s}{v_{max}}$，截距为 $\dfrac{1}{v_{max}}$。

六、脱氮和除磷

脱氮和除磷的目的主要有两个方面。一方面是控制水体富营养化，消除或减轻富营养化导致的水质恶化及危害。水体的富营养化问题自 20 世纪中期开始受到重视，并成为水体污染控制的重要内容。控制富营养化的有效方法是限制含氮和磷等污染物进入水体，同时降低水中氮、磷等的浓度。另一方面是控制氮、磷尤其是氮化合物其他方面的危害。例如，氨氮（尤其是游离氨）对水中金属离子的迁移、转化和毒性有重要影响，对水生生物和人体健康有不同程度的危害等。因此脱氮和除磷是污废水处理中的重要环节。

在活性污泥法处理污水过程中，同化作用通常会起到一定的脱氮和除磷的效果，但远不及专门生物脱氮和除磷工艺的效果。该内容在本章第四节（生物脱氮和除磷）部分介绍。

针对污废水水质特征和处理水质要求，活性污泥法发展出很多类型或分支，但总体上都是以微生物生长代谢为主要处理原理。在充分了解普通活性污泥法后，对其他生物处理法都较容易理解。

七、好氧处理法和厌氧处理法

好氧生物处理和厌氧生物处理是两种不同的污水处理方法。好氧生物处理是利用好氧微生物，在有氧环境下，将水中部分有机物分解成二氧化碳和水；大部分有机污染物被同化，以剩余污泥的形式分离出水。好氧生物处理效率高，应用广泛，是废水生物处理中的主要方法。好氧生物处理的工艺很多，包括活性污泥法、生物滤池、生物转盘、生物接触氧化等。

厌氧生物处理是利用兼性厌氧菌和专性厌氧菌在无氧条件下降解有机污染物的处理技

术，最终产物为甲烷、氢气、二氧化碳等。该方法多用于有机污泥、高浓度有机工业废水（如食品加工废水）、剩余污泥等的处理。污泥厌氧处理构筑物多采用消化池。近年来，人们开发出了一系列新型高效的厌氧处理构筑物，如升流式厌氧污泥床、厌氧流化床、厌氧滤池等。好氧处理法和厌氧处理法的主要差异主要有以下几方面。

1. 微生物种类及生长环境

（1）好氧生物处理

① 微生物种类。主要涉及好氧细菌、真菌和原生动物等。好氧细菌如假单胞菌属是常见的分解有机物的微生物，它们在有氧环境下能够高效地利用氧气作为电子受体来氧化分解有机物。产碱杆菌能够利用多种碳源和氮源，去除水中常见的含碳、氮等污染物，并且能够在一定程度上调节污水的 pH 值，为其他微生物的生长创造适宜的环境。

② 生长环境。需要充足的氧气供应，一般溶解氧浓度应保持在 2mg/L 左右。活性污泥法处理污水时，通过曝气设备向污水中不断充入空气，以满足微生物对氧气的需求。环境的 pH 值通常在 6.5～8.5 之间。微生物种类不同对温度的适应范围有所差异，但多数在 20～35℃ 范围内能较好地代谢、生长。

（2）厌氧生物处理

① 微生物种类。涉及多种厌氧微生物，包括产酸菌和产甲烷菌。产酸菌首先将复杂有机物分解为有机酸等简单产物，如乳酸、丙酸等。产甲烷菌则进一步将有机酸转化为甲烷和二氧化碳。其中产甲烷菌是严格厌氧菌，对氧气非常敏感，如甲烷杆菌属。

② 生长环境。严格厌氧，要求环境中的氧化还原电位较低，一般在 −300mV 以下。pH 值范围较窄，通常在 6.8～7.2，温度可以分为常温（10～20℃）、中温（30～35℃）和高温（50～55℃）三种类型，不同温度下有不同的优势菌群进行厌氧发酵过程。

2. 反应过程及产物

（1）好氧生物处理

① 反应过程。有机物（以 $C_6H_{12}O_6$ 为例）在好氧微生物的作用下，首先被氧化分解，其反应式大致为：

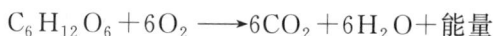

$$C_6H_{12}O_6 + 6O_2 \longrightarrow 6CO_2 + 6H_2O + 能量$$

在这个过程中，微生物利用氧气将有机物彻底分解为二氧化碳和水，同时释放出能量用于自身的生长和繁殖。

② 产物。主要产物是二氧化碳、水和新合成的微生物细胞。例如在生活污水处理中，通过好氧生物处理后，污水中的有机物被分解，水质得到净化，最终排出的主要是二氧化碳和净化后的水，微生物细胞则可以通过沉淀等方式从处理后的水中分离出来。

（2）厌氧生物处理

① 反应过程。厌氧生物处理主要分为两个阶段。第一阶段是产酸阶段（水解酸化阶段），复杂有机物被水解为简单的糖类、氨基酸等，然后被产酸菌发酵生成有机酸、醇类和二氧化碳等，反应式为

$$C_6H_{12}O_6 \longrightarrow 2CH_3CH_2OH + 2CO_2$$

第二阶段是产甲烷阶段，产甲烷菌利用第一阶段产生的有机酸和醇类等，生成甲烷和二氧化碳，反应式为：

$$CH_3COOH \longrightarrow CH_4 + CO_2$$

② 产物。主要产物是有机酸、甲烷、二氧化碳、氢气、氨气和少量的硫化氢等。在水

解酸化阶段，复杂的有机物（如碳水化合物、蛋白质和脂肪）首先被水解成简单的糖类、氨基酸和脂肪酸等。这些物质随后被发酵细菌进一步分解，产生大量的有机酸，主要包括乙酸、丙酸、丁酸等。例如，在处理食品加工废水的厌氧过程中，淀粉等多糖类物质先被水解为葡萄糖，葡萄糖再经过发酵产生乙酸。这些有机酸是后续产甲烷阶段的重要底物，其产量和种类会受到进水水质、温度、水力停留时间等因素的影响。甲烷和氢气可以作为一种能源进行回收利用。在有机固体废物的厌氧处理中，如垃圾填埋场产生的沼气，其主要成分就是甲烷，可以用于发电等。甲烷和氢气构成污水资源化、低碳处理的重要回收物质。

厌氧生物处理中有机物降解途径及产物见图 4-5。

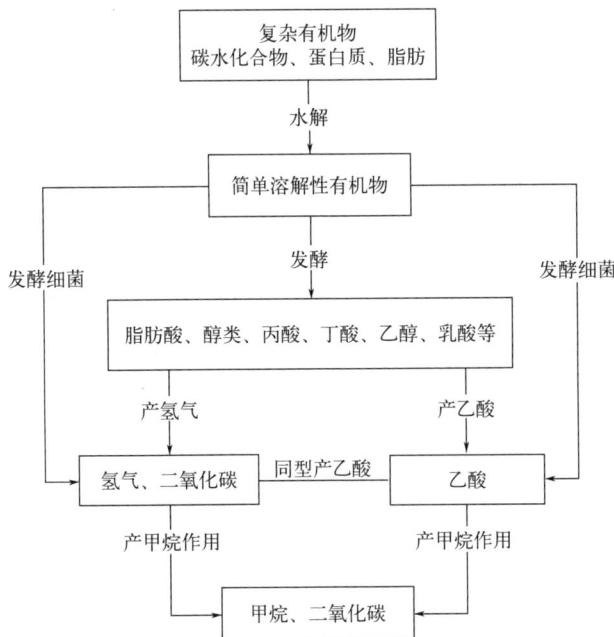

图 4-5 厌氧生物处理中有机物降解途径及产物

3. 处理效率和处理时间

（1）好氧生物处理

① 处理效率。对于易生物降解的有机物，好氧生物处理的效率较高。它能够在较短的时间内将有机物大量分解，去除率可以达到 80%～90%。例如在处理食品加工废水时，如果废水中主要含有糖类、蛋白质等有机物，采用好氧生物处理技术如活性污泥法，可以快速降低废水的化学需氧量。

② 处理时间。一般相对较短，对于普通污水，好氧处理的水力停留时间（HRT）可能在几个小时到几天不等。如在一些小型的生活污水处理设施中，采用好氧生物接触氧化法，水力停留时间可能在 6～8 小时就能使污水达到较好的处理效果。

（2）厌氧生物处理

① 处理效率。厌氧生物处理对有机物的处理效率相对较低，一般在 50%～80%。这是因为厌氧反应过程相对复杂，尤其是在产甲烷阶段容易受到环境因素的影响。不过，对于高浓度有机废水和固体有机废物，厌氧生物处理可以先进行有效的预处理，降低有机物浓度。

② 处理时间。通常较长，厌氧处理的水力停留时间可能需要几天到几周。以大型垃圾填埋场的厌氧消化为例，垃圾中的有机物完全分解产生沼气可能需要数月甚至数年的时间，

因为其内部环境复杂，且厌氧微生物的生长和反应速度较慢。

4. 设备、设施

好氧生物处理设施、设备较为复杂，需要有搅拌、曝气、沉淀、污泥处理等相关设备和设施。厌氧生物处理设施、设备较为简单，一般为大型的圆柱形或卵形的密闭容器。较为普遍使用的厌氧生物处理设备是升流式厌氧污泥床（UASB）反应器。UASB反应器主要由进水分配系统、反应区、三相分离器和出水系统组成。进水分配系统位于反应器底部，其作用是将进水均匀地分配到反应区底部。反应区是厌氧微生物进行有机物分解的主要场所，在这个区域，高浓度的厌氧污泥与污水充分混合，污泥中的产酸菌和产甲烷菌协同作用，将有机物分解为甲烷和二氧化碳等气体。

5. 适用范围

（1）好氧生物处理

适用于处理低浓度到中等浓度的有机废水，如城市生活污水、食品加工废水（浓度不是特别高的情况）、印染废水等。对于含有较多易生物降解有机物且对处理后水质要求较高（如需要达到排放标准直接排放）的污水，好氧生物处理是比较合适的选择。

（2）厌氧生物处理

更适合处理高浓度有机废水和固体有机废物，如酿酒废水、造纸黑液等浓度较高的工业废水，以及城市垃圾、农业废弃物等固体有机废物。在处理这些高浓度有机物质时，厌氧处理可以先进行初步的降解，同时回收能源（甲烷），然后再结合好氧处理进一步净化处理后的废水或残渣。

生物处理方法的选择主要考虑污水水质、出水水质、降解效率和成本。通常厌氧处理适用于高浓度、可生化性强的有机污废水、污泥等。厌氧处理有机物去除效率高、成本低、设备简单，可以实现资源（能源等）回收，但出水水质差，无法达到排放要求。好氧处理能耗高、设备相对复杂，但出水水质好，通常可以达到排放要求。因而厌氧和好氧联合使用处理效果较好。可生化性弱的有机污废水需要进行一些前处理如水解酸化、铁碳微电解、芬顿等高级氧化技术，提升其可生化性之后，才可进入后续生化处理。

6. 应用意义

近年来，污水厌氧处理的生态环境学意义得到重视，成为污水处理低碳化和碳中和改造的重要内容，主要体现在以下几个方面。

（1）能源回收与温室气体减排

污水厌氧处理过程中会产生大量的甲烷。甲烷是一种重要的清洁能源，具有较高的热值。通过收集厌氧处理过程中产生的沼气（主要成分是甲烷），可以将其用于发电、供热等多种用途。例如，在大型的污水处理厂中，利用厌氧反应器产生的沼气驱动发电机发电，能够为污水处理厂自身的设备运行提供部分甚至全部电力。这不仅降低了污水处理厂的运行成本，还实现了能源的回收利用，提高了能源利用效率。

如果污水中的有机物没有经过厌氧处理而直接排放或采用传统的好氧处理方式，有机物在自然环境中分解会消耗大量氧气，同时产生二氧化碳。而厌氧处理过程中产生的甲烷，在经过收集和合理利用后，可以替代一部分传统的化石能源。这样，在能源利用过程中相对减少了二氧化碳等温室气体的排放。从全球气候变化的角度看，这有助于缓解温室效应。

（2）水质净化与生态系统保护

污水厌氧处理能够有效降低污水中的有机物含量。在厌氧处理过程中，复杂的有机物被分解为简单的有机酸、二氧化碳和甲烷等。通过这种分解作用，污水的化学需氧量和生化需氧量等重要水质指标会显著降低。例如，对于高浓度有机废水，如食品加工废水或畜禽养殖废水，经过厌氧处理后，COD去除率可以达到70%~80%。这使得污水的污染程度大大减轻，后续再经过好氧处理等其他工艺，就可以使污水达到排放标准，从而减少对受纳水体（如河流、湖泊等）的污染。

当未经处理的污水排入自然水体时，会导致水体富营养化等一系列生态问题。污水中的有机物和营养物质（如氮、磷）会引起藻类和水生植物的过度繁殖，破坏水体的生态平衡。厌氧处理可以去除部分有机物和营养物质，减轻对自然水体生态系统的冲击。同时，经过厌氧处理后的污水在排入自然水体后，也为水体中的微生物、植物和动物提供了相对适宜的生存环境，有助于维持水体生态系统的稳定和生物多样性。

（3）污泥减量与资源循环利用

在污水厌氧处理过程中，部分有机物被微生物分解并转化为气体产物，这会导致污泥量的减少。与好氧处理相比，厌氧处理产生的剩余污泥量通常较少。例如，在活性污泥法这种好氧处理工艺中，微生物生长繁殖速度较快，会产生较多的剩余污泥，而厌氧处理时，由于微生物生长缓慢，且部分有机物被转化为气体，剩余污泥的产量可以减少30%~50%。这降低了污泥处理和处置的成本和难度。

厌氧处理后的污泥含有一定量的营养物质（如氮、磷、钾）和有机物质，可以作为肥料用于农业生产或土壤改良。同时，污泥中的微生物也可以为土壤生态系统提供有益的微生物资源。例如，将经过厌氧处理的污泥堆肥后施用于农田，能够改善土壤结构，增加土壤肥力，促进农作物的生长。这种资源循环利用方式符合生态环境学的循环经济理念。

八、生物膜法和膜生物法

1. 生物膜法

在污水处理过程中，与污水接触的界面通常会形成一定厚度的生物膜。这种生物膜是由好氧菌、厌氧菌、兼性菌、真菌、原生动物以及藻类等组成的具有一定结构并具备污染物降解和转化功能的复合系统。生物膜附着的固体介质称为滤料、填料或载体。生物膜法就是利用在人工构建的载体表面生长的生物膜，在适宜环境条件下降解和转化污染物，从而净化污水的方法。

生物膜由多种微生物构成，结构复杂。生物膜自滤料向外可分为厌氧层、好氧层、附着水层、运动水层等。生物膜中的微生物构成相当丰富，构成反应链或食物链，赋予生物膜对多种污染物的净化功能。生物膜可对有机物、总氮、总磷等污染物进行生物转化和降解。污水流经填料时，生物膜中的微生物吸收、降解水中的污染物；同时微生物得到增殖，生物膜随之增厚、更新。当生物膜增长到一定厚度时，向生物膜内部扩散的氧受到限制，其表面仍是好氧状态，而内层则会呈缺氧甚至厌氧状态。

随着处理时间的延长，生物膜不断增厚，可能导致生物膜脱落。生物膜脱落后的填料表面还会继续生长新的生物膜，周而复始，从而维持污水的净化能力。

例如，在好氧生物膜处理中，微生物在填料表面附着形成生物膜。生物膜通常由好氧菌、兼性菌、厌氧菌、真菌等构成。生物膜表面由好氧微生物或兼氧微生物构成好氧反应层，向内部（填料界面方向）则逐渐变为兼氧反应层和厌氧反应层。由于生物膜的吸附作用，其表面存在一层薄薄的附着水层。附着水层的污染物已被生物膜氧化分解，故其污染物浓度比进水要低，形成浓度梯度。当污水从生物膜表面流过时，污染物会从水中转移到附着水层中，并进一步被生物膜所吸附、降解。同时，溶解氧进入生物膜水层并向内部扩散。生物膜上的微生物在有溶解氧的条件下降解污染物，消耗溶解氧，产生的二氧化碳等无机物则沿着相反的方向，从生物膜经过附着水层转移到流动的水中。生物膜中的好氧-兼氧反应层和厌氧反应层具备一定的脱氮能力和除磷能力。

生物膜法与活性污泥法的明显区别是：生物膜固定生长在固体填料（或称载体）的表面上。此外，生物膜法还具有以下特征。

（1）生物相多样化

生物膜是固定生长的，具有形成稳定生态的条件，能够栖息增殖速度慢、世代时间长的细菌和较高级的微型生物。如硝化菌，其繁殖速度仅为一般假单胞菌的 $1/50 \sim 1/40$，故生物膜法具有较高的脱氮能力，远非活性污泥法可比。在生物膜上出现的生物，在种属上要比在活性污泥中丰富得多，除细菌、原生动物外，还有在活性污泥中比较少见的真菌、藻类、后生动物以及大型的无脊椎生物等。因此，生物膜法可降解的污染物种类多、效果好。

（2）生物量多、设备处理能力大

生物膜具有较低的含水率，单位体积内的生物量有时可多达活性污泥的 $5 \sim 20$ 倍，因此具有较强的处理能力。

（3）剩余污泥的产量少

在生物膜中栖息着较多高营养级的生物，食物链较活性污泥的长、剩余污泥量较活性污泥法要少。生物膜是由好氧层和厌氧层组合而成，厌氧层中的微生物能降解好氧过程合成的剩余污泥，使剩余污泥量大大减少，节约污泥处置费用。

（4）运行管理比较方便

生物膜法不需要污泥回流，因而不需要经常调整污泥量和污泥排除量，易于维护管理。活性污泥法经常出现污泥膨胀问题，对处理效果影响很大，甚至使处理工艺遭到破坏。而生物膜法由于微生物固着生长，故无此问题。活性污泥法中丝状菌的大量繁殖，可导致活性污泥膨胀，但丝状菌又具有相当强的氧化能力。生物膜法则可充分利用丝状菌的长处而克服其缺陷。

（5）工艺过程比较稳定

由于微生物固着生长，生物膜法可间歇运行。生物膜法受有机负荷和水力负荷的波动影响较小，即使遭到较大的冲击，恢复也较快。

（6）动力消耗较少

在填料下直接曝气时，由于气泡的再破裂提高了充氧效率，加上厌氧膜不消耗氧的特性，故一般生物膜法动力消耗较活性污泥法要小。

生物膜法和活性污泥法相比，也存在一些缺点：①需要填料和填料的支承结构，通常基建投资超过活性污泥法；②生物膜出水中常带有脱落的大小不一的生物膜片，故有时出水较浑浊。

2. 膜生物法

膜生物法采用生物反应与膜分离相结合，以微生物为反应主体，生物反应为基本反应，以膜为分离介质替代常规重力沉淀固液分离获得出水的污水处理方法。显然，膜生物法发挥了生物反应和膜分离两方面的优势，因而提高了反应效率和出水水质。

生物膜法和膜生物法在字面上很相似，但所指代的方法有显著差异。当然二者也有明显的共同点，即污染物的转化和降解都是主要通过生物反应完成的。

第四节 生物脱氮和除磷

一、概述

含氮和磷等生物营养成分的污水过度排放，会导致受纳水体中的藻类过度繁殖，使水质变差。氨氮、硝态氮等氮化合物以及磷等物质的含量决定了水体的营养水平。贫营养水体水质大多相对较好，污染程度低，溶解氧含量高，但大多数水生生物生长、繁殖受到营养限制，导致生产率低。适宜营养水平的水质才能保证水生生物处于相对繁荣和稳定的水体环境，更好地发挥其生产功能和生态环境功能。这些营养物质（包括磷等）在水中的含量过高时称为"富营养化"，在适宜的环境条件（温度、光照等）下，富营养化可能导致水质恶化。因此，在污废水排放前，一定要严格控制其氮、磷化合物的含量。污水脱氮除磷非常必要。

水体中的氮主要有无机氮和有机氮之分。有机氮包括蛋白质、氨基酸、核酸、核苷酸、尿酸、脂肪胺、氨基糖等含氮有机物，尿素也是有机氮的一种。无机氮包括氨氮、亚硝态氮和硝态氮等。氨氮包括游离氨态氮（NH_3-N）和铵盐态氮（NH_4^+-N）。

生物对氨氮和硝态氮的效应分两种情况。对于植物而言，氨氮和硝态氮是必不可少的营养物质。植物可以直接吸收氨氮和硝态氮，但具体哪种形态对吸收更有利则因植物物种及其生理发育状态而存在差异。对于动物而言，氨氮和硝态氮等都不能直接被利用；相反，它们大多是作为动物代谢产物出现，且都存在一定程度的危害。氨氮对水生生物如鱼类等有较强的毒性。氨氮含量过高会增加鱼鳃的通透性，损害其离子交换功能，使鱼类处于应激状态；还会增加动物对疾病的易感性，危害其生长、繁殖，严重时甚至会导致抽搐、昏迷甚至死亡。我国《渔业水质标准》中规定非离子氨氮含量应不超过 0.02mg/L，凯氏氮不超过0.05mg/L。人对氨气的嗅阈值为 0.8mg/m³，因此靠近含一定浓度氨氮的水会感受到异味。氨对人的皮肤黏膜有刺激及腐蚀作用，能溶解组织蛋白质，与脂肪发生皂化作用，还能破坏体内多种酶的活性，影响组织代谢。高浓度的氨可能引起严重后果，氨对中枢神经系统具有强烈刺激作用，吸入高浓度氨可引起反射性呼吸停止、心脏停搏等。游离氨基（带正电）与细菌细胞膜上磷脂的磷酸根（带负电）结合，使膜的通透性增加，导致细胞内的重要物质如氨基酸、嘌呤、嘧啶、K^+ 等外漏。硝酸盐和亚硝酸盐浓度高可能诱发高铁血红蛋白症，并产生致癌的亚硝胺。硝酸盐在胃肠道细菌作用下，可还原成亚硝酸盐。亚硝酸盐可与血红蛋白结合，将其中的 Fe^{2+} 氧化为 Fe^{3+}，形成高铁血红蛋白。高铁血红蛋白失去携氧功能，会导致身体缺氧，甚至使皮肤呈现蓝色，严重时可致器官缺氧受损、智力受影响等。

二、生物脱氮

脱氮环节是污水处理中最复杂、成本最高的工序。通常污废水中含氮化合物以有机态氮、NH_4^+-N、硝态氮（NO_3^--N）和亚硝态氮（NO_2^--N）等多种形式存在。含氮物质进入水环境的途径主要包括自然过程和人类活动两个方面。自然过程主要有生物代谢、降水、降尘和生物固氮等。人类活动是水环境中含氮化合物的重要来源，主要包括未处理或处理不彻底的城市生活污水和工业废水、各种浸滤液和地表径流等。如果有化工污染，则可能有更为复杂的氮化合物。工业废水、各种浸滤液和地表径流往往特性鲜明，所以还是以城市生活污水为例展开对脱氮的讨论更具普遍性。

污水中含氮有机物的变化过程展现着其对水质的影响，既是水污染过程，又是可用以污染治理的过程。通常，污水中的含氮有机物会经历水解、氨化、硝化和反硝化等一系列转化。这些过程里含氮化合物经历小分子有机氮、氨氮、亚硝态氮和硝态氮、氮气或 N_2O 等不同的形态。这些氮化合物对水质的影响程度和方式都不同。所以，从水中含氮化合物的形态可以追溯含氮有机物的水污染过程。水处理中的脱氮处理也遵循这样的路线，适时地强化或加速含氮化合物向安全、无害的形态转化的过程。

生物脱氮是应用最早的一项脱氮技术。水处理工作者对此投入了大量精力，在原理及工艺方面都进行了广泛的研究。近年来，生物脱氮法取得了一定的突破。按照除氮原理将生物脱氮法归纳为三种：全程硝化反硝化、短程硝化反硝化和厌氧氨氧化。

生物脱氮并非以微生物或其他生物对含氮化合物的营养吸收为主要方式去除水中的氮化合物（这当然也是生物脱氮的一个组成部分，但效能不足，不是生物脱氮的主体部分），更突出体现的是某些微生物对无机氮的转化作用。传统认为生物脱氮过程需要经历氨化、硝化和反硝化等过程，而这些过程由不同的菌群（细菌、真菌、古细菌等）承担，需要不同的溶解氧、pH 值、碳源、污泥龄等条件，因而需要把水处理系统分隔成多个池子以分别满足上述条件。这些给生物脱氮过程带来了繁杂的设计和操作难题。

1. 氨化过程

氨化作用（ammonification）又叫脱氨作用，指微生物分解有机氮产生氨的过程，为硝化作用创造必要条件。产生的氨，一部分供微生物或植物同化，一部分被转变成硝酸盐。很多细菌、真菌和放线菌都能分泌蛋白酶，在细胞外将蛋白质分解为多肽、氨基酸和氨（NH_3）。其中分解能力强并释放出 NH_3 的微生物称为氨化微生物。氨化微生物广泛分布于自然界，在有氧（O_2）或无氧条件下，均有不同的微生物分解蛋白质和各种含氮有机物，分解作用较强的主要是细菌，如某些芽孢杆菌、梭状芽孢杆菌和假单胞菌等。

氨化过程一般可分为两步。第一步是含氮有机化合物（蛋白质、核酸等）被分泌在体外的水解酶水解成小分子。例如蛋白质被分解时，先由分泌至胞外的蛋白酶将蛋白质水解成氨基酸。第二步则是氨基酸作为小分子物质跨膜进入微生物细胞，直接作为微生物的碳源及氮源进行吸收转化，或在微生物体内或体外以脱氨基的方式产生氨。降解产生的简单含氮化合物在脱氨基过程中转变为 NH_3。脱氨的方式很多，如水解脱氨、还原脱氨、氧化脱氨等。在脱氨的同时，产生有机酸、醇或碳氢化合物以及二氧化碳等。具体途径和产物随作用的底物、微生物种类以及环境条件而异。参与氨化作用的微生物种类较多，其中以细菌为主。

含氮有机物（蛋白质、氨基酸、尿素及尿酸等）在好氧及厌氧条件下皆可进行氨化反应。氨化主要由两大类菌群参与。好氧条件下参与氨化反应的微生物主要有枯草芽孢杆菌、大肠埃希菌和荧光假单胞菌等。厌氧条件下参与氨化反应的微生物主要有腐败梭菌、兼性大肠埃希菌、变形杆菌、尿芽孢八叠球菌、尿酸氨化菌及酵母菌等。氨化过程依赖微生物分泌的胞外酶（如蛋白酶、肽酶）和胞内酶（如脱氨酶、酰胺酶），通过多步水解和脱氨基反应，将复杂有机氮转化为氨。

生物有机氮中占比较大的另一类物质——核酸，在各种核酸水解酶等的催化下逐步水解，生成核苷酸、核苷、戊糖和碱基。碱基中的嘌呤（如腺嘌呤、鸟嘌呤）在部分植物和微生物中经脱氨基、嘌呤环分解及多步酶促反应可生成氨氮；而嘧啶（如胞嘧啶、胸腺嘧啶和尿嘧啶）则被分解为氨氮和二氧化碳等。最终，核酸中的氮主要以氨氮的形式释放到水中。

水中常见的有机氮氨化过程概括如下。

（1）蛋白质水解

$$\text{蛋白质} \xrightarrow[\text{内肽酶}]{\text{蛋白酶}} \text{蛋白胨} \xrightarrow[\text{内肽酶}]{\text{蛋白酶}} \text{多肽} \xrightarrow[\text{外肽酶}]{\text{肽酸}} \text{氨基酸}$$

（2）氨基酸脱氨

1）氧化脱氨（好氧条件）

$$RCHNH_2COOH + \frac{1}{2}O_2 \longrightarrow RCOCOOH + NH_3$$

$$RCHNH_2COOH + O_2 \longrightarrow RCOOH + CO_2 + NH_3$$

2）水解脱氨（厌氧条件）

$$RCHNH_2COOH + H_2O \longrightarrow RCHOHCOOH + NH_3$$

$$RCHNH_2COOH + H_2O \longrightarrow RCH_2OH + CO_2 + NH_3$$

（3）尿素、尿酸的水解产氨（厌氧条件）

1）尿酸水解

$$\underset{\text{（尿酸）}}{C_5H_4N_4O_3} + 2H_2O \xrightarrow{-2H} \underset{\text{（尿囊素）}}{C_4H_6N_4O_3} + CO_2$$

$$\underset{\text{（尿囊素）}}{C_4H_6N_4O_3} + H_2O \longrightarrow \underset{\text{（尿囊酸）}}{C_4H_8N_4O_4}$$

2）尿素水解

$$\underset{\text{（尿囊酸）}}{C_4H_8N_4O_4} + H_2O \xrightarrow{\text{尿囊素水解酶}} \underset{\text{（尿素）}}{2CO(NH_2)_2} + \underset{\text{（乙醛酸）}}{CHOCOOH}$$

$$CO(NH_2)_2 + 2H_2O \xrightarrow{\text{尿素酶}} (NH_4)_2CO_3 \longrightarrow 2NH_3 + CO_2 + H_2O$$

氨化作用实质上是有机氮污染发展的表现，也是污水生物脱氮处理的开端。在氨化作用发生之前，有机氮多数以生物或细胞残体、生物分子（蛋白质、氨基酸、核酸等）的形式存在于水中。这些物质可以作为水生动物的饵料，其中的大多数本身并没有毒性。氨化之后有机氮转化为氨氮，氨氮发挥其污染效应，致使水质恶化。氨化作用是有机氮转化为无机氮的转折点。从水处理脱氮的角度上看，氨化作用之前，有机氮的分离相对较容易，分离物如果抑制氨化作用，这些物质可能成为营养物质，甚至可以用作水生动物的饵料。氨化作用之后，无机氮的分离难度大增，生物脱氮成为常规的脱氮方法，周期长、波动大。从另一个角度讲，如果可以控制氨化过程，就可以在这些重要的转折点上对脱氮进行合理的规划和调控。再进一步讲，氨化作用的过程相对复杂，途径较多，因而水处理过程中，脱氮的同时，氨化作用可能仍然在继续发生。这对出水水质要求较高的工艺可能造成较大影响。

污水中的氨氮主要来自有机氮的氨化作用，其导致水污染发展过程中氨氮浓度的上升。在不同的氨氮浓度和环境条件下，氨氮对微生物系统发挥着调控的作用。在较低浓度下，氨氮是微生物的重要营养物质，甚至会限制微生物的生长。浓度高时，氨氮可能对微生物产生不同程度的毒性，影响微生物种类和数量分布。氨化作用导致水中氨氮含量变化，使对氨氮具有不同需求浓度和耐受浓度的微生物数量随之改变，从而完成对水处理过程中微生物区系的调节。通过微生物区系的变化，影响水中杂质的代谢方式、途径和速率，从而影响水质的变化。pH 和温度对氨氮的毒性产生较大的影响，有利于形成游离氨的条件（较高的 pH 值和温度），会强化毒性。

当氨化形成氨氮之后，水处理传统的操作流程就是进行硝化-反硝化过程。

2. 硝化过程

硝化是水中氨氮氧化为硝态氮的过程，是由两组不同的好氧自养菌参与的两步生物氧化过程。硝化的第一步是氨氧化细菌（AOB）把铵（NH_4^+）氧化为亚硝酸盐（NO_2^-）；第二步是亚硝酸盐氧化菌（NOB）把亚硝酸盐（NO_2^-）氧化成硝酸盐（NO_3^-）。

氨氧化阶段分为两个过程，氨先被氧化为羟胺（NH_2OH），然后羟胺被氧化为亚硝酸，调控这两个过程的关键酶分别为氨单加氧酶（Amo）和羟胺氧化酶（Hao）。Amo 是一个三聚体膜结合蛋白，该蛋白由分别被 amoA、amoB、amoC 所编码的 α、β、γ 三个亚基组成。amoA 基因是编码氨单加氧酶多肽活性位点的基因。Hao 是一种由三个亚基组成的蛋白。亚硝酸氧化阶段是由亚硝酸盐氧化还原酶（Nxr）催化完成的单步过程。Nxr 为多亚基的膜联复合体，基本结构为可以催化硝酸盐和亚硝酸盐相互转化的 α 亚基以及具有电子传递功能的 β 亚基和 γ 亚基。

亚硝酸菌和硝酸菌都是化能自养菌，它们利用 CO_2、CO_3^{2-}、HCO_3^- 等为碳源，通过 NH_3、NH_4^+ 或 NO_2^- 的氧化还原反应获得能量。硝化反应过程需要在好氧条件下进行，并以氧作为电子受体，含氮化合物（NH_3、NH_4^+ 或 NO_2^-）为电子供体。其相应的反应式如下。

亚硝化反应：

$$2NH_4^+ + 3O_2 \longrightarrow 2NO_2^- + 2H_2O + 4H^+$$

硝化反应：

$$2NO_2^- + O_2 \longrightarrow 2NO_3^-$$

硝化过程总反应：

$$2NH_4^+ + 4O_2 \longrightarrow 2NO_3^- + 2H_2O + 4H^+$$

在硝化反应过程中，氮元素的转化经历了以下几个过程：铵离子（NH_4^+）→羟胺（NH_2OH）→亚硝酰基（NO^+）→亚硝酸盐（NO_2^-）→硝酸盐（NO_3^-）。这些过程伴随着硝化细菌的增殖。将 1g 氨氮氧化为硝酸盐氮需耗氧 4.57g，其中亚硝化过程耗氧 3.43g，硝化过程耗氧 1.14g；同时需耗 7.14g 碳酸氢盐（以 $CaCO_3$ 计）碱度。

硝化反应中污泥龄必须大于硝化细菌的世代周期（5～8d），一般要大于 20d。

近来研究发现，除去自养硝化作用，还存在异养硝化作用。异养硝化是异养微生物在好氧条件下将氨/铵或某些有机态氮化合物氧化为羟胺、亚硝酸盐和硝酸盐的过程。异养硝化作用与自养硝化作用不同，两者不仅对碳源和氮源的利用不同，还在氮底物类型上有区别。异养硝化作用的底物可以是无机氮如 NH_4^+ 等，也可以是有机氮如胺、酰胺等。这就使得研究其代谢途径较为困难，至今尚未形成统一的认识。目前有学者总结出异养硝化菌代谢途径，包括无机氮代谢途径（即 $NH_4^+ \rightarrow NH_2OH \rightarrow NO_2^- \rightarrow NO_3^-$）和有机氮硝化代谢途径（即 $RNH_2 \rightarrow NH_4^+ \rightarrow NO_2^- \rightarrow NO_3^-$）。

在异养硝化微生物进行异养硝化作用中，已知的可能发挥作用的酶有以下几种。

① 氨单加氧酶（Amo），分析分离纯化的酶发现其由两个亚基组成，其分子量与自养硝化菌的氨单加氧酶的两个亚基 amoA 和 amoB 的类似；但其与自养硝化作用中的 Amo 又有一定不同，如 1mmol/L 的乙炔并不能抑制该酶的活性。

② 羟胺氧化酶（Hao），又称羟胺-细胞色素 C 还原酶，从现有研究结果来看，与自养硝化

细菌的羟胺氧化酶存在明显不同，如异养硝化细菌的 Hao 结构相对简单，只是一个单体蛋白。

③ 丙酮酸肟加双氧酶，经分析发现该酶的分子量为 115kDa，含三个相同分子量的亚基（40kDa），每个亚基中含有一个 Fe 原子，维生素 C 的加入可以明显加强酶活性，该酶反应的最适 pH 值为 7.5。

尽管人们对异养硝化微生物的关键酶和编码基因已有所认知，但是目前还没有可以进行分子生态学特异性检测的引物等工具，因此目前对异养硝化微生物的研究还仅局限于单菌的分离和生理生化特征的检测。

3. 反硝化过程

反硝化是在缺氧条件下，利用反硝化菌将亚硝酸盐和硝酸盐还原为氮气从水中逸出，达到除氮的目的。反硝化菌是一种化能异养兼性厌氧型微生物。当有分子态氧存在时，反硝化菌氧化分解有机物，利用氧分子作为最终电子受体。无分子态氧存在时，反硝化细菌利用硝酸盐和亚硝酸盐作为电子受体，生成水和 OH^-，有机物则作为碳源和电子供体被氧化提供能量和电子。因此反硝化反应须在缺氧条件下进行。

从 NO_3^- 还原为 N_2 的过程如下：

$$NO_3^- \longrightarrow NO_2^- \longrightarrow NO \longrightarrow N_2O \longrightarrow N_2$$

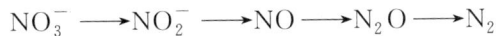

反硝化过程中，反硝化菌需要有机碳源（如碳水化合物、醇类、有机酸类）作为电子供体，利用 NO_3^- 中的氧进行缺氧呼吸。其反应过程：

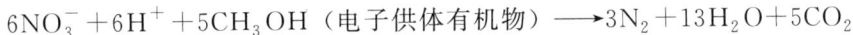

$$6NO_3^- + 6H^+ + 5CH_3OH（电子供体有机物）\longrightarrow 3N_2 + 13H_2O + 5CO_2$$
$$2NO_2^- + 2H^+ + CH_3OH（电子供体有机物）\longrightarrow N_2 + 3H_2O + CO_2$$

污水中含碳有机物作为反硝化反应过程中的电子供体。每转化 1g NO_2^- 为 N_2 时，需有机物（以 BOD 表示）1.71g。每转化 1g NO_3^- 为 N_2，需有机物 2.86g；同时产生 3.57g 碳酸氢盐碱度（以 $CaCO_3$ 计）。污水中碳源有机物浓度不足时，应补充投加易于生物降解的碳源有机物（甲醇、乙醇或糖类）。近年来，固态碳源的研究受到重视，用以弥补传统液态碳源在投加控制、残留和成本方面的不足。以甲醇为例提供反硝化过程中碳源消耗的基本关系：每还原 1g NO_2^- 和 1g NO_3^- 分别需要消耗甲醇 1.53g 和 2.47g。

综上所述，硝化反应每氧化 1g 氨氮耗氧 4.57g，消耗碱度 7.14g，导致 pH 值下降；在反硝化过程中，去除硝酸盐氮的同时消耗碳源，这部分碳源折合 BOD 2.6g，另外反硝化补偿碱度 3.57g。

反硝化反应与硝酸根、亚硝酸根浓度基本无关，与反硝化菌的浓度呈一级反应关系。因此，在反硝化过程中提高污泥浓度有助于提升反硝化效率，缩减池容。反硝化的影响因素主要包括：微生物种类和数量、碳源、C/N、溶解氧、温度、pH 值等。

4. 生物脱氮过程的关键控制因素

（1）脱氮过程中碳源的种类、变化、供给及调节

无机碳、有机碳供给情况对脱氮效率有重要影响。

硝化反应的主要参与者是自养型微生物，主要消耗无机碳，会消耗水中的碱度。因而，在硝化反应中要关注碱度的变化，必要时补充碱度。

反硝化反应中多为异养型微生物，这些微生物需要有机碳源的供给。通常 C/N 大于 4~5 的污水，才能满足反硝化脱氮对碳源的要求。近年来，城镇污水碳含量较低，很多水厂由于碳源不足导致脱氮效率低，NO_3^--N 的处理难以达标。低 C/N 污水脱氮需要考虑的方法

主要有以下两种：一是改善低 C/N 的条件；二是降低脱氮的单位需碳量。改善低 C/N 的方法可以根据污水特征选吹脱法、化学沉淀法等物理化学方法，以及投加碳源。为保证反硝化效果，常常需要补充碳源。常规碳源以溶解性有机物为主，如葡萄糖、甲醇、乙醇、乙酸等。为弥补传统液态碳源在投加控制、残留等方面的不足，固态碳源的研究受到重视。可生物降解的合成聚合物，如聚乳酸（PLA）、聚 3-羟基丁酸（PHB）和聚己内酯，均可被用作碳源。它们具有较高的反硝化效率和比天然碳源更少的溶解有机碳释放量，但成本较高。以秸秆等生物废弃物为主要原料加工合成固态碳源的研究显示出巨大的吸引力。

降低脱氮的单位需碳量的方式有短程反硝化、厌氧氨氧化、提高脱氮有机物利用率以及化学氧化除氨等。

（2）溶解氧

在常规的反硝化过程中，溶解氧是需要重点监测和控制的指标。反硝化最初被认为是一种严格的缺氧过程。有氧存在时，反硝化过程中所涉及的酶活性会受到抑制。微生物利用氧气作为电子受体，氧化有机物产生的能量远高于以硝酸盐或亚硝酸盐为电子受体时所产生的能量。因此，在硝酸盐和氧气共存时，微生物优先选择氧气作为它们的终端电子受体。因而，通常反硝化过程混合液的溶解氧浓度应控制在 0.5mg/L 以下。

参与反硝化过程的微生物并非只有厌氧的菌种。尽管多数反硝化微生物只能耐受较低浓度的溶解氧，近年来还是发现了一些可以在一定溶解氧环境中发挥反硝化作用的微生物。有报道指出，在对泛营养硫球藻反硝化能力的研究中，发现其能同时利用硝酸盐和氧气作为呼吸作用的末端电子受体，即具备有氧反硝化能力。这种现象在溶解氧浓度高达空气饱和度90%的培养物中被观测到。此后，人们开展了许多研究，以了解氧气对各种反硝化菌生长和反硝化效率的影响，并观察到一些反硝化菌能够耐受高浓度的氧气。还有些反硝化微生物（如脱氮副球菌）在有氧的环境中生长，但在缺氧的条件下才具有脱氮的能力。

（3）温度

温度是污水生物处理中重要的生态因子，对微生物的生长、繁殖、新陈代谢有重要影响。研究证实，BOD 去除率和硝化程度从 10℃ 开始明显降低。此外，温度对活性污泥的絮凝沉降性能、曝气池充氧效率以及水的黏度都有较大影响。正常水处理条件利用的是中温菌，在 15～35℃ 之间有较好的活性，当水温低于 8℃ 或高于 35℃ 时，微生物反应速率明显降低。有研究者报告了在 10℃ 下生长的曼德假单胞菌同时出现硝化和反硝化基因的长滞后期和延迟表达。中国工程建设标准化协会《寒冷地区污水活性污泥法处理设计规程》提出了冬季水温一般在 6～10℃、短时间为 4～6℃ 的城市污水活性污泥法处理设计和运行规程。

根据生长温度特性，微生物大致可分为三类：高温菌、中温菌和低温菌。低温菌通常细分为嗜冷菌和耐冷菌两类。嗜冷菌最适生长温度≤15℃，最高生长温度＜20℃，可在 0℃ 以下存活，主要分布于极地、深海等常年低温环境，其细胞膜含大量不饱和脂肪酸以维持低温流动性。耐冷菌能在 0～5℃ 生长，最适温度＞15℃，最高生长温度≥20℃，广泛存在于温带土壤、冰箱食品及水体中。已发现的嗜冷菌有微球菌属、无色杆菌属、黄杆菌属、产碱菌属、螺菌属、梭菌属、噬纤维菌属、节杆菌属和假单胞菌属等；耐冷菌有假单胞菌属、动性球菌属、微球菌属、鞘氨醇单胞菌属、弧菌属、节杆菌属、假交替单胞菌属等。这两类微生物的生态分布与低温微生物学特征均存在差异，它们以独特的生理功能适应环境。当环境温度超过其最高生长温度时，有些嗜冷菌细胞溶解且随之死亡。而耐冷菌比嗜冷菌更能忍受温度波动，其温度适宜范围也比较宽。因此，耐冷菌可能更适用于污水处理。这些微生物的发现给低温污水处理工作者带来了希望。有些研究者分别从嗜冷或耐冷微生物细胞膜中的脂类、蛋白合成、基因表达等方面对微生物适应低温的生物学机制进行了研究。有学者从南极和北极分离到四株耐冷的丝状蓝细菌。这些菌在低温（5℃）环境条件下对氮和磷有一定的去除率。但由于此类微生物生长缓慢，随污水流失严重，需要大量而且持续投加，因而不大可能工业应用。还有研究者研究了固化低温耐冷菌在污水处理中的应用，但低温脱氮、除磷效果并不理想。此外这些研究在除氮机制方面都过于粗疏，未能分辨除氮的原因是微生物吸附、同化还是异化产生的效果。研究人员从低温菌种筛选和培育、菌种流加、微生物固定、工艺调整、工艺参数调控等角度努力强化低温除氨效果，但其具备实际意义的成功实践却未见报道。在近期短程反硝化、厌氧氨氧化的研究中，低温对微生物的抑制作用同样无法回避。

低温导致微生物分泌的细胞外聚合物减少以及酶催化作用的减弱降低了生化反应速度，微生物代谢功能减弱。吸附在活性污泥表面上的有机物，不能很快被降解，未降解的有机物在活性污泥吸附表面积累，在一定程度上改变了吸附表面的性质。污泥的表面活性恢复得较慢，从而降低了活性污泥的吸附作用。低温导致丝状菌的过度生长是寒冷地区冬季和春季污泥膨胀的主要原因。丝状菌过度生长进一步导致污泥比阻和沉降指数增大，使污泥的压缩性降低而难以沉降。

除了对脱氮效率的抑制外，低温还可能导致脱氮产物的不同。生物脱氮过程中产生氮气之外的其他气态产物，如 N_2O 等属于温室气体。美国 2014 年的数据表明 N_2O 作为不完全反硝化的产物，被认为贡献了全球温室气体排放量的 6%。有研究发现低温反硝化导致 N_2O/TN 占比升高。

在寒冷地区建设污水处理厂时，除要充分考虑原水的水质状况、水量变化、处理水的出路、占地面积、运行费用等因素外，还需考虑低温对生物处理的影响。由于特殊的气候条件，北方地区污水厂设计时必须谨慎选择设计参数，注意构筑物及设备管阀的保温。要采取适当的技术措施，保证在低温季节也能正常运行。

（4）pH 值

氨氧化细菌和亚硝酸盐氧化菌的适宜 pH 分别为 7.0～8.5 和 6.0～7.5。当 pH 值低于6.0 或高于 9.6 时，硝化反应减弱甚至停止。硝化细菌经过一段时间驯化后，可在低 pH 值（5.5 左右）的条件下进行反应，但 pH 值突然降低，则会使硝化反应速度骤降。

反硝化细菌最适宜的 pH 值为 7.0～8.5，当 pH 值低于 6.0 或高于 8.5 时，反硝化速率将明显降低。此外 pH 值还影响反硝化最终产物。

硝化过程消耗废水中的碱度会使废水的 pH 值下降（每氧化 1g 氨氮将消耗 7.14g 碱度，以 $CaCO_3$ 计）。相反，反硝化过程则会产生一定量的碱度使 pH 值上升（每反硝化 1g 硝酸盐氮将产生 3.57g 碱度，以 $CaCO_3$ 计）。由于硝化反应和反硝化过程是顺序进行的，反硝化阶段产生的碱度并不能弥补硝化阶段所消耗的碱度。因此，为使脱氮系统处于最佳状态，应及时调整 pH 值和碱度。

（5）共存物质

共存物质对生物脱氮过程有重要的影响。主要的共存物质可以分为必需营养物质和抑制物质两类。必需营养物质主要是指生物脱氮过程中所涉及的微生物生长、代谢、增殖所必需的营养物质。某些有机物和一些重金属、氰化物、硫及衍生物、游离氨等有害物质在达到一定浓度时会抑制硝化反应的正常进行。这些物质就是抑制物质。有机物抑制硝化反应的主要原因：一是有机物浓度过高时，硝化过程中的异养微生物数量会大大超过硝化菌的数量，从而使硝化菌不能获得足够的氧而影响硝化速率；二是某些有机物对硝化菌具有直接的毒害或抑制作用。

（6）污泥龄（生物固体的停留时间，SRT）

为了保证硝化池硝化菌生物量，系统的 SRT 必须充分考虑自养型硝化菌的增殖。泥龄过短会导致硝化细菌的流失或硝化速率的降低。在实际的脱氮工程中，一般选用的 SRT（污泥龄）应大于硝化菌的世代周期。对于活性污泥法脱氮，污泥龄一般不低于 15d。污泥龄较长可以增强微生物的硝化能力，减轻有毒物质的抑制作用。但在同时脱氮除磷的系统中，SRT 的延长会降低除磷的效果。因而，生物脱氮和除磷过程中 SRT 需要协调和控制。

（7）循环比（R）

内循环回流（污水回流）的作用是向反硝化反应器内提供硝态氮，使其作为反硝化作用的电子受体，利用反硝化池中的碳源，达到脱氮的目的。循环比不但影响脱氮的效果，而且影响整个系统的动力消耗，是一项重要的参数。循环比的取值与要求达到的效果以及反应器类型有关。污水回流液中除了硝态氮，还有较高浓度的溶解氧。溶解氧对厌氧或缺氧过程有一定程度的影响，可能干扰除磷过程。较高的污水回流比可以更彻底地脱氮，代价是增加回流动力能耗，另外可能对除磷过程造成冲击。有数据表明，循环比在 50% 以下，脱氮率很低；循环比在 50%～200%，脱氮率随循环比升高而显著上升；循环比高于 200% 以后，脱氮效率提高幅度减缓。因此，一般情况下循环比在 200%～300% 较为经济。

5. 生物脱氮的热点

传统硝化反硝化的生物脱氮过程中，适宜的碳源是反硝化菌高效脱氮的关键。传统脱氮工艺的处理系统由于污水 C/N 较低，其脱氮能力受到挑战。污水 C/N 低的原因主要是原污水构成特征的变化和污水脱氮前经历（前处理过程）导致的变化。随着经济高速发展以及生活水平的提高，人们的饮食结构发生变化，生活污水中总氮含量增加；相应地，养殖废水、垃圾渗滤液和部分化工废水等总氮含量都较高。此外，污水处理脱氮和 BOD、COD 的有效控制是同样重要的目标，在污水处理过程中如何实现上述目标的均衡和同步达成是水处理工艺需要深化和细化的重要课题。目前主流的污水处理工艺中有机碳在上游工艺被过度消耗［如曝气池微生物同化过程中有机碳的消耗与剩余污泥量之比为（25～30）：1］，到下游反硝化脱氮阶段有机碳不足的情况仍大量存在。这使得整体水处理过程在这两个环节上都出现成本或运行时间上的不经济问题，同时使低 C/N 脱氮的问题变得更加突出。

（1）亚硝化反硝化——短程反硝化

1975 年 Voet 发现了在硝化过程中 HNO_2 积累的现象，并首次提出了亚硝化-反硝化生物

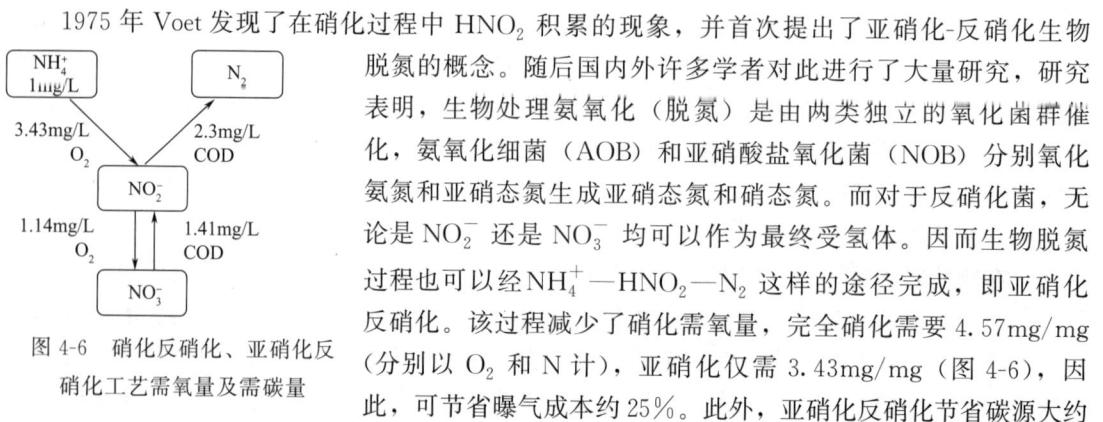

图 4-6　硝化反硝化、亚硝化反硝化工艺需氧量及需碳量

脱氮的概念。随后国内外许多学者对此进行了大量研究，研究表明，生物处理氨氧化（脱氮）是由内类独立的氧化菌群催化，氨氧化细菌（AOB）和亚硝酸盐氧化菌（NOB）分别氧化氨氮和亚硝态氮生成亚硝态氮和硝态氮。而对于反硝化菌，无论是 NO_2^- 还是 NO_3^- 均可以作为最终受氢体。因而生物脱氮过程也可以经 NH_4^+—HNO_2—N_2 这样的途径完成，即亚硝化反硝化。该过程减少了硝化需氧量，完全硝化需要 4.57mg/mg（分别以 O_2 和 N 计），亚硝化仅需 3.43mg/mg（图 4-6），因此，可节省曝气成本约 25%。此外，亚硝化反硝化节省碳源大约

40%，反硝化速度加快 1.5～2 倍。亚硝化反硝化作为一种低能耗、低碳耗的途径，比传统全程反硝化更有利于低 C/N 污废水脱氮。

亚硝化反硝化实施的关键和标志是在氧化阶段实现亚硝态氮的累积，需要设法抑制亚硝酸盐氧化菌（NOB），同时丰富氨氧化细菌（AOB）。

（2）厌氧氨氧化

亚硝化反硝化以有机碳为电子供体，降低了单位脱氮量对碳源的需求量。厌氧氨氧化的发现进一步降低了单位脱氮量的碳源需求量。厌氧氨氧化（anammox）以氨氮为电子供体，亚硝态氮为电子受体完成脱氮过程，显然在这一角度上是较亚硝化反硝化更有利于低 C/N 污废水脱氮的方法。好氧条件下，原水中部分氨氮（NH_4^+-N）被氨氧化细菌（AOB）氧化为亚硝态氮（NO_2^--N），生成的 NO_2^--N 继而在厌氧氨氧化细菌的作用下与 NH_4^+-N 反应转化为氮气。厌氧氨氧化途径的发现引发了国内外学者的关注。理论上分析，与传统的硝化反硝化过程相比，厌氧氨氧化是无机自养脱氮反应，反应途径短；在精密、有效控制下，不需要另外投加有机碳源；污泥产量低；节省了大约 60% 用于曝气的能量消耗；减少了温室气体 CO_2 及 N_2O 的排放。厌氧氨氧化细菌的代谢途径见图 4-7。

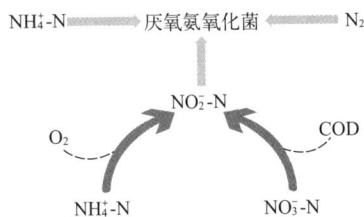

图 4-7　厌氧氨氧化细菌的代谢途径

与亚硝化反硝化类似，厌氧氨氧化实施的关键是亚硝态氮的供给，亚硝态氮供给的方式有部分氨氧化法（PN）和硝态氮还原法（PDN）。目前这两种生成亚硝态氮与氨氮反应脱氮的方法都有尝试。PN 的关键在于抑制亚硝酸盐氧化菌（NOB）同时丰富氨氧化细菌（AOB）；PDN 的能耗和碳耗更大一些。

目前对反硝化脱氮过程的研究除去上述短程反硝化、厌氧氨氧化之外，还有自养反硝化等方面。这些研究主要集中在原理、基础运行条件及其控制，以及反硝化过程在上述条件下产物的构成（氮气、N_2O 等）及控制等方面。

N_2O 作为重要的温室气体，其温室效应潜能是 CO_2 的 298 倍，并且能造成臭氧层破坏。因而污水处理尤其是亚硝化反硝化中 N_2O 的生成及控制受到密切关注。早期研究认为，N_2O 的产生主要由缺氧和厌氧条件下的反硝化过程驱动；近年来发现氨氧化细菌（AOB）和氨氧化古菌（AOA）也能产生 N_2O。亚硝化反硝化脱氮过程中，碳源充足条件下，NO_2^- 和 N_2O 同时被还原，不会产生 N_2O 的大量积累；低碳氮比条件下，亚硝态氮还原酶和氧化亚氮还原酶竞争内源碳电子供体，导致 N_2O 的积累。有研究显示 C/N 在 5 附近时，有利于抑制 N_2O 的排放；当 C/N 小于 3 时，N_2O 排放量增加。因此，如何在低 C/N 条件下减少 N_2O 的排放并实现脱氮，仍是有待解决的问题。

三、生物除磷

生物除磷，是指污水处理中通过使活性污泥交替在厌氧以及好氧状态下运行，能使具备聚磷作用的聚磷菌占优势生长，大量吸收水中的磷。此时，活性污泥含磷量比普通活性污泥高，通过排放富磷剩余污泥，实现污水中磷的去除。

1. 生物除磷的基本过程

（1）好氧吸磷

好氧条件下，聚磷菌利用废水中的 BOD_5 或体内贮存的聚 β-羟基丁酸的氧化分解所释放的能量来摄取废水中的磷。这种摄取行为是过量摄取，摄取量远超聚磷菌在厌氧环境中释放的磷量。所摄取的一部分磷被用于合成 ATP，另外绝大部分的磷则被合成为聚磷酸盐而贮存在细胞体内。

（2）厌氧释磷

在缺乏溶解氧和 NO_3^- 的厌氧条件下，聚磷菌能分解体内的聚磷酸盐而产生 ATP，并利用 ATP 将废水中的有机物摄入细胞内，以聚 β-羟基丁酸等有机颗粒的形式贮存于细胞内，同时还将分解聚磷酸盐所产生的磷酸排出体外。

（3）富磷污泥的排放

在好氧条件下聚磷菌所摄取的磷比在厌氧条件下所释放的磷多，因而富含聚磷菌的剩余污泥中含有大量从污水中分离出来的磷。污水生物除磷工艺是利用聚磷菌的这一特点，将剩余污泥排出系统而达到除磷的目的。

2. 生物除磷的影响因素

（1）厌氧环境条件

① 氧化还原电位（ORP）：有研究发现，在批式试验中，反硝化完成后，ORP 突然下降，随后开始放磷，放磷时 ORP 一般小于 100mV。

② 溶解氧浓度：厌氧区如存在溶解氧，兼性厌氧菌就不会启动其发酵代谢，不会产生脂肪酸，也不会诱导放磷，好氧呼吸会消耗易降解有机质；因此溶解氧浓度低有利于释磷过程，进而促进在好氧条件下的吸磷过程。

③ NO_x^- 浓度：产酸菌利用 NO_x^- 作为电子受体，抑制厌氧发酵过程，反硝化时消耗易生物降解有机质，因此必须在厌氧过程中保持 NO_x^- 接近于零。

（2）有机物浓度及可利用性

$BOD_5/TP>20$ 时，较高的 BOD 浓度对除磷有利，碳源的性质对吸放磷及其速率影响极大，小分子易降解有机物能促进磷的释放。磷的释放越充分，好氧条件下磷的摄取量就越大。

（3）污泥龄

污泥龄影响着污泥排放量及污泥含磷量。污泥龄越长，污泥含磷量越低，去除单位质量的磷须同时耗用更多的 BOD。同时脱氮除磷系统应处理好污泥龄的矛盾。

（4）pH

与常规生物处理类似，生物除磷系统适宜的 pH 为中性和微碱性（6～8），不合适时应调节。

（5）温度

在适宜温度范围内（5～30℃），温度越高，释磷速度越快；温度低时应适当延长厌氧区的停留时间。

（6）其他

影响系统除磷效果的因素还有污泥沉降性能和剩余污泥处置方法等。

3. 生物除磷工艺

（1）厌氧-好氧生物除磷工艺（A/O 工艺）

A/O 是根据生物除磷的基本原理出发而设计出来的一个工艺，其特点有：水力停留时间为 3～6h；曝气池内的污泥浓度一般在 2700～3000mg/L；磷的去除效果好（76%），出水中磷的含量低于 1mg/L；污泥中的磷含量约为 4%，肥效好；污泥的 SVI 小于 100，易沉淀，不易膨胀。

（2）A^2/O（AAO）同步脱氮除磷工艺

A^2/O 工艺是目前常见的同步脱氮除磷工艺。

污水进入污水处理系统经历厌氧、缺氧和好氧三个阶段，在厌氧段主要发生厌氧降解有机物、厌氧释磷等作用；在缺氧段由内回流硝化液中的硝态氮和反硝化菌发挥反硝化作用，利用水中的有机碳作反硝化碳源，完成脱氮；好氧段完成有机物降解、硝化、吸磷等作用；由好氧段硝化液回流至缺氧段。A^2/O 工艺流程见图 4-8。

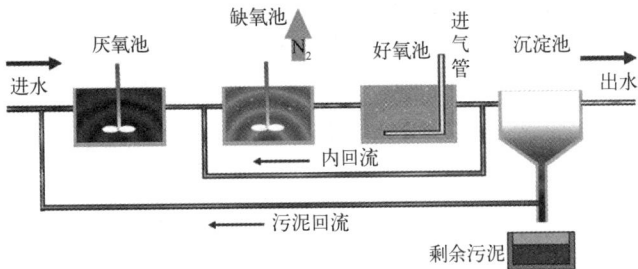

图 4-8　A^2/O 工艺流程图

A^2/O 工艺流程简单，其工艺特点主要是：厌氧、缺氧、好氧交替运行，通过内回流实现硝化液回流，污泥回流控制污泥浓度，同步脱氮除磷；不利于丝状菌繁殖，无污泥膨胀之忧；无须投药，运行费用低。

该工艺的主要设计参数可以参见表 4-1。

表 4-1　A^2/O 工艺的主要设计参数

项目		参数
水力停留时间/h	厌氧反应器	0.5～1.0
	缺氧反应器	0.5～1.0
	好氧反应器	3.5～6.0
污泥回流比/%		50～100
混合液内循环回流比/%		100～300
混合液悬浮固体浓度/(mg/L)		3000～5000
F/M/[kgBOD$_5$/(kgMLSS·d)]		0.15～0.7
好氧反应器内 DO 浓度/(mg/L)		≥2
BOD$_5$/P		5～25(以>10 为宜)

第五节　物理化学处理法

物理化学处理法是指运用物理和化学的综合作用使污水得到净化的方法。常见的物理化学处理过程有混凝、氧化还原、中和、沉淀、吸附、离子交换、萃取、吹脱和汽提、膜分离等。物理化学法常作为回收资源、改善可生化性、深度处理等手段用于工业废水处理。

化学方法主要利用化学反应的作用以去除水中的有机物、无机物杂质，主要有化学混凝法、化学氧化法、电化学氧化法等。

一、混凝

混凝法的作用对象主要是水中微小悬浮物和胶体物质，通过投加化学药剂产生的凝聚和絮凝作用，使胶体脱稳形成沉淀而去除。具体细节可参照本书第五章相关内容。2021年10月，《关于完整准确全面贯彻新发展理念做好碳达峰碳中和工作的意见》以及《2030年前碳达峰行动方案》的相继出台，共同构建了我国碳达峰、碳中和"1＋N"政策体系的顶层设计，对重点领域和行业的配套政策围绕以上意见及方案陆续出台。随着国家"碳达峰、碳中和"政策方向的确定，对水污染控制原理和技术的认识必须提升到一个新的高度，确立明确的目标体系，把低碳纳入水处理的目标体系，因而对水污染控制原理和技术提出了重新评估、优化和改善的要求。混凝法作为实现水处理系统的资源回收，实现低碳化、碳中和将发挥越来越重要的作用。

混凝在污水处理中通常应用于生化处理的末端，用于对水质的深度净化。近年来，前置混凝的研究颇为密集。前置混凝具备突出的优势，尤其是在占地成本和用工成本高昂的现在。其优势表现在：①前置混凝能够高效去除水中非溶解性有机物、磷、污染金属离子等，有选择地去除溶解性有机物，并有效提升总氮去除率；②通过前置混凝分离过程，降低后续生化处理负荷，提升整体污水的处理效果，同时缩短生化处理的停留时间，从而降低整个流程的能耗，减少碳排放；③前置混凝分离与生物处理合理匹配，可提升处理效果，大幅度降低污水处理设施构建成本；④可大幅提高工艺适应性和灵活性，前置混凝分离通过对混凝剂量和操作条件的控制，能针对原水或污水水质变化灵活调整处理工艺，可以针对气候条件、污水水质变化，改善整体处理流程的适应能力；⑤前置混凝分离的大量污染物可以通过厌氧消化等方式实现低碳运行，甚至有助于实现污水处理碳中和。

二、吹脱和汽提

吹脱法基于亨利定律，即在一定的温度下，气体在液体中的溶解度与该气体在液体上方的分压成正比，是一种用于从水中去除挥发性污染物的技术。在吹脱过程中，空气或氧气被吹入含污染物的水相中，促使挥发性污染物从液相转移到气相。然后，含有污染物的气体可以被收集并进一步处理。利用吹脱法除氨是重要的脱氮物理方法之一，还常用于去除地下水或工业废水中的挥发性有机污染物（VOCs），去除饮用水中的异味和不良味道等。

汽提法是一种与吹脱法类似的分离技术，但它使用蒸汽而不是空气来增加液相中挥发性污染物的分压。在汽提过程中，蒸汽被注入含有污染物的液相中，由于蒸汽的热能，挥发性污染物被蒸发并随蒸汽一起离开液相。这种方法通常用于处理沸点较高或在空气中溶解度较低的污染物。

三、氧化和催化氧化

氧化法通常是利用氧化剂对废水中的有机污染物等进行氧化去除的方法。废水经过化学氧化还原，可使废水中所含的有机和无机的有毒物质转变成无毒或毒性较小的物质，从而达到废水净化的目的。常用的有空气氧化法、氯氧化法、臭氧氧化法和Fenton氧化法。

空气氧化法因其氧化能力弱，主要用于含还原性较强物质的废水处理。空气氧化剂的低成本和高安全性构成空气氧化研究的两大主要吸引力。近年来，强化空气氧化反应、催化空气氧化反应等方面的研究逐步增多。

Cl₂ 是普遍使用的氧化剂之一，主要用于含酚、含氰等废水的处理；另外，可用于污水处理中应急氨氮控制。例如，氯化除氨法的基本过程为投入氯气或次氯酸钠等，利用 Cl_2 或 ClO^- 将废水中的氨氮转化为氮气，实现除氨氮的目的。此反应迅速，除氨彻底；但可能产生副产物和异味，成本较高。用臭氧同样可以处理氨氮废水，其氧化能力强，二次污染相对较低。但反应温度高、总氮去除率低、出水 pH 值变化大、反应机理不明等问题依然存在。尽管化学催化氧化除氨、脱氮研究近年来受到越来越多的关注，但臭氧氧化法、氯氧化法通常能耗大、成本高，不适合处理水量大和浓度相对低的化工废水。

电化学氧化法是在电解槽中，废水中的有机污染物在电极上由于发生氧化还原反应而去除。废水中污染物在电解槽的阳极失去电子被氧化，水中的 Cl^-、OH^- 等可在阳极放电而生成 Cl_2 和氧气而间接地氧化破坏污染物。

Fenton 氧化法是一种高效且经济的高级氧化技术，利用过氧化氢和亚铁离子反应产生强氧化性的羟基自由基（·OH），以氧化降解废水中污染物。Fenton 氧化法具有氧化能力强、设备简单、易于操作、操作成本低等优点，广泛应用于造纸、印染、制药等行业的工业废水处理。

四、吸附和离子交换

吸附法和离子交换法具有相似的特征和作用机制，都是借助多孔固体材料表面对污染物的选择性吸附或交换来脱除废水中的污染物，都可达到饱和，饱和后都需要进行再生处理以恢复除污能力。因此有些观点认为离子交换可作为吸附的一种类型，这里也采用这种观点。吸附机制主要包括物理吸附、化学吸附和离子交换。常用的材料有沸石、活性炭、有机阳离子交换树脂和生物炭等。

吸附现象在生产、生活和自然界中普遍存在，并且在污染物的分布、迁移、转化以及毒效应等方面发挥重要的作用，因而长期以来都是水污染、空气污染、土壤污染等研究的热点。吸附法的研究报道很多。在水处理方面突出的研究是在饮用水水质提升的方面；在污水处理领域，吸附法主要用于脱除水中的微量污染物，包括脱色、除臭味以及脱除重金属、各种溶解性有机物、放射性元素等。吸附易受到水中颗粒物、有机物、共存离子（如 Pb^{2+}、Cu^{2+}、Ca^{2+} 和 Mg^{2+}）等的影响，因而对前处理要求高，吸附容量相对小，操作相对复杂，成本高。用于污水处理则存在操作难度大、干扰物多、成本高等问题。

五、非生物脱氮

生物法脱氮是技术成熟、成本较低且应用广泛的污水脱氮技术。然而，在某些情况下，如低温或高温、高盐等，生物脱氮效果不佳，需要考虑其他的脱氮方法。这时有很多种非生物脱氮技术可供选择，常见的有化学氧化法、吹脱法、化学沉淀法、吸附法等。

水中氨氮以铵根离子（NH_4^+）和游离氨（NH_3）两种形式存在，其比例随水温和 pH 值的变化而变化。NH_4Cl 在水中的解离会导致 NH_4^+ 和 NH_3 之间的平衡。反应式可以表示为：

$$NH_3 + H_2O \Longleftrightarrow NH_4^+ + OH^-$$

水溶液中氨氮的存在形式主要由 pH 决定。当 pH<7 时，NH_4^+ 是主要存在形式；而当 pH>7 时，NH_3 含量逐渐增多。有研究报道了在特定 pH 值下游离氨含量的计算方程：

$$\frac{c_{NH_3}}{c_{NH_3} + c_{NH_4^+}} = \frac{10^{pH-14}}{K_b + 10^{pH-14}}$$

式中，K_b 为电离常数，其值在 25℃时为 $1.774×10^{-5}$，在 10℃时为 $1.57×10^{-5}$。

吹脱法通过向碱化处理后的氨氮废水中通入气体（碱化的作用是提升游离氨在总氨氮中的占比），增强气体循环，使得气液两相充分接触、传质，向气相转移游离氨。吹脱过程使得上述反应向左移动，从而脱除氨氮。吹脱法常用于处理高浓度的氨氮废水，其优点是设备简单，可以回收氨。但也存在一些问题：①受环境温度的影响较大，当温度低于 0℃时，氨吹脱塔实际上无法工作；②吹脱效率随着氨氮浓度的下降而降低，较低浓度氨氮的吹脱成本大幅增加，因而吹脱通常作为预处理手段；③吹脱前需要加碱把废水的 pH 值调节到 11 以上，吹脱后又须加酸把 pH 值调节到 9 以下，导致药剂量消耗较大；④工业上一般用石灰调整 pH 值，但是会在水中形成碳酸钙垢并在填料上沉积，致使塔板完全堵塞，可以采用 NaOH 来调节 pH 值，将不会发生这种堵塞现象，但费用较使用石灰要高；⑤吹脱时所需的空气量较大，动力消耗大，运行成本高。

化学沉淀法指磷酸铵镁沉淀法（简称 MAP），是 20 世纪 90 年代兴起的一种氨氮处理方法。铵盐通常具有很强的溶解性，而铵的某些复盐溶解度小，如磷酸铵镁、磷酸铵锌等。

图 4-9　鸟粪石（$MgNH_4PO_4 \cdot 6H_2O$）

鸟粪石（图 4-9）于 1845 年被发现，是一种含镁、氮、磷的结晶型矿物，化学名为六水合磷酸铵镁，化学式为 $MgNH_4PO_4 \cdot 6H_2O$。作为动物尿路结石的重要成分，鸟粪石在动物的泌尿和排尿系统中被检出。在废水（污泥）处理和流动过程中，鸟粪石也会在流经管道、曝气器、泵等时结成硬性结晶沉积物。人们正是利用 NH_4^+、Mg^{2+}、PO_4^{3-} 在碱性溶液中生成难溶于水的复盐沉淀 $MgNH_4PO_4 \cdot 6H_2O$（MAP，鸟粪石）的原理，通过固液分离将氨氮从废水中去除。在沉淀过程中得到的 MAP 可作为一种缓释复合肥料，以此实现氨氮的去除和回收。

在水中形成磷酸铵镁的主要反应如下：

$$Mg^{2+} + NH_4^+ + PO_4^{3-} + 6H_2O \longrightarrow MgNH_4PO_4 \cdot 6H_2O \tag{4-1}$$

$$Mg^{2+} + NH_4^+ + HPO_4^{2-} + 6H_2O \longrightarrow MgNH_4PO_4 \cdot 6H_2O + H^+ \tag{4-2}$$

$$Mg^{2+} + NH_4^+ + H_2PO_4^- + 6H_2O \longrightarrow MgNH_4PO_4 \cdot 6H_2O + 2H^+ \tag{4-3}$$

其中式（4-1）中，$MgNH_4PO_4 \cdot 6H_2O$ 的溶度积为 $2.5×10^{-13}$（25℃）。

实践中常用的镁源有 $MgCl_2$、$MgSO_4$、MgO 等，磷源常用 Na_2HPO_4、NaH_2PO_4 等，其中较为经济的是 $MgCl_2$ 和 Na_2HPO_4。有报道指出，MAP 沉淀法的药剂费用占处理费用（包括投资）的 70%。

化学沉淀法的优点在于可用于中高浓度氨氮废水的处理，且受 C/N 的影响小，工艺简单，操作简单，对水质变化有一定的适应能力，形成 $MgNH_4PO_4$ 可回收氨。缺点是药剂成本高，对中低浓度氨氮废水的处理效果差，出水氨氮高，不能直接排放。因此可以与其他处理方法结合，作为高浓度氨氮废水的一种预处理方式。

化学氧化法最典型的是折点氯化法，常用于处理氨氮浓度较低的工业废水。与其他方法相比较，该方法具有反应速率快、脱氮效果稳定、氨氮去除效率高等特点。但折点氯化法会产生氯胺、氯代有机物等副产物，造成水体的二次污染，而且运行成本偏高。

非生物脱氮技术通常成本较高，是在某些特殊场景下对生物脱氮进行的预处理或者补充操作。同时非生物脱氮技术如吹脱法、化学沉淀法等可以实现对氨氮的回收，在资源回收和低碳背景下焕发出独特的魅力。总体而言，氨氮处理最好是以回收为主，对缺乏回收价值的中低浓度氨氮进行脱氮处理，充分利用生物脱氮的低成本优势。

与生物处理法相比，物理化学处理法能较迅速、有效地去除更多的污染物，可作为生物处理后的三级处理措施。此法还具有设备容易操作、易于实现自动检测和控制、便于回收利用等优点。化学处理法能有效去除废水中多种剧毒和高毒污染物。

第五章 给水处理原理及技术

　　给水处理的目的是去除或降低原水中的悬浮物质、胶体、有害细菌等以及其他有害杂质，调节水中其他杂质及物理因子，使处理后的水质满足用户的用水水质要求。给水处理通常包括原水采集、澄清、消毒、调质、储存和输送等过程。澄清是给水处理的一个关键步骤，目的是去除水中的悬浮固体颗粒，提高水的透明度和清澈度；同时可以大幅度降低水中微生物含量，为后续消毒创造条件。调质通常是指对原水进行处理，以去除或减少其中的杂质、污染物和有害物质，使其达到适合饮用或工业使用的标准，以确保供水的安全性和适宜性。调质的定义等同于水处理。调质的过程包括部分水处理过程，还包括后续的对 pH 值、温度、矿物离子、有益成分等的调配。这里指的调质是调配，比如增补氟离子、钙离子等有益矿物质离子，增加某些添加剂以达成某些特征水质等。给水处理的具体流程根据水源的水质、处理厂的技术和经济条件以及用水要求而有所不同。

　　给水处理的基本方法如下。

　　① 去除水中的悬浮物：混凝、澄清、沉淀、过滤等。

　　② 去除微量有机物：吸附、氧化等。

　　③ 调整水中溶解物质：软化、除盐、矿化等。

　　④ 调整水温：冷却或热处理。

　　给水处理的经典模式已经应用多年，以饮用水处理为例，在以地表水为原水的条件下，通常都是采用以"混凝—沉淀—过滤—消毒"为主干的流程。在此基础上，针对不同来源原水的水质特点或地域环境特点在部分环节做适当的调整或强化，以符合水质标准或满足用户的用水要求，由此形成了多种给水处理流程。下面以饮用水处理为例，介绍处理方法及流程。

第一节　饮用水处理

一、饮用水

饮用水通常包括生活饮用水（自来水）、包装饮用水（纯净水、蒸馏水、矿泉水、矿化水等）、精制饮用水（制水机出水）等，以及一些通过简单的加工（如加热）可用于饮用、做饭的水，如井水、泉水等。

自来水（tap water）就是常规意义上的生活饮用水，是指符合水源水质标准的原水经自来水处理厂净化、消毒后生产出来的符合国家饮用水标准的水。

二、饮用水水源

饮用水水源主要包括地表水和地下水。降水用作水源在水质方面和相应的处理技术方面通常不存在问题，但其水量及其稳定性是主要限制因素。

1. 地表水

（1）河流

河流是常见的饮用水水源。自古以来，人们往往依水而居，河流附近是村落集中、人们聚居的地方。许多城市和城镇的供水系统会从附近的河流取水。例如，上海的部分饮用水水源来自黄浦江，通过取水口将江水抽取到自来水厂进行处理。河流的优点是水量相对丰富，能够满足大规模的供水需求。但河流容易受到污染，其水质会因上游工业废水排放、农业面源污染（如农药、化肥流失）以及生活污水的排入而变差。

（2）湖泊

湖泊也是重要的地表水水源，比如千岛湖是杭州重要的饮用水水源地。湖泊的水流动性相对较弱，自净能力比河流差一些。一旦受到污染，污染物容易在湖中积累。不过，湖泊的水源相对稳定，在枯水期也能提供一定量的水。

（3）水库

水库是人工建造的水利工程，用于储存水资源。它可以收集雨水和河流来水。例如，北京的密云水库是北京重要的饮用水水源地之一。水库的水质受人为控制因素影响较大，通过合理的流域管理和水库运行管理，可以在一定程度上保证水质。但如果流域内的土地利用不合理，如过度开垦或森林砍伐，可能导致水土流失，进而影响水库水质。

2. 地下水

（1）浅层地下水

浅层地下水是指埋藏较浅、与地表水体联系较为密切的地下水。一般通过水井开采。它的水质通常较好，因为土壤层对地表水有一定的过滤和净化作用。但是，浅层地下水容易受到地表污染源的影响，如污水下渗、垃圾填埋场渗滤液污染等。

（2）深层地下水

深层地下水是指埋藏较深的地下水。深层地下水形成时间较长，水质较为稳定，受人类活动影响相对较小。但深层地下水的开采难度较大，而且一旦过度开采，可能会引起地面沉降等地质问题。同时，在某些地区，深层地下水可能含有较高浓度的矿物质，如氟化物等，如果含量过高，会对人体健康造成危害。

三、饮用水处理原则

通常饮用水处理应遵循以下原则。

1. 安全性原则

（1）微生物安全

水中可能含有细菌（如大肠埃希菌、霍乱弧菌等）、病毒（如诺如病毒、甲肝病毒等）

和寄生虫（如贾第虫、隐孢子虫）。去除或灭活水中的致病性微生物是饮用水处理的关键。例如，氯气消毒是常用的方法，它能够通过氧化作用破坏微生物的细胞结构，从而杀死微生物，保证饮用水微生物指标符合国家相关标准。我国规定生活饮用水中微生物指标应符合《生活饮用水卫生标准》（GB 5749—2022）的要求。紫外线能够破坏微生物的 DNA 结构，阻止其繁殖，也是一种有效的消毒手段。

（2）化学物质安全

降低水中有害化学物质的浓度。天然水源可能含有重金属（如铅、汞、镉等），这些重金属会在人体内积累，对人体的神经系统、肾脏等器官造成损害。通过沉淀、吸附等方法可以去除部分重金属。例如，向水中加入石灰等碱性物质，可以使重金属离子形成氢氧化物沉淀而被去除。

控制水中的有机物含量。水中的有机物可能来源于工业废水排放、农业面源污染等。一些有机物（如多环芳烃、农药残留等）具有致癌、致畸、致突变的"三致"作用。

2. 适宜性原则

（1）感官性状良好

饮用水应无色、无味、无臭。水中的色度可能是由含有溶解性有机物、金属离子等引起的。例如，铁离子和锰离子会使水呈现黄褐色。通过氧化（如曝气氧化）和过滤的方法可以去除水中的铁、锰离子，改善水的颜色。

水中的异味可能来自藻类繁殖产生的土腥味物质（如土臭素和 2-甲基异莰醇），也可能是工业污染导致的化学物质气味。采用活性炭吸附和臭氧氧化等方法可以有效去除这些异味物质，使用户能够接受水的口感和气味。

（2）水温适宜

水温过高或过低都会影响用户的使用体验。在一些寒冷地区，如果饮用水温度过低，会给用户带来不适。可以通过适当的加热或保温措施来调整水温，不过，在集中供水的饮用水处理过程中，一般不会对水温进行大规模的调整，因为这涉及较高的成本和复杂的工艺。但在一些小型的直饮水系统中，可能会配备加热或制冷设备来满足用户对水温的需求。

3. 经济性原则

（1）成本控制

在选择饮用水处理工艺和设备时，需要综合考虑成本效益。例如，膜处理技术（如反渗透、超滤）虽然能够有效去除水中的各种污染物，但设备投资和运行成本较高。相比之下，常规的混凝、沉淀、过滤和消毒工艺成本较低，适用于大规模的饮用水处理。因此，在水源水质较好的情况下，通常会优先考虑采用常规工艺，而在处理受污染严重的水源或对水质要求较高的场合（如制药行业的用水），才会考虑采用膜处理等高级处理技术。

在设备选型与配套等过程中，选择性能稳定、能耗低、能效高的设备，以实现成本控制。

同时，要考虑化学药剂的成本。例如，使用聚合氯化铝作为混凝剂，其价格相对合理，而且混凝效果较好，能够有效地去除水中的悬浮颗粒和部分有机物，在保证处理效果的同时降低药剂成本。

在工艺运行过程中，同样要考虑工艺参数的控制，使用合理、稳定可靠的运行参数，在保障水质安全的前提下，控制运行成本。

（2）资源回收利用

在可能的情况下，对处理过程中的资源进行回收利用。例如，对于一些经过处理后达到一定水质标准的中水，可以用于非饮用水用途（如景观用水、绿化灌溉等），从而提高水资源的整体利用效率，降低饮用水处理的经济成本。

四、饮用水处理流程

生活饮用水一般处理流程见图 5-1。

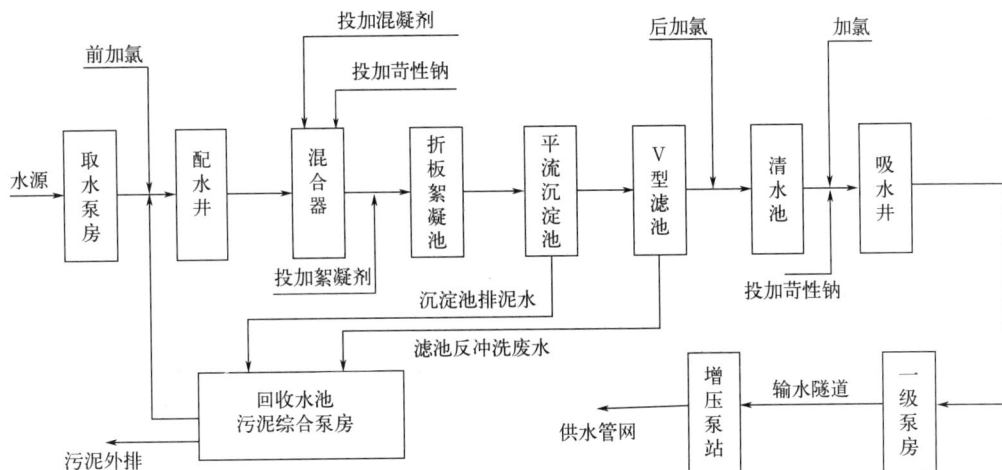

图 5-1 生活饮用水一般处理流程

生活饮用水的处理通常采用混凝—沉淀—过滤—消毒等流程。如果水质良好，浊度低，可能采用直接过滤—消毒等构成的简洁工艺。

第二节 混凝沉淀

水处理中最古老和最简单的分离杂质（污染物）的方法就是沉淀。沉淀效果取决于颗粒的大小、密度以及水环境因素等。简化实际水中的情况，忽略水中的紊流、边壁效应等的影响，利用 Stokes 公式计算水中颗粒的沉降速度，可得表 5-1。

表 5-1 根据 Stokes 公式计算的水中颗粒的沉降速度

颗粒直径	悬浮物	沉降速度	每沉降 1m 所需时间
1.0mm	粗砂	473.9mm/s	2.11s
0.1mm	细砂	4.739mm/s	3.5min
0.01mm	细泥	4.739×10^{-2}mm/s	5.87h
0.001mm	细黏土（球细菌）	4.739×10^{-4}mm/s	244d
0.0001mm	胶体颗粒	4.739×10^{-6}mm/s	66.9a

注：20℃下的球形颗粒，颗粒密度为 2650kg/m³。

粒径较大、相对密度绝对值较高（明显大于 1）的颗粒物，易于通过重力沉降或气浮等方式实现与水体的分离。这里的相对密度是指颗粒物的密度与水的密度在同等条件下的比值。而粒径小、相对密度绝对值接近 1 的杂质依靠重力分离效率低下，有些甚至长期与水构成稳定的分散体系，无法分离。

一、水中颗粒物及其水环境行为

　　水体颗粒物（包括胶体）是现代水质科学的重要研究对象，包含非常丰富的内容。水体颗粒物作为一类广义颗粒物，包括了粒度大于 1nm 的所有微粒实体，其上限可以达到数毫米。水处理中的颗粒物主要指水中细小、分散，粒径一般都大于分子且难以被肉眼观察到的固体颗粒。当然，由不溶于水的液体构成的颗粒或微液滴同样存在，其分散特点和处理方式与固体颗粒有很多相似之处。水处理过程中的微粒大致可分成三类：①水中常见的微粒，主要是指黏土、细菌、病毒、腐殖质等天然成分，以及因污染带入的无机物和有机物微粒；②由铝盐、铁盐等无机混凝剂所产生的水解聚合物、氢氧化物沉淀物等微粒；③由合成聚合物混凝剂在水中产生的微粒。水体中常见颗粒物粒径大致范围如下：黏土为 50nm～55μm，细菌为 0.5～10μm，病毒为 10～300nm，蛋白质为 10～500nm，藻类粒径大小差异极大，但一般的水处理中影响比较大的藻类粒径在微米级。天然水体的浊度主要是由黏土颗粒、微生物、腐殖质胶体等引起的，浊度蕴含着丰富的水质信息，是水处理中的主要处理对象。众多水体颗粒物或分散、悬浮，或聚集沉降成为水底沉积物，并在一定条件下可以重新悬浮、迁移转化，构成影响水质的重要因素。

1. 颗粒物的分散稳定性

　　这里的稳定性是指颗粒物在水中稳定存在、保持分散状态的能力，不是指化学稳定性，当然化学稳定性是假定的前提。颗粒物的稳定性与粒度大小、颗粒密度、水流状态等有关。

　　根据牛顿第二定律，通过水体中颗粒受力情况分析，颗粒物匀速沉降时浮力、重力和流体阻力达到平衡。流体阻力指当某一颗粒在不可压缩的连续流体中做稳定运行时，颗粒会受到来自流体的阻力。对于球形颗粒：

$$\frac{V}{A} = \frac{2}{3}d$$

式中，V 为颗粒体积；A 为截留面积；d 为颗粒粒径。

粒径为 d 的颗粒在水中的沉降速度 u 为

$$u = \left[\frac{4g(\rho_p - \rho_1)d}{3C_D\rho_1}\right]^{1/2}$$

式中，C_D 为阻力系数，与 Re 有关（Re 表示水流的惯性力与黏滞力之间的对比，$Re = \frac{du\rho_1}{\mu}$，其中 μ 为水的动力黏度）；ρ_p、ρ_1 分别为颗粒和水的密度。

　　对于非球形颗粒，需要用形状系数加以校正，其沉降速度为

$$u = \sqrt{\frac{4g(\rho_p - \rho_1)}{3C_D\phi\rho_1}d}$$

式中，ϕ 为形状系数。

对于层流区，$Re \leqslant 2$，$C_D = \frac{24}{Re}$，$u = \frac{g(\rho_p - \rho_1)}{18\mu}d^2$；

对于过渡区，$2 \leqslant Re \leqslant 10^3$，$C_D = \frac{10}{\sqrt{Re}}$，$u = \left[\frac{4}{225} \times \frac{(\rho_p - \rho_1)^2 g^2}{\mu\rho_1}\right]^{1/3}d$；

对于紊流区，$10^3 < Re \leqslant 10^5$，$C_D = 0.4$，$u = 1.73\left[\frac{(\rho_p - \rho_1)dg}{\rho_1}\right]^{1/2}$。

对于自然水体，在水流状态一定的条件下，影响颗粒稳定性的关键因素是颗粒表面构成、粒径和密度。一般情况下，对于较大的颗粒物，通过重力沉降可以实现与水体的分离。但粒径为 1～1000nm 的较小颗粒物，即使是在层流条件下，自然沉降也非常缓慢，甚至几乎不可能，在水中可以稳定存在。比胶体颗粒稍大的微细颗粒物，粒径为 1～100μm，其稳定性虽不及胶体强，但其沉降过程相当缓慢。因而在水处理中，常把胶体和微细颗粒物一同作为混凝处理的目标杂质——胶体颗粒物。胶体颗粒物包含水中重要的污染物质或作为其他污染物的载体，因而胶体颗粒物的性质和去除效果是决定水质优劣的主要因素之一。

胶体颗粒物的稳定性是胶体化学最重要的研究内容之一。胶体体系是多相分散体系，比表面积大，有巨大的表面能，有自发聚集的趋势，在热力学上是不稳定的，但在动力学上却是稳定的。水体中胶体颗粒物具有稳定性的原因主要可以归纳为以下几个方面。

（1）动力学稳定性

由于胶体颗粒粒径小，自身沉降速率小，在分散液中存在明显的布朗运动对抗重力，因而容易维持稳定的分散状态。布朗运动既是导致胶体稳定的原因之一，也是胶体脱稳的原因之一。如果没有聚集稳定性，胶体颗粒可能在布朗运动中相互碰撞、接触、聚集；但由于聚集稳定性因素的存在，布朗运动维护了胶体稳定。

（2）聚集稳定性

同种胶体内的胶粒带有相同的电荷，静电相斥导致胶体颗粒之间不能靠近，因而维持稳定的分散状态。一般憎水性胶体主要是由于其带同种电荷静电相斥的作用维持胶体的稳定性。

另一种聚集稳定性是水化膜的阻碍。由于胶粒外层与水接触，外层分子或离子与水分子形成紧密接触，因而在胶粒外层形成致密且富有弹性的水化膜，使胶粒之间不能靠近，从而维持稳定的胶体状态。一般亲水性胶体，如蛋白质溶液等，会形成稳定的水化膜，阻止胶体粒子之间相互靠近、脱稳。此外，还可能是结构上的空间位阻，起到限制胶体聚集、脱稳的作用。

憎水性胶体中，胶体表面电荷体现的聚集稳定性对胶体稳定性的影响起关键作用，动力学稳定性一般只起到辅助作用。在亲水性胶体中还要考虑水化膜的作用。亲水性胶体表面通常吸附着紧密的水分子层（水膜），构成对胶体脱稳的阻碍。这些情况使得胶体脱稳过程更加复杂，进而影响混凝效果。

2. 胶体颗粒物的特性

常规水处理工艺中控制的颗粒物粒径在 $1nm\sim10^2\mu m$，被称为胶体颗粒物，包括胶体和粒径较小的微米级颗粒。如上所述，水体中粒径较大的颗粒物具有较强的自然沉降能力，易于去除；而胶体颗粒物有着重要的特性，如比表面积大、表面能高，通常表面处于荷电状态等，在水体中的稳定性高，迁移能力强，因而胶体颗粒物在水环境污染和水质净化中占有重要地位，以下就其特性及其水环境行为作一概要论述。

胶体一般可以分为憎液胶体和大分子（粒径在胶体范围内）溶液两类。水中的胶体两者均有，但天然水中以憎液胶体为主。水体中憎液胶体常因带电而稳定，能在电解质作用下聚沉并具有电动（电泳、电渗等）现象。

（1）表面电荷

颗粒物表面电荷特性和巨大的比表面积是其表面物理化学行为能力的根本原因。由于表面电荷产生的原因不同，胶体颗粒物有的带永久性电荷，有的则带可变电荷，并受 pH 的影响。天然水体中胶体颗粒物表面电荷的来源主要有以下几种。

① 黏土矿物的同晶置换。黏土矿物胶体颗粒表面多有不同价金属离子的同晶置换，导致胶体表面带电。比如，若黏土结构四面体中的 Si(Ⅳ) 被 Mg(Ⅱ)、Fe(Ⅱ)、Zn(Ⅱ) 等置换，晶体上就会有负电荷过剩。

② 氧化物矿的水化学作用及酸碱行为。氧化物矿是土壤中的重要组成部分，是构成天然水体中无机颗粒物的重要来源之一。天然水体中无机颗粒物主要来源于 Si、Al、Fe 等的氧化物晶体。氧化物矿的表面上一般都附有一层羟基，羟基的来源有两种：a. 氧化物晶格内部维持电中性，而表面原子化合价不饱和，并不保持电中性，往往将溶液中的质子吸附到表面氧原子上，这样 M_xO_y 的表面组成就变成 $[M_xO_{y-1}(OH)]^+$；b. 表面层中金属离子或类金属离子的配位未达到饱和，因而与溶液中的 H_2O 配位发生吸附，其中水分子因电离而产生覆盖于表面的羟基。

③ 有些胶粒在形成过程中，胶核优先吸附某种离子，即对某种离子的吸附量较大，超过其相应的反电荷离子的吸附量，因而使胶粒带电。

④ 可电离的大分子溶胶，由于大分子本身发生电离，而使胶粒带电。腐殖质是生物体及其代谢物在土壤、水体、沉积物中的降解、转化产物，是天然水中有机物的重要组成成分之一，部分腐殖质以胶体颗粒物形态存在于水体中。腐殖质由于含有各种官能团，随着溶液pH 变化，表面往往带有不同的电荷，溶液 pH 较低时，表面正电荷占优势，pH 较高时，表面负电荷占优势，在某一中间 pH 时，表面电荷可为零，就是其等电点。又比如蛋白质分子，蛋白质是由氨基酸构成的，蛋白质结构中有许多氨基酸残基，在 pH 较高的溶液中，羧基离解生成 COO^- 而带负电；在 pH 较低的溶液中，胺基生成 $-NH_3^+$ 而带正电。

微生物如细菌、藻类、病毒等，虽其尺度不一定在胶体范围内，大小在 0.2 至几十微米，但其分散特点和水处理方式与胶体相近，所以在此介绍微生物带电的情况。水中微生物种类很多。一般而言，在自然水环境中，细菌、病毒等多带负电荷。以细菌为例说明微生物体带电情况，细菌表面有维持生命功能的蛋白质成分，因而存在相应的等电点，其表面电荷会随着环境 pH 值发生一定的变化。因而细菌都有其适应的 pH 值范围，超过这个 pH 值范围，细菌就不能正常生长甚至死亡。目前研究表明，一般细菌的等电点在 pH 为 2～5.5 之间，其中革兰氏阳性菌为 pH2～3，革兰氏阴性菌为 pH4～5。而天然水中 pH 值在 6～7.5 的范围内，高于细菌等电点，因而通常细菌带负电荷。

(2) 胶体的纳米特征

水中胶体颗粒具有物理化学领域中胶体的一般性质，也具有纳米物质的某些特性。无机化合物如铝、铁及重金属水合氧化物、聚硫化物、聚磷酸、聚硅酸、炭黑、烟雾、新生微晶体等；有机化合物如各种农药、染料、卤代烃、多环芳烃、多氯联苯、内分泌干扰物等；生命物质如病毒，一些生物毒素、藻毒素以及属于蛋白质、多糖、酶等的污染物如生物分泌物、激素、信息素等，这些污染物的尺度都在纳米范围，具备纳米物质的基本特征。可见，胶体（纳米尺度）几乎涵盖了最常见的主要污染物质。它们的环境行为与迁移转化过程有许多共同特征，可以总称为环境纳米污染物（environmental nano-pollutants，ENP），进行综合研究控制。纳米尺度的胶体物质具有介观特征，其主要物理、化学特性可以总结为：所有纳米级污染物的比表面积大，表面能高，微界面反应高度复杂；纳米污染物都有强烈地吸附于微界面的趋势，大量存在于颗粒物表面上，可以发生多种类型的反应；纳米污染物本身有巨大的比表面积和表面能，是水体污染物重要的吸附、留存场所，同时也是重要的转化场所。由于表面聚集催化作用，界面反应比在溶液中的反应更快速、强烈。纳米污染物的扩散和迁移主要依靠布朗运动和介质涡流实现。相间界面由于分子作用力的不平衡性，在物理、化学特性上一直作为某种特殊区域对待，在天然或工艺控制的环境中，界面在物质传递时起着重要作用。因此环境纳米污染物是环境中最主要的也是最重要的环境科学研究、环境保护技术对象，是对环境污染现象从自然科学层面上的合理提炼和概括，其介观性质是解决环境污染问题的重要障碍。

（3）胶体颗粒物的水环境行为

1）胶体污染物的危害性

水体的胶体颗粒物具有危害性，是水体污染物的主要形式之一。在水处理方面，这种危害性是从颗粒物、胶体对环境水质的影响作用出发的。颗粒物、胶体由于它们相对的大界面对光产生散射作用，导致水体能见度下降，影响水体的感官性状，同时影响水生生物的采光及相关生理和生态功能。由于胶体颗粒的组成不同和表面的吸附作用，胶体还可能具有其他毒性。水体中的很多污染物都可发生吸附和共沉淀作用，与胶体颗粒物发生作用。在富氧水体中，砷酸能被水合氧化铁吸附而发生共沉淀作用；各种砷酸盐都可以被氢氧化铝和黏土胶体颗粒所吸附。亚砷酸盐在水体中也能被水合氧化铁吸附而发生共沉淀作用。胶体颗粒物三氧化二铝和二氧化硅能有效吸附水体中的铅化合物。土壤微粒、由各种氧化物和氢氧化物形成的胶体颗粒物以及有机物腐殖酸，都对水体中的镉化合物有很强的吸附作用。可见，胶体颗粒物参与水中污染物之间复杂的反应，对污染物质的迁移、扩散和转化产生影响。

2）胶体颗粒物在水污染转化中的作用

胶体颗粒物在水环境中并不总是扮演"破坏者"的角色，在很多时候它们是水体污染物降解和水体修复的重要参与者。颗粒物群体具有广阔的微界面，其自身可成为污染物，而更重要的是与微污染物相互作用成为其载体，在很大程度上决定了微污染物在环境中的迁移、转化与循环归宿。胶体、颗粒物具有巨大的比表面积，并因此被认为是"活泼"的颗粒。胶体颗粒在化学过程中具有较高的化学活性。颗粒物群体与水溶液构成微界面体系，在这个体系中进行着各种生物、物理、化学反应及迁移转化过程。胶体颗粒具有极高的比表面积及电性特征等，导致胶体表面有较高的反应活性。另一方面，水处理技术中的许多操作单元都是利用这些微界面过程加以人工强化，以达到水质净化的目的。

在水处理的混凝过程中，混凝剂在水解过程中形成的产物（如 Al_{13} 等）的粒径均属于胶体范围。混凝过程的机理之一是利用异种电荷胶体的共沉淀或聚沉特性，带正电的混凝剂水解产物能够去除水中胶体颗粒物（通常带负电）。

3. 胶体的双电层理论

由于胶体表面带电，会吸引溶液中与表面电荷相反的离子（反离子），同时排斥与表面电荷相同的离子（同离子），造成胶粒表面附近溶液中反离子过剩，胶体表面电荷与溶液中的反电荷构成"双电层"。双电层由吸附层和扩散层构成。由于正、负离子静电吸引和热运动两种效应的影响，溶液中的反离子一部分紧密地排列在固体表面附近，相距约 $1\sim2$ 个离子厚度，称为吸附层；另一部分离子按一定的浓度梯度扩散到本体溶液中，称为扩散层。胶体双电层的存在已通过电动现象（如电泳、电渗、流动电位及沉降电位等）证实。

胶体双电层是构成胶体稳定性的主要原因之一，是胶体化学、环境科学等研究的重点，在水处理、化学除杂、胶体制备等领域有着广泛的应用。众多学者经过多年研究，对双电层结构提出过不同的理论模型。早期，Helmholtz 提出类似于平板电容结构的两层平板状模型

（H 型），但它无法确切区分表面电势；并且研究表明，与粒子一起运动的结合水层厚度远远大于该模型中的双电层厚度。对此，Gouy 和 Chapman 提出扩散双电层理论模型（G 型），认为溶液中的反离子并不是规整均匀地被束缚在胶体颗粒物表面附近，而是呈扩散型分布，即反离子在颗粒物表面附近较为密集，随着颗粒表面距离的增大，反离子浓度逐渐降低，直到与溶液中同离子达到均匀一致为止，从而在颗粒物表面形成扩散层。Stern 则进一步将 Gouy 和 Chapman 提出的扩散层再分成两层，即紧靠表面附近区域，强静电和强吸附作用使反离子被牢固地束缚在这里，由此在胶体颗粒表面与扩散层之间形成一个固定吸附层，称为 Stern 层（S 型），外层则为离子扩散层。

胶粒的结构比较复杂，由一定量的难溶物分子聚结形成胶粒核心，即胶核；胶核外是反离子吸附形成的紧密吸附层，二者共同构成胶粒，胶粒外层球面称为滑动面；吸附层外形成反离子的扩散层，胶粒与扩散层形成电中性的胶团。带电的胶粒移动时，滑动面与液体本体之间的电位差称为电动电势，亦称为 ζ 电位。ζ 电位总是比热力学电势 ϕ_0 低，只有在质点移动时才显示出 ζ 电位。ζ 电位越高，胶体的稳定性越强。外加电解质会使 ζ 电位降低甚至改变符号，混凝剂就是利用这一原理发挥作用的。

通过测定电泳速率 u，可以用下式求出 ζ 电位：

$$\zeta = \frac{\kappa \eta u}{4 \varepsilon_r \varepsilon_0 E}$$

式中　κ——对球状胶粒数值取 6，对棒状胶粒取 4；

　　　u——电泳速率；

　　　E——电场强度；

　　　η——分散介质的黏度；

　　　ε_r——相对电容率；

　　　ε_0——真空电容率。

在扩散双电层模型的基础上，苏联学者 Derjaguin、Landau 和荷兰学者 Verwey、Overbeek 等人提出 DLVO 理论，推动了胶体稳定性机理的发展。DLVO 理论较好地解释了胶体的稳定性。该理论通过计算胶体微粒间相互作用的能量，认为胶体的稳定与否取决于胶粒间的相互引力和静电斥力，这两者之间的消长情况取决于胶粒间的距离。因此，胶体的稳定性和凝聚可由胶粒间的相互作用和距离来评价。

DLVO 理论认为，胶体颗粒之间存在范德瓦耳斯力和静电双电层斥力，其稳定性明显取决于两者的相对大小。实质上，胶体颗粒之间除了范德瓦耳斯力和静电斥力，还有水力运动所产生的力，布朗运动产生的力等。只是暂时省略后两者对研究和分析胶体稳定及脱稳过程更为有利。静电斥力可部分甚至全部抵消范德瓦耳斯力而使微粒保持稳定。因此，静电双电层斥力 V_R 和范德瓦耳斯力 V_A 综合合成相互作用势能 V。胶体的稳定性由以下两方面的力决定。

① 引力势能（范德瓦耳斯力）

$$V_A = -\frac{A}{12} \times \frac{a}{H_0}$$

式中　a——粒子半径；

　　　H_0——两粒子表面间距；

　　　A——Hamaker（哈马克）常数，与粒子性质（如单位体积内的原子数、极化率等）有关，其数值在 $10^{-20} \sim 10^{-19}$ J 之间。

　　该式只适用于近距离的球形粒子之间的吸引力，是在真空条件下推导得到的，并未考虑溶剂的影响。

　　② 微粒间的静电斥力势能。携同种电荷微粒间的相互作用见图 5-2。若两球形粒子面之间的距离为 H，半径为 a，两球形粒子面的最短距离为 H_0，其微粒子间的斥力势能 V_R 为：

$$V_R = \frac{64\pi a n_0 k_B T \gamma^2}{\kappa} \exp(-\kappa H_0)$$

　　如果是低电势：

$$\gamma = \frac{Ze\psi_0}{4k_B T}$$

式中　Z——离子价数；

　　　　e——电荷单位；

　　　　ψ_0——微粒表面电势；

　　　　k_B——玻尔兹曼常数；

　　　　T——热力学温度；

　　　　n_0——溶液中电解质浓度；

　　　　κ——Debye-Hückel 常数，$\kappa = \left(\dfrac{2e^2 N_A n_0}{\varepsilon k_B T}\right)^{1/2}$；

　　　　ε——介电常数；

　　　　N_A——阿伏伽德罗常数。

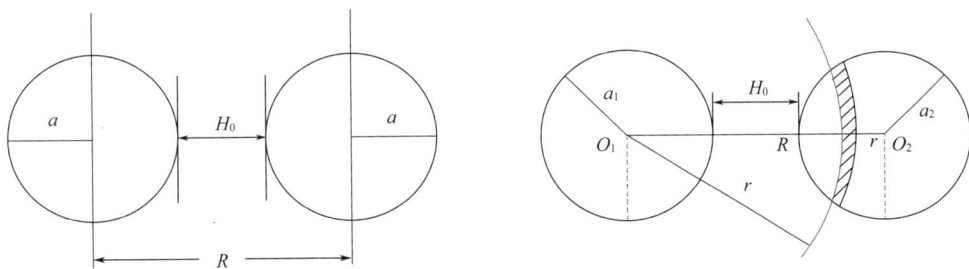

图 5-2　携同种电荷微粒间的相互作用

　　③ 总势能 V

$$V = V_A + V_R$$

$$V = -\frac{A}{12} \times \frac{a}{H} + \frac{64\pi a n_0 k_B T \gamma^2}{\kappa} \exp(-\kappa H)$$

由此可画出两者的综合作用图。

　　经过计算得到的 V-h 势能曲线如图 5-3 所示，横坐标为粒子间距 h。当胶体颗粒间距接近到某一极限值时，双电层作用强烈，V_R 远大于 V_A，V 急剧上升。在短距离内，由于 V_A 大于 V_R，V 迅速下降达到一极小值，即第一极小值。随着胶体颗粒的间距增大，在较远间距处产生另一极小值，即第二极小值。在第一极小值与第二极小值间存在一个势垒，胶体颗粒的凝聚絮凝作用通常发生在势垒为零或很小时，微粒凭借动能克服势垒阻碍，一旦越过势垒，颗粒间相互作用势能就会迅速降低，在第一极小值附近产生迅速絮凝作用。如果势能综合曲线有较高势垒，足以阻挡颗粒在第一极小值处凝聚，但在第二极小值处却有可能抵挡胶体颗粒动能，颗粒可在第二极小值处凝聚。由于胶体稳定性与 ζ 电位具有直接相关关系，因此根据 DLVO 理论，假如双电层厚度减小，ζ 电位降低到某一最小值，则颗粒间的相互作用势能就会降低，导致势垒下降，胶体颗粒依靠动能就能越过势垒而碰撞聚集，从而脱稳。

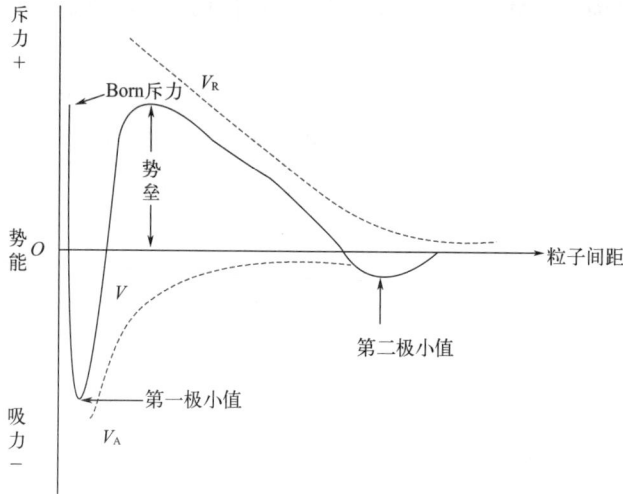

图 5-3　胶体颗粒间的势能曲线

胶团之间既存在斥力势能，又存在引力势能。两胶团接近至扩散层重叠后，破坏了扩散层中反离子的平衡分布，使重叠区反离子向未重叠区扩散，导致渗透性斥力产生；同时也破坏了双电层的静电平衡，导致静电斥力的产生。溶胶微粒间存在的吸引力本质上仍被认为属于范德瓦耳斯力，但这种引力的作用范围要比一般分子的大千百倍，故称其为远程范德瓦耳斯力。远程范德瓦耳斯力势能与粒子间距离的一次方或二次方成正比，或有更复杂的关系。

胶体系统的相对稳定或聚沉取决于斥力势能和引力势能的相对大小，粒子间距决定了斥力势能和引力势能的大小，且在某一距离范围引力占优势，而在另一范围内斥力占优势。聚沉是指胶体粒子聚集长大并从分散剂中沉淀出来的现象。当粒子间斥力势能在数值上大于引力势能，且足以阻止由于布朗运动使粒子相互碰撞而黏结时，胶体处于相对稳定状态；而引力势能在数值上大于斥力势能时，粒子将相互靠拢而发生聚沉。调整两者的相对大小，可以改变胶体系统的稳定性。

电解质的加入会导致系统的总势能发生很大的变化。加入电解质对引力势能影响不大，但对斥力势能的影响显著。适当调整电解质浓度，可以稳定胶体，也可以使胶体脱稳、聚沉。当粒子间距 x 缩小，会先出现第二极小值 a，此时发生粒子的聚集现象称为絮凝。一般认为在第二极小值处发生的絮凝是可逆的。

若 x 继续缩小，则出现能量极大值 E_{max}（势垒）。一般粒子的热运动和布朗运动均无法克服 E_{max}，因而溶胶处于相对稳定状态。当两胶粒通过热运动积聚的动能超过 15kT 时才有可能超过此能量值，进而出现第一极小值 b，在此处发生粒子间的聚沉，这种聚沉被认为是永久性的。

降低或消除斥力势能的方法是降低或消除胶粒滑动面电位（ζ 电位）。当 ζ 电位为 0 时，胶粒滑动面内部呈等电状态，此时斥力势能消失，理论意义上此时胶粒从根本上脱稳，胶体容易聚沉。但实际上，只要将 ζ 电位降低到一定程度（$ζ_k$），斥力势能峰 $E_{max}=0$，胶粒就可以脱稳、聚沉，此时的 ζ_k 称为临界电位。

电解质导致胶体粒子脱稳的能力可以用聚沉值和聚沉能力来表示。聚沉值指使溶胶发生明显的聚沉所需电解质的最小浓度。聚沉值的倒数定义为聚沉能力。

叔采-哈迪（Schulze-Hardy）规则表达了电解质聚沉能力强弱的规律：电解质中能使溶胶发生聚沉的离子是反离子，且反离子价数愈高，聚沉能力愈强。叔采-哈迪（Schulze-Hardy）规则可以用理论推导出下式：

$$\gamma = C_\kappa \frac{\varepsilon^3 (\kappa T)^5}{A^2 e^6 z_i^6}$$

式中　γ——聚沉值；

$\quad\quad C_\kappa$——与电解质阴阳离子电荷之比有弱相关性的常数；

$\quad\quad \varepsilon$——溶液的介电常数；

$\quad\quad \kappa$——常数；

$\quad\quad T$——热力学温度；

$\quad\quad A$——表示颗粒分子引力的常数；

$\quad\quad e$——电子电荷；

$\quad\quad z_i$——反离子价数。

由上式可见，聚沉值与反离子电荷数的六次方成反比。

如对带负电的 As_2S_3 溶胶起聚沉作用的是电解质的阳离子。如 KCl、$MgCl_2$、$AlCl_3$ 的聚沉值分别为 $49.5mol/m^3$、$0.7mol/m^3$、$0.093mol/m^3$，若以 K^+ 为比较标准，其聚沉能力关系为：$Me^+ : Me^{2+} : Me^{3+} = 1 : 70.7 : 532$。

一般可近似表示为反离子价数的 6 次方之比，即 $Me^+ : Me^{2+} : Me^{3+} = 1^6 : 2^6 : 3^6 = 1 : 64 : 729$。

但也有反常现象，如 H^+ 虽为一价，却有很强的聚沉能力。这主要是因为 H^+ 可以和水中的杂质反应，改变水中杂质的离子形态和分子形态，影响这些杂质的吸附能力和溶解能力。水中很多胶体颗粒的带电现象与水中的 pH 值有密切关系，改变 H^+ 的浓度会导致其带电状况发生巨大的变化，从而消除了胶体及微细颗粒物保持稳定的基础。

同价离子的聚沉能力也各不相同。

① 同价正离子。正离子水化能力强，且离子半径愈小，水化能力愈强，水化层愈厚，被吸附的能力愈小，其进入 Stern 层的数量减少，而使聚沉值增大。

② 同价负离子。负离子水化能力弱，负离子的半径愈小，吸附能力愈强，聚沉值愈小。

感胶离子序是将相同电荷的离子按聚沉能力大小排列的顺序，常见顺序如下：

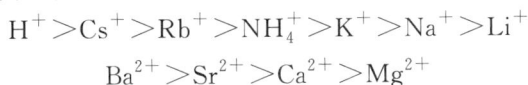

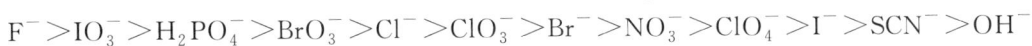

$$H^+ > Cs^+ > Rb^+ > NH_4^+ > K^+ > Na^+ > Li^+$$

$$Ba^{2+} > Sr^{2+} > Ca^{2+} > Mg^{2+}$$

$$F^- > IO_3^- > H_2PO_4^- > BrO_3^- > Cl^- > ClO_3^- > Br^- > NO_3^- > ClO_4^- > I^- > SCN^- > OH^-$$

憎液胶体颗粒物是影响天然水体水质的关键因素之一，常因带电而保持稳定，多种物理化学作用都可以使之脱稳，比如加热、超声振动、投加电解质、投加带反电荷的胶体等。但水处理中利用最多的则是根据胶体对电解质的敏感性，在电解质作用下，使溶胶能够脱稳、聚沉。在指定条件下使溶胶聚沉所需电解质的最低浓度称为聚沉值。起聚沉作用的主要是电荷与胶粒相反的离子（称为反离子）。也就是说，聚沉时加入的电解质电离出的阴阳离子中，只有电荷与胶粒电荷相反的离子才具有脱稳、凝聚的作用。根据叔采-哈迪（Schulze-Hardy）

规则，电解质导致胶体脱稳的过程中，反离子的价数越高，聚沉效率越高，聚沉值越低；同价反离子的聚沉值与离子大小和水化程度也有关。比如对于氢氧化铝溶胶，一价、二价、三价和四价阴离子的平均临界浓度之比是 $1:0.012:0.0015:0.0010$。此外，介质的介电常数对此值也有一定的影响。

二、混凝机理及其作用

混凝的主要作用是通过投加化学药剂，使水中稳定分散的胶体颗粒物脱稳并聚集成便于分离的絮凝体。混凝是非常复杂的过程，包括所有造成颗粒聚集的反应，包括混凝剂水解过程、颗粒脱稳和颗粒间的相互作用等。苏联水质专家巴宾科夫把混凝定义为"分散颗粒由于相互作用结合成聚集体而增大的过程"。我国著名的水质学专家汤鸿霄院士在其著作《无机高分子絮凝理论与絮凝剂》中，认为混凝是混合、凝聚和絮凝这三种连续作用的综合过程，其间还有吸附作用。

水中杂质如细菌、病毒、有机物、无机离子等都可能在混凝中被一定程度甚至相当大比例地去除。混凝在水处理工艺中占有非常重要的地位，是去除水体污染物的重要方法，且对后续工艺如沉淀、过滤甚至消毒等影响深远。

1. 混凝机理

比较普遍被接受的混凝机理有压缩双电层、吸附电中和、吸附架桥以及沉淀物网捕等。由于混凝过程相当复杂，涉及水的基本条件，混凝剂的形态组成、混合条件和方式等因素，通常上述机理不是单独地起作用，而是相互关联、综合作用的结果。

（1）压缩双电层

当两个胶粒相互接近至双电层发生重叠时，会产生静电斥力。加入的电解质（混凝剂）使水中带异号电荷的离子增加。水中的反离子与扩散层原有反离子之间的静电斥力将部分反离子挤压到吸附层中，从而使扩散层厚度减小。由于扩散层减薄，颗粒相撞时的距离减小，相互间的吸引力变大。颗粒间排斥力与吸引力的合力由以斥力为主变为以引力为主，从而促使颗粒相互凝聚。对于亲水性胶体，水化作用是亲水性胶体维持聚集稳定性的主要原因。亲水性胶体也存在双电层结构，但 ζ 电位对胶体稳定性的影响通常小于水化膜的影响。

（2）吸附电中和

胶粒表面对异号离子、胶粒或链状离子带异号电荷的部位有强烈的吸附作用，从而中和自身部分电荷，减少静电斥力，使之容易与其他颗粒接近、互相吸附而凝聚。混凝剂一般为高价电解质及其聚合离子，这些成分在有效压缩双电层的同时，发挥着吸附电中和的作用。

（3）吸附架桥作用

吸附架桥指投加的水溶性链状高分子聚合物絮凝剂（一般具有链状结构）在静电力、范德瓦耳斯力和氢键力等的作用下，分子链上的某些基团吸附一颗粒后，其他基团可伸展于水中吸附其他胶粒，形成胶粒-高分子物质-胶粒聚集体，将胶体和悬浮颗粒吸附、黏结、架桥，形成絮体而脱稳、沉降的过程。其间的黏附作用可能是静电力，高分子有机物不同位置的残基所带电荷不同，异种电荷的静电吸引可能形成黏附，也可能是其他作用力，如形成配位键、氢键等。吸附架桥很好地解释了某些高分子絮凝剂的絮凝作用。不带电甚至带有与胶粒同性电荷的高分子有机物也可以产生絮凝作用，即通过架桥作用使粒子脱稳形成絮体。

（4）沉淀物网捕

混凝剂进入水中水解生成的沉淀物在自身沉降过程中，会卷集、网捕水中的胶体微粒，使其包裹于沉淀中一同去除。网捕作用被认为是一种机械作用，大量的混凝剂在水解形成沉淀过程中，吸附、裹挟水中的其他杂质，混杂在沉淀中共同分离。网捕过程类似于利用混凝剂在水中同胶体颗粒物一起交织成立体网络结构，水中的胶体颗粒污染物等杂质被固着在网络内，随后把水从网络间隙中挤出来，达到净化效果。网捕过程的一个缺点是消耗混凝剂的量大，从而产生的污泥量较大。网捕过程所需的混凝剂与原水杂质含量大致成反比关系，即杂质含量越多，所需混凝剂越少；杂质含量越少，所需混凝剂越多。

2. 混凝工艺控制

通常的混凝过程包括投药、混合、絮凝反应和沉淀这几部分。混凝机理示意图见图 5-4。

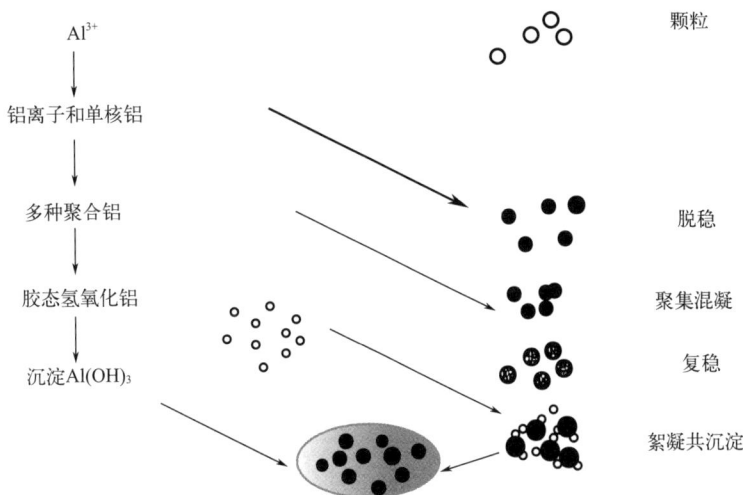

图 5-4 混凝机理示意图

投药后混合的目的是使药剂快速均匀地扩散到水体中，并增加颗粒物发生碰撞、黏结的机会。混合设备的水力学控制参数包括混合强度和时间。混合阶段要求对水进行剧烈搅拌，使混凝剂迅速、均匀地与水混合并发生水解和缩聚反应，在此阶段会有微絮体形成。强烈的搅拌不仅使混凝剂分布均匀，维持水体 pH 值稳定，还可以增加微絮体的密实度和抗剪切能力。由于混凝剂的水解缩聚反应及微絮体形成速度很快，所以一般混合时间较短，混合的时间一般在 2min 以内。絮凝反应提供颗粒及絮体相互碰撞、结成大粒度絮体的条件，以利于后续的沉淀分离过程。

机械搅拌混合池中，旋转的桨叶把能量传递给水体，造成水体强制对流。混合过程正是在强制对流作用下经过主体对流和涡流扩散，最终达到分子级混合。桨叶把动量传递给周围水体，产生高速转动水流，该水流又推动周围水体，使全部水体在池内循环流动，这种大范围的循环流动称为"宏观流动"，由此产生的全池范围的扩散称为主体对流扩散。主体对流扩散能把药剂不断移动、变形，分割成较大的液滴"微团"。当桨叶快速转动时，桨叶后方会存在瞬时速度梯度，发生局部剪切流动，而局部剪切流动会导致生成不同尺度的大、小涡流群。这些涡流迅速向周围扩散，形成局部范围内水体快速而紊乱的对流运动，由此产生的局部对流扩散称为涡流扩散。涡流扩散使较大的液滴"微团"进一步变形、分割成更小的"微团"，通过小"微团"界面之间的涡流扩散，把不均匀程度降低到涡流本身的大小。实际上涡流尺度是一个连续变化的值，是由一系列不同尺度的涡流叠加而成，其中大、小涡流并不各自独立存在，而往往表现为大涡流中包含着许多小涡流的复合涡流。最大涡流的尺度通常具有相当于桨叶尺度的数量级，大涡流之间相互接触冲涌，逐渐破裂成越来越小的涡流。但这个过程不能无限地进行，因为涡流越小，涡流速度梯度就越大，阻止涡流流动的黏性剪切力也就越大。直至最小尺度的涡流将能量耗散掉，即由机械能转变为非机械能——热能。因此，涡流运动存在着一个最小涡流尺度，即柯尔莫果洛夫（Kolmogorov）微尺度，且在整个体系内各种尺度的涡流都是处于动态平衡之中。通常搅拌条件下，微团的最小尺度可达 10^{-5} m 量级，最小涡流尺度也比分子尺度大得多，对流扩散和涡流扩散都不能达到完全均匀混合，要使液滴微团最终消失而达到完全均匀的混合状态只有靠分子微观扩散。因此水力搅拌不仅需要一定的强度，还需要一定的时间。搅拌可以促进混合过程，使微团尺度减小，大大增加分子扩散的表面积，减小扩散距离，从而提高微观混合的速率。

水力混合与机械混合的机理相同，只是维持涡流运动的能量来自水体本身的能量耗散。高雷诺数条件下，混合池内的涡流按其强度和尺度特征可分为两个子区：惯性子区（主流宏观区）和黏性散逸子区（亚微观区）。由于强烈的紊流脉动作用，两个子区间质量交换迅速。黏性散逸子区紧邻壁面，是很薄的流层，该区近似满足局部平衡条件，涡流尺度与柯尔莫果洛夫微尺度相当，涡流内微观混合迅速，可认为是很快完成的。惯性子区是主流区，水流近似均匀流，区域内紊流切应力是主要特征因素，黏性切应力很小，只能产生尺度大而强度低的涡流，涡流扩散混合为主，速度相对较慢，主导整个混合过程的时间。

药剂入水后迅速水解，水解形成的聚合体在搅拌作用下在水中作相对运动，吸附或捕集水体污染物（包括颗粒物、胶体物质及其他污染物）。在捕集、吸附的同时，通过水力剪切力对污染物和混凝剂形成的微絮体进行筛选。由于混合过程水力剪切力较大，混凝剂、絮体等在与污染颗粒结合或者相互结合时必须克服搅拌水流产生的剪切力，因此结合力必须大于搅拌剪切力。如果使用聚合铝混凝剂，则混凝剂形态和混合情况之间存在相应关系。不同形态的混凝剂，其带电状况、电中和能力和特征吸附物质都有区别。在较强的混合强度下，只有结合力较强的结合物才有可能被保留下来进入下一个流程絮凝阶段。

絮凝阶段也要有一定的水力条件，要求水体有适当的紊动性。随着絮体逐渐增大，水流紊动应该逐渐减弱，以防止絮体破碎。因此在絮凝阶段，搅拌参数的选择非常重要，主要的参数有搅拌强度、搅拌时间、搅拌方式、搅拌程序。

最终形成的絮体进入沉淀池或者气浮池，从水体分离，实现污染物、混凝絮体的去除和水体净化。

3. 混凝效果的影响因素

影响混凝效果的因素比较复杂，主要包括以下几方面。

（1）原水性质

包括水的物理化学特征、杂质性质和浓度等。原水的物理化学特征包括水温、碱度、pH 值等。例如，水温低时，通常絮凝体形成缓慢，絮凝颗粒细小、松散，凝聚效果较差。其原因如下。

① 无机盐水解是吸热反应，低温不利于混凝剂水解形成具有优势的混凝形态。一般而言，水温对铝混凝剂混凝效果的影响大于对铁混凝剂的影响，对铝盐、铁盐混凝剂的影响大于相应的聚合铝、聚合铁混凝剂。因此，为改善低温时的混凝效果，常用增大剂量、延长沉淀时间、投加高分子助凝剂或改用聚合氯化铝、聚合硫酸铁等方法。

② 温度降低，黏度升高，布朗运动减弱，不利于胶体脱稳和絮凝物的成长。

③ 水温低时，胶体水化作用增强，妨碍凝聚。

④ 水温与水的 pH 值有关，水温低时水的电离程度减弱，导致 pH 发生变化，影响混凝剂的水解，混凝效果进而受到相应的影响。

水中 pH 值对混凝剂的水解及其形成的难溶盐溶解度、凝聚效果等有直接影响，不同的混凝剂，对其产生混凝作用时的最佳 pH 值有不同的要求。用硫酸铝去除水中浊度时，最佳 pH 值范围在 6.5～7.5 之间；用于除色时，pH 值在 4.5～5 之间。用三价铁盐时，最佳 pH 值范围在 6.0～8.4 之间，比硫酸铝宽。如用硫酸亚铁，只有在 pH>8.5 时，才能迅速形成 Fe^{3+}。有机高分子混凝剂，混凝的效果受 pH 值的影响较小。铝盐和铁盐的水解反应式如下。

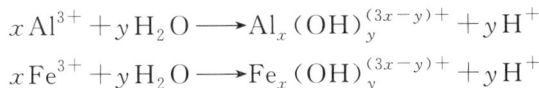

$$x Al^{3+} + y H_2O \longrightarrow Al_x(OH)_y^{(3x-y)+} + y H^+$$

$$x Fe^{3+} + y H_2O \longrightarrow Fe_x(OH)_y^{(3x-y)+} + y H^+$$

从铝盐和铁盐的水解反应式可以看出，水解过程中不断产生 H^+ 必将使水的 pH 值下降。当原水中碱度不足或混凝剂投加量较大时，水的 pH 值将大幅度下降，影响混凝效果。此时，应投加石灰等调整水的 pH 值。

水中含有二价或更高价金属离子时，对压缩双电层有利，从而改善混凝效果。水中杂质含量过低，则因不利于颗粒的碰撞而不利于凝聚，即水中浊度低时往往混凝效果较差。

水中颗粒物的性质，如粒径及粒径分布、密度、浓度、物质组成特点、表面疏水性等，都会影响混凝效果。天然水体的浊度主要是由黏土颗粒引起的，在净化中需要加以混凝的是粒径小于 20μm 的微粒。粒径在 20μm 以下的主要是高岭土、蒙脱石等矿物，是黏土的特征性成分，具有鲜明的胶体化学特性，如形成溶胶、凝聚、絮凝、进行离子交换、具有触变性等等，因而又称胶态分散矿物。浑浊水的凝聚和絮凝的主要对象是这一类矿物微粒，主要属于铝或镁的硅酸盐晶体。混凝可以有效去除这类颗粒物。但此类矿物粒子表面常吸附一些有机物和其他物质，导致混凝剂主要是与包膜粒子发生作用。预氧化过程可以消除有机物膜，可能促进混凝效果。低浊水中颗粒碰撞机会少，混凝效果差。有时需要在低浊水中投加矿物颗粒如黏土等以增加混凝凝结中心，提高颗粒碰撞率，改善混凝效果。高浊水可能提高混凝剂用量，利用高分子混凝剂或助凝剂可以改善混凝效果。

水中悬浮物的成分，如不同的黏土种类及浓度、腐殖酸等都对混凝有影响。据试验，膨润土形成的浊度消耗的铝盐量较高岭土高 20 倍之多。水中悬浮物的多少会影响絮状物的形成，浑浊或稍浑浊的水比透明的水更易凝聚，一般水中悬浮物多少与混凝剂投加量成正比。但如果悬浮物含量极少时，反而要增加混凝剂剂量或投加黏土或助凝剂。当水中存有腐殖质、单宁等使水具有很高色度的化合物时，用铝盐或铁盐混凝除色须在低 pH 值条件下进行，才能取得较好的效果。水中反离子的含量和种类、浊度高低，以及水中 TOC 和 DOC 或色度的大小等对混凝剂投加量的确定和混凝效果也有直接的影响。

（2）投加的混凝剂种类与数量

混凝过程中投加的促沉药剂都可以叫作混凝剂，也称为絮凝剂。传统的混凝剂有铝盐、铁盐，后来发展出现了多种混凝剂（絮凝剂），包括无机高分子絮凝剂、有机高分子絮凝剂、天然絮凝剂等。多种混凝剂各具特色，在不同领域发挥各自的作用。作为饮用水处理用的混凝剂要求对人体健康无害，混凝效果好，使用方便且价廉易得。如果用于污水处理，则混凝剂的选择就更加宽泛。水处理中常见的混凝剂见表 5-2。

表 5-2 水处理中常见的混凝剂

类型		示例	备注
无机	铝系	硫酸铝、明矾、聚合氯化铝(PACl)、聚合硫酸铝(PAS)	适宜 pH 为 5.5~8
	铁系	三氯化铁、硫酸亚铁、聚合氯化铁、硫酸铁(国内生产少)、聚合硫酸铁	适宜 pH 为 5~11,但腐蚀性强
	硅酸	活化硅酸	常作助凝剂
	复合混凝剂	聚合硅铝、聚合硅铁等	
有机	人工合成	阳离子型:含氨基、亚氨基聚合物	pH 适应范围宽
		阴离子型:水解聚丙烯酰胺(HPAM)	
		非离子型:聚丙烯酰胺(PAM)	
		两性型	使用极少
	改性	羧甲基纤维素、羧乙基纤维素、改性淀粉等	
	天然	糊精、乳胶、海藻酸钠、淀粉、动物胶、树胶、甲壳素等	
		微生物絮凝剂	

迄今为止,以硫酸铝为代表的传统混凝剂仍然是世界上水和废水处理中使用最多的混凝剂之一。硫酸铝研究充分,使用技术成熟,使用方便,混凝效果好。但水温低时水解速度慢,不易形成优势混凝形态,形成的絮凝体比较松散,混凝效果不太理想。

无机高分子混凝剂是利用铝盐或铁盐经不同工艺制备而成,包括聚合铝系列、聚合铁系列和复合聚合系列等。我国是研制聚合氯化铝起步较早的国家之一,主要工作集中在就地取材生产聚合氯化铝和试验其混凝性能两方面,近年来聚合氯化铝在强化混凝以及同其他工艺优化组合匹配等方面的研究和应用也广为开展。1964 年哈尔滨市自来水公司和建设局技术实验室根据苏联的资料,对用铝灰试制的"碱式络合铝盐"进行初步试验研究,并与硫酸铝进行混凝效果的定性对比试验。1969 年沈阳市许多单位组成饮水洁治小组,对碱式氯化铝进行了研究。1972 年铝灰酸溶法制备碱式氯化铝在成都自来水公司应用成功,长春自来水公司制成铝灰碱溶法聚合氯化铝。此后,全国各大城市陆续投入生产使用。20 世纪 70 年代中期以后,我国和其他国家对聚合氯化铝给予了肯定评价,聚合氯化铝逐步取代了硫酸铝等传统铝盐混凝剂,逐渐成为一种重要的无机混凝剂。无机高分子絮凝剂比传统混凝剂有更强的电中和凝聚、吸附架桥和网捕共沉淀功能。多数研究证实,无机高分子絮凝剂如聚合氯化铝、聚合硫酸铝、聚合氯化铁等与相应的铝盐、铁盐相比,具有使水体颗粒 ζ 电位下降迅速,絮体成长快、尺度大、密实程度高,混凝剂残留铝、铁离子含量低,沉淀分离效果好等特点。

有些天然物质具备一定的絮凝剂特征,比如淀粉、甲壳素和某些微生物分泌物,因而在一定情况下也被用作絮凝剂。除此之外,有机高分子絮凝剂的另一个大类就是人工合成的高分子聚合物,如聚丙烯酰胺、聚丙烯酸钠、聚苯乙烯磺酸盐等。与传统絮凝剂和无机高分子絮凝剂不同,有机高分子絮凝剂分子量大、分子链长、基团丰富,因而主要依靠黏结、架桥机理,促进粒子形成粒度较大的絮体,通过沉降、气浮或过滤等过程实现有效分离。在某些情况下,即使是与水中粒子电荷相同的有机高分子絮凝剂也可以起到良好的絮凝效果。因此,有机高分子絮凝剂包括阴离子型、阳离子型、非离子型等多种类型。目前,根据不同水体或者絮凝工艺的特殊要求,结合有机高聚物性质和合成特点,厂家可以生产各种具备特定分子量范围和分布特征、特定电荷密度、特定选择性基团等分子特征的有机高分子絮凝剂，使有机高分子絮凝剂的操作灵活性、适应性更强，应用空间更为广阔。比如有些有机絮凝剂在设计的同时考虑了适当的电中和能力，其絮凝机理也包含电中和成分，功能比较完备。有机高分子絮凝剂絮凝效果的主要影响因素有絮凝剂类型、平均分子量和分子量分布、平均离子电荷密度、水质特征、投加量、pH值等。

（3）使用的絮凝设备及其相关水力参数

目前已经有根据絮体和沉后水情况反馈的信息自动控制投药量的设备。

混凝剂、助凝剂加药点和澄清设备中形成的水力条件等，对混凝效果均有重要影响。从混凝剂投入水中被混合并开始水解，到胶体粒子脱稳并逐渐碰撞长大的过程中，相应的水力条件在其中发挥着重要的作用。

4. 混凝作用过程

下面以铝盐为例，说明絮凝剂投加到水中后的水解过程及其对混凝效果的影响。

絮凝剂（以铝盐为例）投加到水中，迅速水解，主要的水解反应如下：

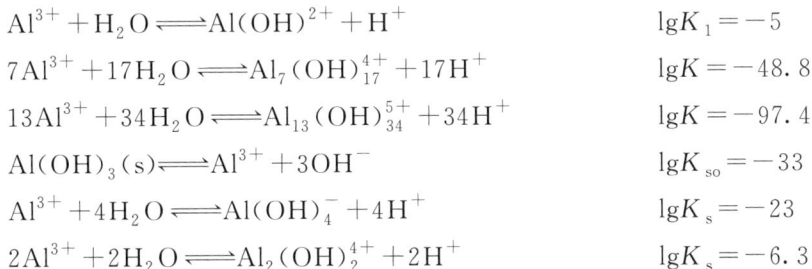

$$Al^{3+} + H_2O \Longrightarrow Al(OH)^{2+} + H^+ \qquad \lg K_1 = -5$$

$$7Al^{3+} + 17H_2O \Longrightarrow Al_7(OH)_{17}^{4+} + 17H^+ \qquad \lg K = -48.8$$

$$13Al^{3+} + 34H_2O \Longrightarrow Al_{13}(OH)_{34}^{5+} + 34H^+ \qquad \lg K = -97.4$$

$$Al(OH)_3(s) \Longrightarrow Al^{3+} + 3OH^- \qquad \lg K_{so} = -33$$

$$Al^{3+} + 4H_2O \Longrightarrow Al(OH)_4^- + 4H^+ \qquad \lg K_s = -23$$

$$2Al^{3+} + 2H_2O \Longrightarrow Al_2(OH)_2^{4+} + 2H^+ \qquad \lg K_s = -6.3$$

以上是铝盐在水体中水解的主要产物，除此之外，还可能有一些其他形态。铝离子在水中发生一系列的水解、聚合直至沉淀，反应可综合表达为：

$$xAl^{3+} + yH_2O \Longrightarrow Al_x(OH)_y^{(3x-y)+} + yH^+$$

平衡表达式为：

$$K_{xy} = \frac{[Al_x(OH)_y^{(3x-y)+}][H^+]^y}{[Al^{3+}]^x} \cdot \frac{f_{xy}f_{H^+}^y}{f_{Al^{3+}}^x \alpha_{H_2O}^y}$$

式中，K_{xy} 为水解反应平衡常数；α 为水的活度；f 为溶液中各离子活度系数。严格地讲，铝水解反应不仅与溶液离子浓度有关，还与溶液中离子活度系数有关。

水解发生在混凝剂投入水中的很短的时间内。低聚铝形态（Al_a）和水解聚合铝形态扩散到胶体颗粒表面所需的时间分别为 $10^{-5} \sim 10^{-3}s$ 和 $10^{-6} \sim 10^{-4}s$，水解高聚物 Al_{13} 及其聚集体的扩散时间比铝离子大 $1 \sim 2$ 个数量级。在恒定湍流速度梯度条件下，水解聚合速度和扩散吸附/电中和脱稳速度处于同一个数量级，均在微秒瞬间完成。而水解形成最佳凝聚形态则相对较慢，在1s至数分钟。在投药后水解反应中形成的不同形态的铝离子中，它们的电中和能力是影响混凝过程的重要因素之一。所得水解形态的正电荷越高，其中和胶体表面负电荷的能力就越强，促进胶粒脱稳凝聚。在中性pH值范围，混凝剂水解、配位、聚合、沉淀形成凝胶态 $Al(OH)_3$，由于 $Al(OH)_3$ 具有巨大的网状表面结构且仍带有部分正电荷，具有一定的静电黏附能力。在沉淀物生成过程中，胶粒可同时被黏附网捕在沉淀物中，从而迅速卷扫沉淀分离。水解的铝在胶体颗粒表面的吸附作用可以通过其水解形态与胶体颗粒表面的羟基基团结合而发生表面配位反应。水解聚合铝的表面配位反应是多种因素综合作用的结果，作用力包括静电库仑力、范德瓦耳斯力、憎水推斥力以及羟基与表面的键合力等。铝盐水解形态与颗粒表面结合，可以使胶体颗粒物的表面负电荷降低或逆转，同时吸附在表面的水解单体形态或聚合形态则结合表面—O 或—OH 基团，增强了表面进一步水解、聚合、沉淀反应的能力。

混凝过程中的两个关键控制因素是混凝剂的混凝结合效力和水力条件。混凝效果与混凝剂在水中迅速水解与扩散有密切关系，原水中加入混凝剂后，会产生两种效应：一是混凝剂在水中进行混合与扩散；二是混凝剂水解，水解产物与胶体颗粒作用使其脱稳。由于水解、脱稳速率远远大于混凝剂在水中的扩散速率，故水中胶体颗粒能否迅速脱稳，混凝剂的混合扩散作用就成为决定因素，因此适宜的水力条件为混凝剂发挥效力提供了必要的条件。

混凝剂（以铝盐为例）进入水中迅速发生水解，有研究报道最具脱稳效能的铝水解产物在投药后 0.1s 内形成，混凝效能在投药后 6s 逐渐下降到一个稳定水平。由电中和能力很强的铝离子和水反应产生具有一定形态分布的铝离子、聚合铝离子。通过对铝的形态分析可以发现不同碱化度的铝系列混凝剂具有不同的形态分布，这些不同形态的铝聚合物具有不同的电中和、黏结架桥的能力和水解潜力。水体 pH 值和水体基质的影响可以导致铝混凝剂水解产物的不同。可以认为，当混凝剂进入水中的瞬间，两类反应就迅速开始，一类是与水的水解反应，是混凝剂在水中发生变化，形成一定存在时间的水解产物的反应；另一类是与水体污染物或其他杂质的反应（假设为只有脱稳的正面影响）。暂时把这种电中和、黏结架桥等与水体污染物或杂质反应的能力称为絮凝能力，把水解潜力称为竞争反应能力。第一类反应（水解反应）导致混凝剂成分在目标水体的 pH 值等环境下发生相应的变化，以一定的速率、一定的顺序形成一系列铝化合物。在这种意义上，不能简单地认为混凝剂的混凝效力随着时间逐渐降低，而是有所起伏、变化的。混凝正是在这一系列的铝化合物和水体颗粒物、胶体及部分溶解物质之间进行的。

聚合氯化铝是由含铝物质（如铝矾土、煤矸石等）与盐酸反应而成的无机高分子混凝剂。由于羟基的架桥作用而发生缩合反应，生成多核物。其组成并不能认为是某种单一的固定分子结构，而是各种形式的铝与氯离子、羟基结合的混合体。聚合氯化铝可以认为是铝盐在特定程度上的水解形态。具有一定聚合度（碱化度）的聚合氯化铝，由于其电荷适度、聚合度适度，中和电荷、黏接架桥能力较强，投入水中立即发挥混凝作用，能以较少剂量（相对简单的铝盐）取得较好的混凝效果。

铁盐的混凝机理与铝盐基本相同：

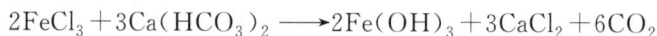

$$2FeCl_3 + 3Ca(HCO_3)_2 \longrightarrow 2Fe(OH)_3 + 3CaCl_2 + 6CO_2$$
$$Fe_2(SO_4)_3 + 3Ca(HCO_3)_2 \longrightarrow 2Fe(OH)_3 + 3CaSO_4 + 6CO_2$$

铁盐混凝的优点体现在：适应水的 pH 值范围宽（pH 4.5~11）；絮体形成快，絮体物密实、密度大，沉降较快；在低温时效果亦好；去除浊度、藻类、有机物、砷及肉毒杆菌毒素等的效果较好。铁盐的缺点是处理后的水易产生色、味，对设备有腐蚀作用，残余铁容易促使微生物繁殖等。

聚合硫酸铁是以含铁物质或硫酸亚铁为主要原料，经化合而成的无机高分子混凝剂。聚合硫酸铁具有许多优点，如净水效果比其他铁盐好，影响因素少，原料来源可靠且价廉，残留的铁量少，比铝盐安全等。

有些助凝剂本身就可起到混凝作用，有些则自身不起混凝作用，但与混凝剂一起作用时，能促进混凝过程。助凝剂一般可分三类：一是调节或改善混凝条件的药剂，如原水碱度不足可投加石灰等；二是加大絮状物粒度、比重和结实性的药剂，如在水中加黏土可起到加重、加大絮状物的作用，在水中添加无机或有机高分子物质，如活化硅酸、骨胶、聚丙烯酰胺，可加强黏附架桥作用，使胶体脱稳，增大絮状物；三是某些消毒剂、预氧化剂，这些药剂在混凝前投加可以起到预氧化、微生物灭活的作用，从而改善混凝效果。

活化硅酸是常见的混凝絮体调节剂，活化硅酸的主要原料为硅酸钠（钠水玻璃），其成分为 $Na_2O \cdot xSiO_2 \cdot yH_2O$。有些混凝剂在制备过程中加入了活化硅酸，成为复合混凝剂，如聚合硅铁、聚合硅铝等。有研究指出，由活性硅酸合成的聚合硅铝、聚合硅铁等混凝剂在混凝过程中可以形成更好的矾花形态，沉淀分离效果明显提升。活化硅酸可以这样制备：使用硫酸或硫酸铵等活化剂，将硅酸钠中的碱中和，使二氧化硅分解出来形成胶体。活化硅酸实质上属于一种阴离子型高分子电解质，常作为铝盐或铁盐的助凝剂，一般采用含1%～1.5% SiO_2 的活化硅酸，使用少量即可大大增强混凝效果，可减少混凝剂用量，改善低温、低碱度条件下的混凝效果。有时单用活化硅酸也可起到混凝作用。硅酸溶液不能久存，放置一段时间会变成冻胶而失去作用。因此，只能现场调配，即日使用。

聚丙烯酰胺是常用的助凝剂，其本身也是一种絮凝剂。聚丙烯酰胺是一种人工合成的水溶性有机高分子物质，无色无味，呈透明胶状体，结构简式为 $[CH_2=CHCONH_2]_n$，分子量可达数百万至数千万。聚丙烯酰胺在水中可分散成大量的长链状高分子，单用可以作为混凝剂。聚丙烯酰胺与混凝剂配合使用可大大提高混凝效果。以聚丙烯酰胺为代表的有机高分子絮凝剂有共同的特点，发挥助凝作用时用量少，效果依具体絮凝剂的型号（分子量、电荷等）不同而有所差异。

混凝剂的种类很多，不同混凝剂各具特色，适用于不同的水体和水质，在不同领域发挥各自的作用。混凝剂用量视不同的水质而定，通常仍需通过做烧杯试验来确定。

5. 混凝对水污染的控制效果

混凝是非常复杂的过程，涉及众多的反应物和反应。水中绝大多数的杂质都以某种方式参与混凝过程。这些杂质连同混凝剂及其水解产物一起，发生复杂的物理、化学甚至生物变化。在这一系列变化中，很多杂质都被不同程度地以某种方式结合到絮体之中，在后续的沉淀/气浮或者过滤中被从水中分离出去，水质从而得以净化。混凝处理后去除了水中的哪些物质或杂质？混凝有没有给处理后的水中增加了什么？

胶体颗粒物的去除是混凝工艺表观的结果。胶体颗粒物在混凝过程中脱稳、聚集，形成大的絮体并沉降分离，从水中去除。而胶体颗粒物包括非常复杂的物质组成，水中污染物或其常见的附属形态（如一些分子或者离子经常被吸附在某些胶体粒子的表面，或者聚集形成胶体）的尺度都在属于胶体颗粒物的范围，即使是它们的聚集体或者复合体一般也处于胶体颗粒物的范围。混凝过程对这些物质都可以较大幅度地加以去除。细菌、藻类等微生物虽然尺度大于胶体范围，大约在微米级别，但自然沉降速度非常缓慢，因此除消毒、灭活外，也主要依靠混凝工艺去除。混凝可以去除90%以上的藻类，有些水的混凝除藻率甚至可以达到98%以上。据报道，混凝对颗粒及胶体尺度有机物的去除能力强，去除率可达70%～98%。

有机物是水中重要的杂质，对水质有重要影响。消毒副产物是水中有机物和消毒剂作用的结果，近年来对其研究日益活跃。水中溶解性有机物（DOC）难以被混凝沉淀工艺去除，DOC在混凝沉淀工艺中的去除率通常仅为20%左右，有报道甚至指出其去除率不足10%。另外，DOC是消毒副产物的重要前体物质，去除DOC有助于降低后续消毒过程中消毒副产物的生成量。因而应该在经济、技术许可的前提下，尽可能地降低 DOC 的含量，强化混凝就是可行的方法之一。水中颗粒及胶体形态的有机物与溶解性有机物存在一定的互变或平衡，胶体颗粒形态的有机物可以转变为溶解性有机物，溶解性有机物也可以在一定条件下转变为胶体或颗粒态有机物。因此，混凝对颗粒及胶体形态有机物的去除，以及对溶解性有机物的去除，都对水质改善具有重要的意义。混凝除浊、除藻以及有机物的效果与混凝剂类型、pH 值、预处理情况、混凝剂投加量、水力条件和水质基本状况有关。

图 5-5 为利用不同类型混凝剂的除藻、除浊效果。各混凝剂对原水浊度和藻类都有一定程度的去除作用，最有效的去除阶段都在剂量 3.0mg/L 左右，浊度和藻类去除率分别达到 80% 和 85% 左右。对于碱化度不同的 PACl，$PACl_{2.5}$ 无论是除浊还是除藻都是效率最高的，在混凝剂投药量为 3.0mg/L 时达到 82% 和 87.7%，此时沉后水中浊度和藻类数量分别为 0.87NTU 和 5.1×10^3 个/mL。故在此后的相关试验中，选择 $PACl_{2.5}$ 为混凝剂。

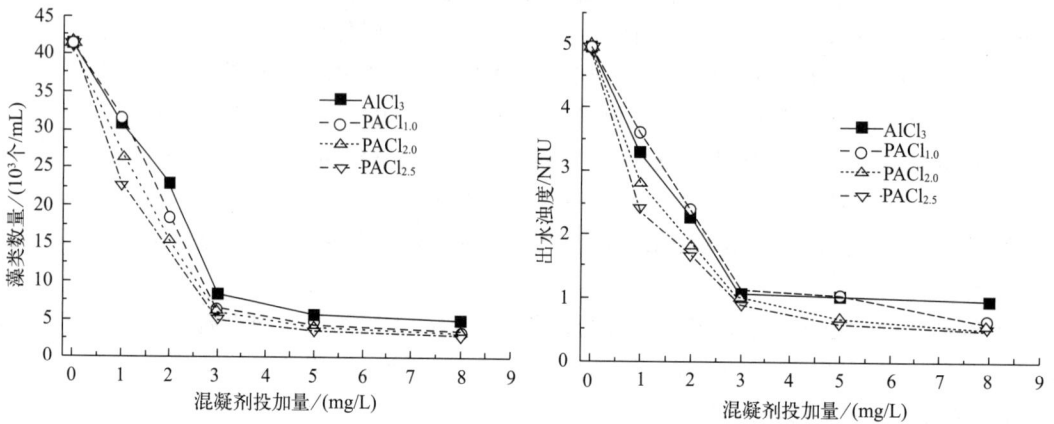

图 5-5   混凝剂单独混凝除藻、除浊效果

用 $PACl_{2.5}$ 为混凝剂，在不同的臭氧浓度条件下，进行混凝试验，取沉后水测定藻类数量、DOC 等指标，结果见图 5-6。

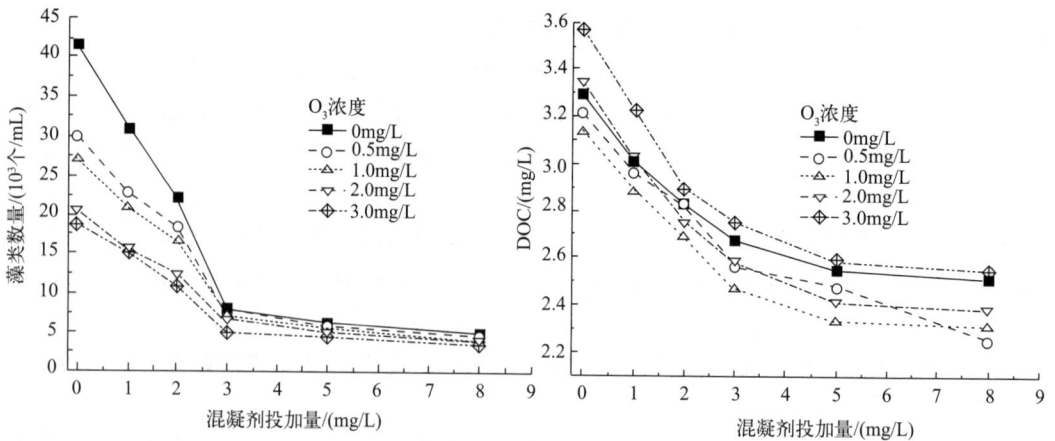

图 5-6   预氧化除藻、有机物释放和混凝控制

臭氧预氧化显著降低藻类数量，随着臭氧剂量的增加，预氧化后水中藻类的去除率显著提高。在随后的混凝过程中，藻类数量得到进一步的下降。在混凝剂投加量较低段（0～

3.0mg/L)，预氧化对混凝除藻过程有显著的促进作用，有效藻类计数由 41.5×10^3 个/mL 降到 4.5×10^3 个/mL；较高段（混凝剂投加量＞3.0mg/L），此时促进作用渐不明显。DOC 随着臭氧浓度的变化呈现两种不同的趋势，臭氧浓度在 1.0mg/L 之前，随着臭氧浓度的增加，DOC 去除率增大，而臭氧浓度在 1.0～3.0mg/L 之间，随着浓度增大，原水中 DOC 含量增多。混凝过程对 DOC 有一定的控制作用，但无法将高浓度臭氧预氧化产生的多余的 DOC 有效消除。

原水被不同浓度的臭氧预氧化后，经混凝沉淀，取样用显微镜计数法测定藻类，结果见图 5-7。单独混凝除藻率随着混凝剂投加量的增大而提高，常规混凝（混凝剂投加量 1.0～2.0mg/L）除藻率为 55%～85%，混凝剂投加量大于 2mg/L 以后，藻类去除率增量减缓；采用强化常规混凝（混凝剂投加量 2.0～5.0mg/L），藻类去除率上升到 85%～90% 左右。臭氧预氧化处理结果显示，单独使用小剂量的臭氧对藻类有明显的去除效果，且臭氧除藻率随臭氧剂量的上升而提高，当臭氧为 3.0mg/L 时，除藻率可达 41.8%。臭氧预氧化强化混凝对藻类去除有良好的效果，藻类去除率较常规混凝有明显提高；且在混凝剂投加量较低的阶段，去除率提升效果尤其显著，混凝剂投加量大于 5.0mg/L，预氧化强化混凝除藻率与单独使用混凝剂差距减小。臭氧剂量较低（0.5～1.0mg/L）时，促进除藻的作用非常显著，在混凝剂投加量为 1.5～3.0mg/L 区间内，除藻率由单独混凝的 85% 左右上升到 95% 左右，最高去除率达到 99.3%（预臭氧 1.0mg/L，PACl 3.0mg/L）；臭氧剂量升高，促进除藻的作用并未进一步加强，尤其臭氧浓度大于 3.0mg/L 时，预臭氧强化混凝除藻的作用已经相当有限。

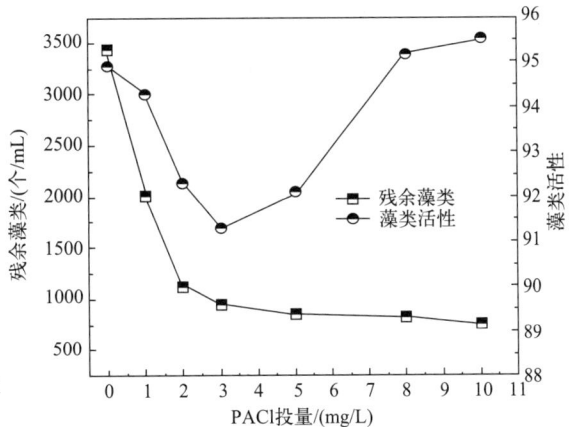

图 5-8 为常规混凝对藻类活性的影响。经过不同剂量的 PACl 混凝后，藻类活性变化在 91.3～95.5 之间，活性较高，且变化幅度不大。这表明以 PACl 为混凝剂的混凝过程对藻类活性影响不大，去除作用主要体现的是絮凝沉淀，对藻类不存在明显灭活作用。

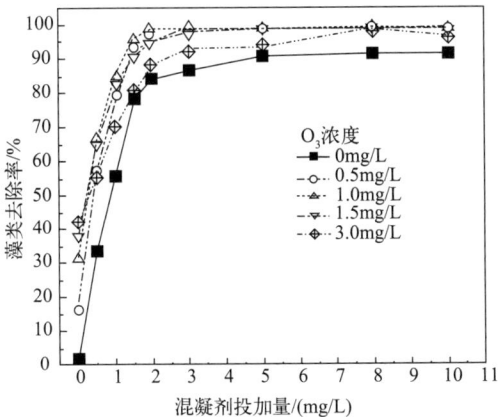

图 5-7 混凝及臭氧预氧化强化混凝除藻效果 　　图 5-8 混凝过程对藻类活性的影响

图 5-9 为臭氧预氧化强化混凝对藻类活性的影响。对比图 5-8、图 5-9 可知，臭氧作用导致藻类活性显著降低，藻类活性由原来 94.9 降低到 12 以下，臭氧剂量越高，藻类活性越差。臭氧预氧化强化混凝过程对藻类活性有进一步影响，藻类活性下降到 10 以下。同等臭氧条件下，随着混凝剂投加量的增加，藻类活性显著降低；且臭氧剂量越高，强化混凝处理后的藻类活性越差。当混凝剂投加量在 3.0mg/L 以下时，上述各臭氧（0.5～2.0mg/L）条

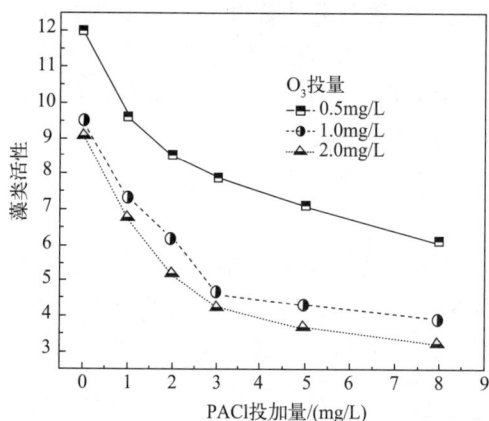

图 5-9　臭氧预氧化强化混凝对藻类活性的影响

件下，藻类活性几乎呈直线下降；混凝剂投加量大于 3.0mg/L 后，藻类活性下降趋势减缓。

混凝沉淀后的水中残余物主要有残余有机物、混凝剂残留成分等，将进入过滤消毒环节。过滤对这些残余物有一定程度的去除作用，但其中的一部分还是会进入消毒工艺，与消毒剂接触，有可能形成消毒副产物（DBPs）。混凝剂残留主要是铝离子、铁离子等的残留。铝离子的健康效应曾受到关注，为此有些国家和地区认为铁系列混凝剂更有利于健康，而真实情况或许并非如此。铁离子残留量高会导致出水有颜色，影响感官；会增加水的硬度；还可能为微生物生长提供基础条件。

第三节　过　滤

一、过滤概述

过滤是使悬浮液通过能截留固体颗粒并具有透过性的介质来进行分离的过程，是悬浊颗粒流体混合物分离的重要手段。在饮用水处理中，过滤是使含悬浮物等杂质的水流过具有一定孔隙率的过滤介质，水中的悬浮物等杂质被截留在介质表面或内部而除去的过程。这种介质可以是颗粒滤料，也可以是有选择性透过能力的膜。原水经过混凝—澄清（沉淀、气浮）等处理后，水中的杂质含量大幅度降低，但其中仍含有微小颗粒、部分微生物、有机物以及其他溶解物质，水质仍不能达到饮用水标准，必须经过滤处理以提高水质。

过滤是最早用于净化水中颗粒物的有效手段之一，至今仍是饮用水处理中的关键工艺，通常不可缺少。1852 年英国伦敦通过法案，规定所有的供水都必须经过过滤处理。细胞学和流行病学研究证实，霍乱、腹泻等急性疾病属于水媒疾病，很多致病菌或病毒在水中以颗粒物、胶体形态存在。饮用水过滤有效降低了此类致病因子的危害。此后，过滤处理被更广泛地推广应用。目前世界各地的所有水厂几乎都必备过滤系统。

过滤不仅可以改善水的感官性质，未经混凝的水直接过滤一般可去除 63%～95% 的浑浊度，可以去除 15%～69% 的有机物，对去除铁、锰等金属离子也有一定效果；而且可以去除大部分混凝沉淀后残余在水中的微生物。慢速砂滤能有效去除残存的微生物，如大肠埃希菌、病毒、阿米巴包囊、贾第鞭毛虫包囊去除率可达 99% 以上。

尽管膜处理已经得到越来越广泛的推广，其生产规模也不断提高，但在一般饮用水处理中，过滤仍然是通过滤池实现的。滤料一般是具有一定粒度和级配的石英砂、无烟煤等。滤池过滤的主要去除对象是粗大颗粒、细微粒子、细菌、病毒和高分子物质等。饮用水过滤中的主要目标物来自两个方面，其一是原水中未被上游处理过程（如混凝、沉淀、气浮等）去除的杂质，如细小的泥沙、微生物（细菌、藻类、病毒等）、有机物（颗粒态、胶体态以及有机大分子）等；其二是来源于上游水处理过程，如混凝、软化、氧化等工艺中形成的微小絮体、钙镁沉淀、铁锰等金属离子的氧化沉淀物等。滤池进水浊度一般要求在 10NTU 以下，出水浊度必须达到饮用水标准。过高的进水浊度将缩短滤池的过滤周期，增加反冲洗的频率，导致产水量降低。过滤一般设置在沉淀池或澄清池之后，一般流程是：原水—混凝沉淀/澄清—过滤。

混凝沉淀处理可以提高过滤效果或整体处理效果。由于"混凝—沉淀—过滤"已经成为经典的饮用水处理工艺，研究报道中容易模糊各段去除率的界限，但显然，经过混凝沉淀处理后再过滤，各类污染物总体去除率显著提高。混凝沉淀后经快速砂滤，金属、农药滴滴涕、有机磷等的去除效果，以及对大肠埃希菌、病毒、阿米巴包囊等微生物的去除效果均比直接过滤有显著提高。如直接过滤去除脊髓灰质炎病毒仅 $1\%\sim50\%$。加明矾进行混凝-沉淀-过滤后，去除率可达 99.7% 以上。

对于水质较好的原水，可以采用直接过滤，即原水不经过沉淀而直接进入滤池过滤。直接过滤包括以下两种形式。

一种是原水加药后，直接进入滤池过滤，过滤前没有絮凝过程。流程为：原水—加药—过滤（接触过滤）。

另一种是过滤前设置微絮凝池，原水经过加药混合、絮凝形成一定粒度的微絮凝体后，进入滤池过滤。流程为：原水—微絮凝—过滤（微絮凝过滤）。

产水量和水质是衡量过滤效能的最重要的两个因素。通常，以地表水为原水进行饮用水处理时，采用混凝—沉淀—过滤的经典工艺；在浊度较低，颗粒物较少的原水处理中，则可以选用直接过滤工艺。这种选择就是在保证滤后水质的前提下，追求较高产水量的考虑。

二、过滤形式

根据过滤介质形式的不同，可将过滤分为以下四类：格筛过滤、微孔过滤、膜过滤、深层过滤。

（1）格筛过滤

过滤介质为栅条构成的格栅或滤网等。

截留物为粗大的悬浮物、水生生物，如树枝、杂草、破布、纤维、鱼虾、水草等。

（2）微孔过滤

采用成型滤材，如滤布、滤片、烧结滤管、蜂房滤芯等，也可在过滤介质上预先涂上一层助滤剂（如硅藻土），形成孔隙细小的滤饼。

截留物为粒径细微的颗粒，如泥沙、黏土、藻类等。

（3）膜过滤

过滤介质为多种不同的选择性半透膜，在一定的推动力（如压力、电场力等）作用下进行过滤。

截留物随膜的种类而不同，水中细菌、病毒、有机物和溶质可以分别被不同类型的膜去除。膜的种类有微滤膜、超滤膜、纳滤膜、反渗透膜和电渗析膜等多种类型；还可以根据不同的分离条件，如温度、腐蚀性、酸碱性等，选择不同材质的膜，比如醋酸纤维素（CA）膜、聚砜（PSF）膜和聚偏氟乙烯（PVDF）膜等。

（4）深层过滤（深床过滤）

过滤介质为颗粒状滤料，如石英砂、无烟煤、活性炭、陶粒等构成的滤床。

截留物为水中的悬浮物、微小粒子、细菌、藻类、部分有机物等。一般而言，深层过滤对水中多种杂质均有不同程度的去除能力。

以上过滤形式中前三种为表层过滤，表层过滤的特点是主要依靠过滤介质表面的截留、筛分、拦截作用去除杂质。深层过滤区别于上述三类表层过滤，除机械筛滤、拦截作用外，还有接触絮凝、沉淀、扩散等不同的去除颗粒物的机理，这些机理共同作用实现对多种杂质的去除。饮用水处理中的滤池以石英砂等滤料形成的滤床中，深层过滤是主要的过滤形式，如慢滤池、快滤池等。

三、过滤的位置

过滤对于生活饮用水处理来说，通常是必不可少的环节。饮用水处理中过滤的位置通常在混凝沉淀后，或投加混凝剂后直接过滤。混凝、沉淀和过滤的功能都是去除水中的胶体颗粒物等致浊物质，提高水的透明度，属于澄清过程。水的透明度提高意味着水质的大幅提升。从致浊物质的去除效果看，普通地表水作原水时，混凝沉淀可以作为过滤的预处理，可大比例去除致浊物质；之后由过滤工艺去除残留部分。这样的安排可以在保证出水水质的基础上，权衡混凝-沉淀和过滤工艺的成本和效率而得出。

四、过滤机理

（1）过滤的动力

过滤使含悬浮物等杂质的水流过具有一定孔隙率的过滤介质，水中的悬浮物等杂质被截留在介质表面或内部而除去。过滤介质对流体（如水）必定存在阻力，为获得通过过滤介质的液流，必须在过滤介质两侧保持足够的压力差或推动力，以克服过滤介质对水流产生的阻力，并保持一定的流速。

一般过滤的推动力有以下四种类型。

① 重力过滤：在水位差的作用下，待滤液自上而下通过过滤介质进行过滤。这是最常用的过滤推动力，如水处理中的快滤池、慢滤池等，都采用重力作为动力。

② 真空过滤：在真空下过滤，在过滤介质下游设置真空环境，利用上下游气压差推动待滤液通过介质。常见的设备有水处理中的真空过滤机等。

③ 压力差过滤：在加压条件下过滤，用外加压力推动待滤液通过介质。这种过滤方式在过滤操作中为了提高过滤速度经常使用，在水处理中的压力滤池就是一例。

④ 离心过滤：使被分离的混合液旋转，在所产生的惯性离心力的作用下，使流体通过周边的滤饼和过滤介质，从而实现与颗粒物的分离。

饮用水处理中常用的推动力是重力和由泵产生的压力。

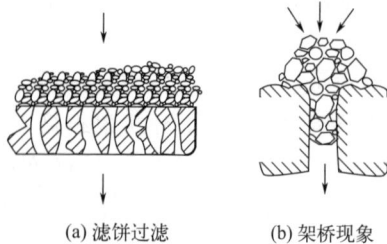

（a）滤饼过滤　　（b）架桥现象

图 5-10　表面过滤示意图

（2）表面过滤机理

过滤去除杂质机理的研究需要把过滤分为表面过滤和深层过滤两类分别进行表述。

表面过滤通常指依靠过滤介质表面截留杂质粒子的分离过程。表面过滤一般发生在过滤流体中颗粒物浓度较高的情况，颗粒去除机理是机械筛除。表面过滤示意图见图 5-10。

表面过滤的主要特征是随着过滤过程的进行，悬浮液中的固体颗粒被截留在过滤介质表面并逐渐积累成滤饼层。滤饼层厚度随过滤时间的增长而增厚，其增加速率与过滤所得滤液的量成正比。由于滤饼层厚度增加，过滤速度在过滤过程中会发生变化。膜处理过程，无论是微滤、超滤、纳滤还是反渗透，主要依靠表面过滤实现。慢速滤池中，表面过滤机理也有一定程度的体现。

饮用水处理工艺中的滤池既涉及深层过滤又涉及表面过滤，相对而言，深层过滤更为重要。在深层过滤中，固体颗粒沉积在过滤介质的内部，在过滤介质表面上一般不希望有滤饼沉积。

（3）深层过滤原理

1）机械筛滤

筛滤能去除大于滤层孔隙的悬浮物，随着过滤的进行，截留杂质增多，滤层孔隙愈来愈小，使微小的颗粒物和微生物也被截留下来。

对滤池过滤系统在去除污染物的能力和效果等方面的研究表明，被去除的颗粒物粒径范围绝不仅限于粒径大于滤料孔隙的颗粒。对于粒径小于该孔隙尺度的微小粒子，滤池仍具备相当可观且不同程度的去除能力。另外，滤池对有机物微粒及溶解性有机物都有一定程度的去除效果。许多研究都表明过滤机理是比较复杂的，绝不仅仅是筛分作用，而是存在多种机理，很多情况下是多种机理共同发挥作用。

2）接触絮凝

除去机械筛滤，深层过滤去除污染物的主要机理是接触絮凝，即颗粒的去除是通过水中悬浮颗粒与滤料颗粒进行了接触絮凝，水中颗粒附着在滤料颗粒上而被去除。

3）沉淀

流体力学研究证明，水流经过滤层滤料时，越是接近滤料表面，流速越慢。这种流速缓慢的局部区域为水中颗粒物沉淀创造了条件。水中较重的悬浮物由于重力作用，在过滤时可能沉积在滤料的表面上；而较轻且粒径小于滤层孔隙的悬浮物进入滤层时，也可能在重力作用下脱离流线而沉淀在空隙中，滤层所起的作用相当于一个具有巨大表面积的不规则的多层沉淀池。

4）吸附

水流通过孔隙不断与滤材发生碰撞，悬浮物、胶体和溶解杂质可被滤材所吸附。产生吸附作用力的是范德瓦耳斯力和静电引力等，因而对水中胶体颗粒或滤料进行一定的修饰，可以提高过滤/吸附效果。

分析过滤中颗粒物与滤料、滤层的关系以及颗粒物相对滤料的运动过程和规律可知，可以把过滤过程大致分为迁移过程和黏附过程，这两个过程共同决定了过滤效果。迁移过程决定颗粒物等杂质在水中运动到滤料表面的情况；黏附过程决定运动到滤料表面的颗粒物等杂质与滤料表面的结合情况。

（4）迁移机理

深层过滤截留的颗粒尺寸远比滤料孔隙尺寸小，故当液体在滤料孔隙中流动时，必定存在某些作用力作用于颗粒，使颗粒穿越流线与滤料表面接触，这种效应被称为迁移机理。

作用于颗粒并推动颗粒穿越流线的作用主要如下。

① 拦截：进入滤池的水中，大于滤料孔径的颗粒物在流经滤层时被滤料表面截留下来，构成拦截作用。

② 重力作用（斯托克斯沉降）：当颗粒足够大（大于 $5\mu m$），且密度远高于水时，重力起主要作用。

③ 流体运动作用力：由于砂粒在孔隙中速度分布不均，导致孔隙截面水流存在速度梯

度，以及颗粒本身的形状使颗粒受到不平衡力的作用，不断地转动而偏离流线，从而穿越流线。

④ 惯性：质量较大的颗粒随水流流动时其惯性也较大，当水流在颗粒间隙流动转向时，悬浮物因惯性离开流线而接触滤料表面。

⑤ 扩散作用力（布朗运动）：当颗粒非常小时（小于 1μm），受分子热运动影响明显，布朗运动引起颗粒穿越流线。

水中颗粒通过上述迁移机理，运动到滤料表面，通过一定的附着机理与滤料发生作用。

（5）附着机理（黏附机理）

当水中颗粒迁移到滤料表面时会明显受到范德瓦耳斯力和静电力相互作用的影响，此外可能存在某些化学键和某些其他化学力的作用，颗粒物被黏附于滤料颗粒表面上，或者黏附在滤料表面上原先已黏附的颗粒上。

黏附作用机理被认为包括接触絮凝、吸附等。在待滤水中，胶体颗粒物虽经混凝脱稳处理或双电层已经被一定程度压缩，但如未形成较大絮体或者尚未经沉淀池去除的絮体等，极易与滤料表面发生凝聚作用，或以滤料为界面加速絮凝过程，即发生接触絮凝作用。黏附过程与澄清池中循环回流的泥渣所起的作用基本类似，不同的是滤料作为接触絮凝界面的主体，为固定介质，其由人为设置、排列紧密，接触絮凝效果稳定。此外，絮凝颗粒的架桥作用也可能发挥一定作用。

因此，黏附作用主要取决于滤料和水中颗粒的表面物理化学性质。未经脱稳的悬浮物颗粒，过滤效果相对较差。由此，过滤效果更大程度取决于颗粒表面的性质而非颗粒尺寸。相反，如果悬浮颗粒尺寸过大而形成机械筛滤作用，反而会导致滤料表面孔隙堵塞。

（6）脱附行为

在过滤过程中，水流剪切力能将部分已经被黏附的颗粒物脱附，使颗粒物重新回到水流中，可能影响处理效果。黏附作用是一种物理化学作用，其效果取决于黏附力和水流剪切力的相对大小。尽管脱附作用似乎对过滤去除杂质有负面作用，会降低过滤效果，甚至导致杂质穿透滤池；但事实上脱附和附着一样，对整体滤池效率的发挥具有重要的作用。深层过滤是利用粒状介质间的孔隙进行过滤的过程，滤层截留颗粒通常小于滤料孔隙。过滤作用产生于介质层内部，每个孔隙都有截留颗粒的可能性。在重力、扩散和惯性等作用下，颗粒物与孔隙表面接触，并借助颗粒物与滤料表面间的分子力和静电作用使它们附着在滤料孔隙中。脱附行为是其中重要的环节。在滤层中，水流速度不是平均分布的，也不是一成不变的。在过滤过程中，即使在同一深度的滤层孔隙中，流速也是不断变化的。孔隙被杂质占据，截留了杂质，流速就有可能加快，导致剪切力增加，进而引起某些截留杂质脱附。脱附的重要作用主要体现在：促使被截留颗粒向滤料深处迁移；适度的脱附导致污染物颗粒在滤层各部分及滤池深度上合理分布；可防止滤饼的形成，防止局部阻塞，增大滤池纳污能力，提高滤料有效利用率，延长过滤周期。

五、影响过滤的因素

影响过滤效果的因素很多，较重要的有以下几方面。

1. 滤料的粒径与级配

滤料粒径是指滤料的尺寸大小，可以认为是一个刚好能把滤料包围在内的假想球面的直径。滤料粒径大，滤料间孔隙也大，筛滤、沉淀悬浮物作用就小，微小悬浮物易于穿过；反之，滤料粒径小，悬浮物多被筛滤阻留于表层，使水流阻力增大，滤层易于堵塞。因此，滤料的粒径应适中（0.5～2.0mm），以取得较好的过滤效果。

滤料级配是指滤料中各种粒径颗粒所占的重量比例。滤池具备适当级配的滤料层，才能取得良好过滤效果。通常用有效粒径和不均匀系数（K_{80}）作为滤料级配的指标。滤料粒径越均匀，不均匀系数越接近于1，过滤效果越好，但其代价是均匀滤料的生产成本高。因此普通滤池滤料的不均匀系数 K_{80} 控制在1.65～1.80之间。

2. 滤层厚度

滤料除有合适的粒径和级配外，还必须有一定的厚度，即滤池滤层必须有一定的深度，才能保证过滤效果。滤层厚度应不小于颗粒穿透深度与保护厚度之和。在过滤时，悬浮物或絮状物开始在滤层表层积聚，随后逐渐向深处移动。悬浮物穿透的深度与滤料的粒径、滤速及混凝效果有关。滤料粒径大，穿透深度大，需要的滤层厚；滤料粒径小，穿透深度小，需要的滤层薄。对于混凝效果较差的待滤水，滤料粒度大、滤速快，其穿透深度较大。例如，快砂滤池滤速为10m/h时，一般颗粒物穿透深度约为40cm，加上保护层厚度为20～30cm，则滤层总厚度至少应为60～70cm。又如双层滤池，在砂层上加一层煤粒，由于煤粒孔隙较大，絮状物可穿透得更深些，此时煤和砂的总厚度要求为80～100cm。

3. 滤速

滤速对过滤的效果影响很大。除了造成滤池穿透深度增大外，滤速过快，悬浮物难以黏附、沉淀，致使过滤效果变差，同时水头损失也会增大。有效的滤速是由滤料大小、形状、厚度，水质条件及混凝效果等而定的。慢滤池的滤料粒径小，原水如未经混凝处理，则滤速较慢，只有0.1～3m/h，否则容易堵塞。快滤池的滤料粒径大，原水经过混凝处理，滤速可提高到8～12m/h。

4. 待滤水质

待滤水质对过滤效果的影响也很大，如水的浑浊度、水中颗粒物的物理化学性质、色度、有机物含量、藻类等。其中影响最大的是原水的浊度。原水浊度大时，过滤时间缩短，出水量减少。据试验，对于单层滤料，若原水未经混凝沉淀处理，滤后水的浊度将随原水浊度的升高而升高。水中藻类对过滤也有较大影响，少量藻类即可使滤层的水头损失增加，量多时会很快将滤料孔隙堵塞。因此，对滤池进水的浊度有一定要求，如快滤池进水一般应小于10NTU。

5. 滤池的配水系统

配水系统的作用是使反冲洗水在整个滤池平面上均匀分布，同时过滤时可均匀收集滤后水。配水系统的配水均匀性对反冲洗效果的影响更大。配水不均匀会造成部分滤层膨胀不足，而另一部分滤层膨胀过度。在膨胀不足区域，滤料冲洗不干净；在膨胀过度区域，会导致"跑砂"现象，当承托层卵石发生移动，还会造成"漏砂"现象，进而影响过滤效果和滤池运行的稳定。

此外，影响过滤的因素还有滤料的形状和孔隙度、过滤方式、投加混凝剂和助滤剂的剂量及投加使用方式等。

六、过滤工艺控制

过滤效果是饮用水处理流程中决定出水水质的关键一环。过滤效果的好坏不仅取决于过滤过程本身的控制，还取决于过滤前处理和过滤操作的匹配程度。

衡量滤池过滤效果的主要指标与过滤目标密切相关。目前过滤的主要水质控制指标是浊度，此外，细菌总数、有机物（TOC）等也常作为评估滤池效率的检测指标。滤池运行指标则常用过滤速度（产水量）、水头损失、反冲洗强度、过滤周期和工作周期等来衡量。

1. 混凝—沉淀—过滤经典饮用水处理系统

经典的饮用水处理工艺系统，即混凝—沉淀/气浮—过滤，至今仍在世界各地发挥作用。现以此为例说明混凝/沉淀对滤池的影响。

混凝/沉淀可以看作是滤池过滤的前处理过程，对滤池有重要的影响。混凝效果的好坏直接影响到絮体生长的程度和密实程度，在很大程度上决定了后续沉淀效果。混凝/沉淀对水中杂质去除效果好，去除率高，能有效降低滤池的污染负荷，延长滤池的过滤周期，提高过滤效果和整体水质水平。反之，如果混凝/沉淀处理效果差，则会增加滤池负荷，缩短过滤周期。沉淀池的设计运行状况又决定了沉后水中残余絮体的种类和粒径、残余胶体及其他悬浮物的种类、粒径以及表面性质，这些都构成滤池去除颗粒物的重要影响因素，决定了滤后水水质。

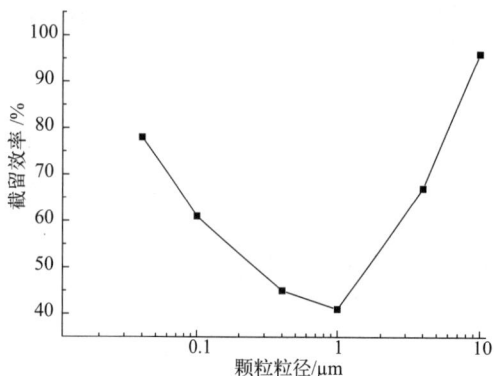

图 5-11　颗粒粒径与截留效率的关系

滤池中水体颗粒物粒径与截留效率的关系见图 5-11。

研究表明，当颗粒粒径小于 1μm 时，截留效率随着粒径的增大而降低，小粒径颗粒截留效率较高，可达 80% 左右。这主要是由于颗粒的扩散效应。当粒径大于 1μm 时，截留效率随着粒径的增大而升高，大粒径颗粒的截留效率高。这主要是因为滤池对颗粒存在物理筛分截留和重力截留作用。当粒径为 1μm 时，截留效率最低，因为接近 1μm 粒径的颗粒扩散效应较弱，相对具备明显布朗运动特征的胶体粒子而言，粒径太大；而对重力和截留效应来讲，该粒径又较小。

滤池对水体中的有机物有一定程度的去除能力，但处理效果差异非常大。造成这种差异的原因主要有水中有机物的形态、颗粒物性质和浓度，滤料粒径和表面特征、生物膜的情况、滤速、温度、pH 值等。水中的有机物可能呈现不同的形态，有胶体、悬浮物、乳浊液、溶解性有机物等。滤池过滤一般对胶体、悬浮物、乳浊液等有较高的去除率，但对溶解性有机物的去除效果则非常有限。即使刚经过反冲洗的滤池滤料对有机物有一定的吸附效果，但很快这种吸附作用就会达到饱和而丧失。

沉后水中常含多种微生物，当水温较高时，这些微生物容易在滤池滤层中积累，极易在滤池中利用滤层中截留的其他杂质生长、繁殖。在一定条件下，滤层中存在适当的微生物对提高滤池去除有机物的能力是有利的，这些微生物可以通过自身的代谢过程消耗一定种类和一定量的有机物；但滤层中微生物大量繁殖，尤其在快滤池中，微生物繁殖是不利的，往往会使滤层堵塞，或者使得微生物穿透滤层进入下游水体。遇到这种情况，可通过在滤前加氯解决。

2. 直接过滤

直接过滤指原水不经沉淀池而直接进入滤池的过滤方式。直接过滤利用了滤料表面的接触凝聚或微絮凝作用，用于原水水质较好、浊度较低的情况。

采用直接过滤时应注意以下几点：

① 原水浊度较低且水质变化较小；

② 通常采用双层、三层或均质滤料；

③ 原水进入滤池前，不应形成大的絮凝体，以免很快堵塞滤料层表面孔隙；

④ 滤速应根据原水水质确定。

3. 过滤工艺控制

（1）滤池的结构和分类

最常见的滤池外观是一座混凝土构建的水池，结构由滤池池体、进水管、出水管、冲洗水管、冲洗水排出管等管道及其附件组成；滤池内部由进水渠、滤料层、垫料层（承托层）、冲洗水排出槽、排水系统等组成。

滤池有多种分类方式：① 按滤速大小可分为慢滤池、快滤池、高速滤池；② 按水流过滤层的方向可分为上向流滤池、下向流滤池、双向流滤池；③ 按滤料种类可分为砂滤池、砂碳滤池、煤滤池、煤-砂滤池；④ 按滤料层数可分为单层滤料滤池、双层滤料滤池、多层滤料滤池；⑤ 按水流性质可分为压力滤池和重力滤池；⑥ 按进出水及反冲洗水的供给和排出方式可分为普通快滤池、虹吸滤池和无阀滤池。

（2）滤池工作过程及原理

现以最常见的普通快速滤池为例，说明其工作过程。

过滤工艺包括过滤和反洗两个阶段。过滤即截留水中的污染物；反洗即把截留的污染物从滤料层中冲走，使之恢复过滤能力。滤池实现过滤功能需要过滤和反冲洗两个过程交替进行。

滤池进水时，待滤水（一般为沉后水）自进水管经进水渠、排水槽分配入滤池，在重力作用下自上而下穿过滤料层、垫料层，由排水系统收集，并经清水管排出。工作期间滤池处于全浸没状态，水中的颗粒等杂质附着在滤层滤料间隙，从而被截留。

当水头损失过大、过滤达到一定的时间或者滤后水水质变差就停止过滤，进入反冲洗环节。反冲洗时，关闭进水管及出水管，开启排水阀及反冲洗进水管，反冲洗水自下而上通过排水系统、垫料层、滤料层，使滤层膨胀并维持一定时间，反冲洗水由排水槽收集，经进水渠内的排水管排出。反冲洗水的流量由预定的滤层膨胀率确定。

从过滤开始到结束延续的时间称为滤池的过滤周期。从过滤开始到反冲洗结束称为一个过滤循环（又称滤池工作周期）。

1）滤速

单位时间、单位过滤面积上的过滤水量称为滤速，即

$$v = \frac{Q}{A}$$

式中　v——滤速，m/h；

Q——滤池的过滤水量，m^3/h；

A——滤池的过滤面积，m^2。

单位滤池面积上的过滤水量，即表面负荷，但因其具有速度的量纲"m/h"，所以把过滤系统的表面负荷称为过滤速度。可见，滤速的实质是滤池的表面负荷。

滤池滤速是关键运行指标之一。滤速越大，产水量越高，但代价是滤池中穿透深度增大。为保证出水水质，滤层厚度要求更大；反之，滤速越小，过滤效果越好，穿透深度越小，所需的滤层厚度越小，但产水量低。对于普通快滤池而言，其滤速一般为 8～10m/h，周期为 12～24h。在保证滤后水质的前提下，设法提高滤速和过滤周期，增大产水量，一直

是过滤技术研究的一个重要目标。为提高滤池的截污能力和产水量，人们研发并设计了双层滤料、多层滤料等不同的滤层结构。双层滤料滤池的滤速一般为 $10\sim14m/h$，多层滤料滤池的滤速为 $18\sim24m/h$。

滤后水水质指标一般包括浊度、颗粒物含量、有机物含量、细菌总数等。其中浊度属于综合指标，反映了颗粒物、细菌等微生物、胶体等的含量。正常情况下，滤后水的浊度一般在 1NTU 以下。滤后水中微生物等颗粒物含量大幅下降，过滤效果越好，越有利于后续的消毒。

根据小孔道管束模型，假设流体在颗粒床层中的流动可以看成是在小孔道管束中的流动，流体在孔道内的流动可以看成是层流。则流动速度可以用 Hagen-Poiseuille 定律来描述：

$$u_1 = \frac{d_e^2 \Delta p}{32\mu l'}$$

式中　u_1——流体在床层空隙中的实际流速，m/s；

　　　Δp——流体通过颗粒床层的压力差，Pa；

　　　μ——流体黏度，Pa·s；

　　　l'——孔通道的平均长度，m；

　　　d_e——颗粒床层的当量直径，m。

$$d_e = 4 \times \frac{通道截面积}{润湿周边} = 4 \times \frac{通道截面积 \times L_e/V}{润湿周边 \times L_e/V}$$

$$= 4 \times \frac{空隙体积/V}{颗粒表面积/V} = 4 \times \frac{\varepsilon}{a_B} = \frac{4\varepsilon}{a(1-\varepsilon)}$$

式中　a_B——滤料颗粒的比表面积；

　　　L_e——床层厚度；

　　　ε——床层孔隙率；

　　　a——滤料颗粒的比表面积。

颗粒床层的空床流速 u 为：

$$u = \frac{dV}{A\,dt}$$

式中　dV——dt 时间内通过床层的滤液量，m^3；

　　　A——垂直于流向的颗粒床层截面积，m^2。

床层空隙中的实际流速 u_1 与空床流速 u 之间有如下关系：

$$u_1 = \frac{u}{\varepsilon}$$

孔通道的长度 l' 与颗粒床层厚度 L 成正比，则

$$u = \frac{\varepsilon^3}{K_1(1-\varepsilon)^2 a^2} \cdot \frac{\Delta p}{\mu L}$$

此即为 Kozeny-Carman 方程，其中 K_1 为 Kozeny 系数，与床层颗粒粒径、形状、床层孔隙率等有关，当床层孔隙率 $\varepsilon = 0.3\sim0.5$ 时，$K_1 = 5$。

2）颗粒床层的阻力

水头是水垂直、均匀地作用在物体单位面积上的力（压强），是表示能量的一种方法。水头损失是指过滤过程中由于黏滞性、惯性及边壁对流动阻滞等形成的滤层阻力、边壁阻力等造成的能量损失。滤池中产生的水头损失导致滤速下降，甚至出现负水头现象，严重干扰

滤池的运行和出水水质。当水头损失过大时，即使滤后水水质良好，也必须反冲洗。

由
$$u=\frac{\varepsilon^3}{K_1(1-\varepsilon)^2 a^2}\cdot\frac{\Delta p}{\mu L}$$

颗粒床层比阻为
$$r=\frac{K_1(1-\varepsilon)^2 a^2}{\varepsilon^3}$$

其流动速度为
$$u=\frac{\Delta p}{\mu r L}=\frac{\Delta p}{\mu R}$$

可见流体在滤料颗粒床层中流动速度的影响因素为：一是促使流体流动的推动力 Δp；二是阻碍流体流动的因素 $\mu r L$，包括流体黏度 μ、床层阻力［即床层性质（比阻 r）］及厚度 L。

过滤初期，滤料层孔隙尚无堵塞，孔隙大小与孔隙率没有变化。流速 u 计算如下：
$$u=\frac{\varepsilon^3}{K_1(1-\varepsilon)^2 a^2}\cdot\frac{\Delta p}{\mu L}$$

清洁滤料层的阻力损失 h_0 为：
$$h_0=\frac{\nu}{g}\frac{K_1(1-\varepsilon)^2 a^2}{\varepsilon^3}Lu=36\frac{\nu}{g}\frac{K_1(1-\varepsilon)^2}{\varepsilon^3}\left(\frac{1}{\varphi d_{eV}}\right)^2 Lu$$

其中将非球形颗粒按照体积相等的条件折算为球体，其当量直径 d_{eV} 计算为：
$$d_{eV}=\sqrt[3]{\frac{6V}{\pi}}$$

式中　L——滤料层厚度，m；
　　　 ν——运动黏度，m/s^2。
当 $K_1=5.0$ 时，
$$h_0=180\frac{\nu}{g}\frac{(1-\varepsilon)^2}{\varepsilon^3}\left(\frac{1}{\varphi d_{eV}}\right)^2 Lu$$

式中，φ 为形状系数。

对于非均匀滤料的实际滤层，计算阻力损失时，可以按筛分曲线分成若干微小滤料层，取相邻两层的筛孔孔径的平均值作为各层的计算粒径。假设粒径为 d_{pi} 的滤料质量占全部滤料质量之比为 p_i，则清洁滤料层的总阻力损失为：
$$H_0=\sum h_0=36\frac{\nu}{g}\frac{K_1(1-\varepsilon)^2}{\varepsilon^3}\left(\frac{1}{\varphi}\right)^2 Lu\sum_{i=1}^n(p_i/d_{pi}^2)$$

第四节　消　毒

乌干达是非洲东部的一个内陆小国，地跨赤道。总面积 24.15 万平方公里，其中陆地面积 19.98 万平方公里，水面和沼泽地面积为 4.17 万平方公里。乌干达全境大部位于东非高原，多湖，平均海拔 $1000\sim1200m$，有"高原水乡"之称。然而高原水乡饮用水安全问题却颇为严峻。据报道，乌干达城市居民仅有 65% 的人能用上安全饮用水；在乡村，这一比例只有 40%。每年都会有上百万人由于饮用不洁净的水或在受到污染的水中游泳等而生病甚至死亡，其中常见病有疟疾、痢疾、麦地那龙线虫病。不仅仅是落后的国家和地区，水媒介疾病在世界各地都时有发生，有些情况会造成非常严重的后果。世界卫生组织公布的调查报告指出，在发展中国家，80%～90%的疾病和三分之一以上死亡者的死因都与受细菌感染或受化学污染的水有关。发展中国家饮用水处理设施、技术和经济支持较为薄弱导致水媒介疾病的传播。

一、水中的微生物

自然界江、河、湖、海等各种水中都生存着相应的微生物。常见的水中微生物包括：①原核细胞型，如放线菌、蓝细菌、立克次氏体、衣原体、支原体等；②真核细胞型，如真菌、原生动物、后生动物、显微藻类等；③亚细胞类，如病毒（动物病毒、植物病毒）、噬菌体、真菌病毒等。水中微生物的种类和数量随当地气候、地理条件，水的来源及水中所含营养物和水体的相互作用等的不同而变化，与其所在水域的有机物、无机物的种类和含量，光照、酸碱度、渗透压、温度、含氧量和有毒物质含量等密切相关。地表水中微生物较多，其中被有机物污染的水中，微生物含量都显著升高；未被污染的河流、湖泊和水库中微生物数量一般较少（$10\sim10^3$ 个/mL），且微生物种类以化能自养型和光能自养型为主，可能有少量腐生细菌，如色杆菌、无色杆菌和微球菌等，还可能有霉菌如水霉菌等，以及少量的一些单细胞和丝状的藻类和原生动物。地下水中微生物含量较低。

根据微生物对水生环境中的营养要求，将其分为三类：贫营养细菌（含碳 $1\sim15mg/L$）、兼性贫营养细菌、富营养细菌（含碳 $10g/L$）。贫营养细菌被定义为第一次培养时能在含碳 $1\sim15mg/L$ 培养基中生长的细菌，一般为自养菌。把既可以在贫营养培养基上生长又可以在富营养培养基上生长的细菌称为兼性贫营养细菌。富营养细菌是指能在营养条件充分（即氮、磷等营养物质的富集以及有机物质含量充足）的培养基中生长的细菌。一些学者用贫营养指数（OI，oligotrophic index）或营养状态指数（TSI，trophic state index）来衡量水中微生物状况，进而推测水质状况。贫营养指数是指某水样中贫营养细菌占总菌数的百分比。流经城市的河水、受污染的水体中可能流入大量的人畜排泄物、生活污物和工业废水等，导致有机物含量高，使得微生物尤其是细菌如变形杆菌属（*Proteus*）、大肠埃希菌、产气肠杆菌（*Enterobacter aerogenes*）和产碱杆菌属（*Alcaligenes*）等，芽孢杆菌属（*Bacillus*）、弧菌属（*Vibrio*）和螺旋菌等，以及一些纤毛虫类、鞭毛虫类和根足虫类等原生动物大量繁殖，微生物含量可达到 10^8 个/mL。此外，水中往往还存在一些随人畜排泄物和其他病原体污染物进入水体的动植物致病菌，造成病原菌的传播甚至疾病的流行。饮用水水源多来自地表水和浅层地下水，在取水过程中可能已经受到微生物污染，因此，水源中一般都含有一定数量的微生物。

二、微生物的双重角色

微生物是生态系统中主要的分解者，在水中也不例外。水中微生物能分解和转化水中生物体、生物残体、排泄物等有机物，逐步将其分解为简单的无机物，因而是水体污染物降解的主要执行者。人们构建的生物滤池、活性污泥法、厌氧消化等处理工艺就是利用微生物来处理废水中溶解态和胶体态的有机物，生物脱氮除磷也是利用微生物的分解或合成作用进行的。这是微生物在水质净化方面的正面作用。但在水处理中发挥重要作用的微生物，出现在饮用水中会给人们用水安全带来隐患。

水中微生物会造成危害，主要归因于其致病特性、代谢活动、环境适应能力以及生态影响。部分病原微生物，如霍乱弧菌、甲肝病毒、贾第鞭毛虫等，通过污染水源，经口或接触感染人体，引发肠道疾病、肺炎、肝炎等病症，甚至危及生命。历史上伤寒杆菌、霍乱弧菌、痢疾杆菌及肝炎病毒等曾引发大规模水传播传染病的流行。一些微生物在代谢过程中会产生毒素，如蓝藻释放的微囊藻毒素、肉毒杆菌分泌的肉毒素，不仅污染水质，还可通过食物链传递威胁人类健康。细菌内毒素是革兰氏阴性细菌和某些蓝藻的细胞壁组分物质，通常由菌体解体后释放。水体被污染时，微生物增多、蓝藻暴发等常导致水中内毒素活性大量增加。有报道指出，污水处理过程可能导致水中内毒素含量增加。内毒素具有极强的耐热性（100℃高温下加热 1h 仍无法灭活），常规消毒和处理措施不易将其去除。在 160℃加热 2～4h，或用强碱、强酸或强氧化剂煮沸 30min 以上，才能破坏它的生物活性。内毒素单体、聚集体、复合体以及产生内毒素的微生物属于胶体、悬浮体，在混凝、沉淀、过滤等环节都可被有效控制或者一定程度上被去除，活性炭吸附工艺和氯消毒可引起内毒素的释放或增加。滤后水中仍可能存在一定数量的内毒素、微生物及其残体等。

此外，微生物分解有机物产生硫化氢、氨氮等物质，导致水体发臭、缺氧，造成水生生物死亡。同时，微生物易在水管、设备表面形成生物膜，不仅能抵御消毒剂作用，还会通过基因转移传播耐药性，增加感染风险和治疗难度；并且，生物膜中的微生物还会分泌黏性物质，腐蚀管道，降低设备性能。在生态层面，水体富营养化促使藻类等微生物过度繁殖，引发水华、赤潮，破坏水生生态系统，藻类产生的藻毒素还会在贝类等生物体内富集，通过食物链危害人体。在饮用水、医疗用水、工业用水等关键领域，水中微生物若未得到有效控制，会引发严重公共卫生事件或生产事故，因此对水中微生物的监测与防控至关重要。

三、微生物在饮用水处理工艺中的命运

常规饮用水处理流程主要包括格栅、混凝沉淀、过滤、消毒、输配等环节，在每个环节中微生物含量几乎都是最重要的控制指标之一。水中微生物粒径大约在几十纳米到几微米的范围，该尺度范围的粒子能引起光的折射或散射，造成水的浑浊，因此微生物含量与水的浊度呈现显著相关性。鉴于微生物指标的标准测定方法存在操作复杂性且耗时较长的问题，因此难以实现实时检测，在水处理流程控制中，常以浊度作为综合性替代指标，从侧面反映对微生物的控制效果。

格栅是由平行的金属栅条制成的中间有一定缝隙的设施，是水厂水处理流程的"大门"，主要作用是去除大尺度杂质，如夹杂在水中的树枝、动物或动物残体等，凡是大于格栅间隙的杂质都被格栅拦截，以保护后续流程中的设备不被损坏或堵塞。这种作用特点决定了格栅对微生物几乎没有作用。格栅只是对大尺度的杂质起作用，对个体微小的微生物则无能为力。图 5-12 为格栅车间。

混凝沉淀过程包括混凝剂投加、混合搅拌、絮凝反应等环节。微生物在混凝工艺中大致经历了以下过程：如果水中的微生物对混凝剂及其水解产物不适应或不能耐受，则可能被杀死或者受到抑制；经历快速搅拌混合，微生物参与水体颗粒与混凝剂作用过程，成为絮体的组成部分，因而可以在混凝过程中被大量去除；被絮体裹挟或者参与组成絮体的微生物都可能被沉淀到底泥中。如果混凝沉淀池的停留时间为几十分钟、几个小时甚至更长，且沉淀池水力条件缓和，微生物极可能重新增殖。这样看来，混凝沉淀过程对微生物的作用是非常复杂的。其控制效果实际上取决于混凝、沉淀过程中技术参数的控制情况。混凝沉淀设施见图 5-13。

图 5-12　格栅车间

图 5-13　混凝沉淀设施

　　混凝剂是混凝过程的关键物质，它像黏结剂一样使微小的不易沉淀的杂质（这些杂质当然也包括微生物）黏结起来，形成大的絮体，促进后期沉淀。如果混凝剂可以足量投加，水中有足够的混凝剂与水中的微生物及胶体颗粒等物质发生反应，形成絮体沉淀出来，则微生物可以得到有效的控制。混凝沉淀能使水的浊度大大降低，尽管还没有对浊度和病毒存量关系的系统报道，但还是可以从浊度上反映混凝过程对微生物包括病毒的处理效果。据报道，沉后水浊度如果控制在1NTU以下，水中的细菌去除率可以达到99％以上。病原原生动物的致病能力很强。据称1L饮用水中只要含有1个隐孢子虫卵囊，就可使人致病。由于常规的氯消毒对痢疾内变形虫包囊、贾第虫包囊和隐孢子虫卵囊等病原原生动物保护体不能有效杀灭，故一般的水处理工艺中，混凝沉淀和过滤对去除病原原生动物最为关键。但如果混凝参数控制不当，不能很好地凝聚微生物和其他胶体颗粒，导致沉后水浊度超过3NTU，则微生物控制情况堪忧。因此，浊度这一指标体现的不仅仅是水的透明度或者浑浊程度，其中蕴含着丰富且复杂的水质信息。对于浊度很低的出水，可认为已在很大程度上去除了原水中的颗粒污染物，病原微生物也同样被大部分去除。

　　沉后水中大量的絮体杂质被去除，但还是有一些微小絮体或微小颗粒以及微生物未能及时有效沉淀，混杂在水中进入滤池。滤池通过石英砂、活性炭等滤料截留水中悬浮颗粒、胶体及微生物，显著降低水体浑浊度，使水质澄清透明，为后续进一步消毒提供保障。从微生物外形尺寸上看，较大的原生动物容易被滤池截留；细菌等尺度为 μm 级的微生物也能被截留一大部分；而体型较小的病毒等亚细胞微生物能否被滤池拦截就存在很多变数。混凝沉淀、过滤和氯消毒是构成去除微生物的三级屏障，如果前期混凝沉淀过程中，混凝剂投量适宜，对水中的颗粒包括微生物有效脱稳，则不仅沉淀去除率高，而且促进滤池对各种微生物（包括病毒等亚细胞结构的微生物）的去除效果。

经过滤池截留后，水中大部分微生物已被去除，但仍有部分"漏网之鱼"，如未被截留去除的病毒、部分细菌及藻类等，这些微生物及其代谢产物可能成为水质安全的潜在风险。此时，消毒作为三级屏障的最后一环，成为保障饮用水微生物安全的关键点。比如常见的消毒方法中，氯消毒通过次氯酸的强氧化性，可穿透微生物细胞膜，破坏其核酸与酶系统，对细菌、病毒、原生动物等各类病原微生物均有广谱杀灭作用。尤其对于滤池难以截留的病毒（粒径仅 20～300nm），氯消毒能有效弥补物理过滤的局限性。值得注意的是，前期混凝沉淀与过滤的效果直接影响消毒效率：若絮体对病毒等微生物的吸附凝聚充分，经滤池截留后的微生物残留较少，则氯消毒剂可更精准地作用于游离态病原微生物，减少无效消耗；反之，若水中悬浮杂质过多，消毒剂需先与有机物等竞争反应，可能导致微生物灭活不彻底，或消毒剂投放量的增加。因此，三级屏障环环相扣，混凝沉淀奠定微生物脱稳基础，过滤构建物理拦截防线，而氯消毒则以化学手段完成最终消杀，三者协同作用，共同织就饮用水微生物安全的防护网络。

四、消毒概述

以水为媒介导致的传染病即水媒传染病，根源是人体接触到水中含有的致病性微生物（病原体）。水媒传染病有很多种，根据病原体类型主要可分为三类：①细菌，如伤寒杆菌、副伤寒杆菌、霍乱弧菌、痢疾杆菌等；②病毒，如甲型肝炎病毒、脊髓灰质炎病毒、柯萨奇病毒和腺病毒等；③寄生虫，如贾第氏虫、隐孢子虫、阿米巴原虫、血吸虫等。它们主要来自人畜粪便、生活污水，以及医院、畜牧屠宰、皮革和食品工业等产生的废水。

水媒传染病的流行特点表现为：①水源严重污染后，疾病可呈暴发式流行，短期内突然出现大量患者，且多数患者的发病日期集中在同一潜伏期内，若水源经常受污染，则患者持续不断出现；②病例分布与供水范围相关，大多数患者都有饮用或接触同一水源的历史；③一旦对污染源采取处理措施，并加强饮用水的净化和消毒后，疾病的流行能迅速得到控制。

消毒是水处理中控制水媒传染病的重要方法。

1. 消毒定义

消毒是水处理中杀灭对人体有害的病原微生物的给水处理过程。

消毒和灭菌不同，消毒能杀死病原微生物，但不一定能杀死细菌芽孢。消毒可以采用物理消毒和化学消毒，或者是它们的组合工艺，较常用的是化学方法。用于消毒的化学药物称为消毒剂。而灭菌是把物体上所有的微生物（包括细菌芽孢在内）全部杀死，常用物理方法灭菌，比如用高压灭菌锅灭菌等。在消毒过程中难以区分微生物有害或是无害，即使是有害病原微生物，其种类也非常多，而且随水源、时间、位置等发生显著变化。准确判断水中微生物的具体种类，制定针对某一种致病性微生物的治理措施，是非常困难的，也是没有必要的。只要了解微生物的某些共存特性，控制微生物的生存条件，就可以实现消毒的目的。所以，一般饮用水消毒并不使用对某种微生物有特异杀灭效果的消毒剂，而是使用对多种微生物都有效的消毒剂或消毒方法，也就是广谱的消毒剂。

2. 消毒目标

饮用水消毒目标是使处理后饮用水微生物指标达到饮用标准。污水处理消毒目标是使排放污水或再生水的微生物学指标满足防止水体污染或再利用的要求。《生活饮用水卫生标准》（GB 5749—2022）中规定的与消毒有关的指标主要有微生物、毒理学和消毒剂等方面。

首先是微生物指标，主要是衡量消毒效果，标准规定：细菌菌落总数<100个/mL；总大肠菌群应每 100mL 水样中不得检出；大肠埃希菌应每 100mL 水样中不得检出。

其次是毒理学指标，毒理学中与消毒相关的主要指标是消毒副产物。由于消毒机理的不同，某些消毒剂的使用可能与水中其他成分发生复杂反应。消毒副产物是指在水处理的消毒过程中，由水体成分和消毒剂作用或在消毒过程中产生的对人体或生物健康有危害或者长期潜在危害性的物质。消毒副产物可分为有机物和无机物两大类，典型的有机消毒副产物有卤代烃（如三氯甲烷）、卤乙酸（如一氯乙酸、三氯乙酸等）、氯乙醛、氯苯酚等；典型的无机消毒副产物有溴酸盐、氯酸盐和亚氯酸盐等。

再次是消毒剂指标，包括游离氯、总氯、臭氧、二氧化氯指标。

3. 消毒简史

1854 年 John Snow 发现霍乱与饮用水相关，1881 年 Koch 发现氯可杀菌，1902 年比利时 Middelkerke 市首用氯消毒公共水源。这三个典型事件从揭示污染危害到提供技术手段、验证应用效果，共同推动消毒成为水处理必备环节，奠定现代饮水安全基础。

19 世纪中叶，伦敦因工业革命人口激增，卫生条件恶劣，霍乱频发。1854 年 8 月，苏活区霍乱 10 天致 500 多人死亡，当时主流观点认为是"瘴气"传播。医生 John Snow 通过病例地图分析，发现死者多饮用宽街水泵的水，且该水泵被附近渗漏的污水井污染。他建议拆除水泵把手，疫情迅速得到缓解。这一发现推翻了旧理论，开创流行病学先河，推动了供水与卫生设施改革。

19 世纪后期，微生物学兴起，但缺乏有效杀灭水中致病细菌的方法。德国微生物学家 Robert Koch 致力于消毒剂研究，通过对多种化学物质实验，发现氯能强力杀菌。他将含菌水样置于不同浓度氯环境中，证实氯可抑制细菌生长繁殖。这一成果为饮用水消毒提供科学依据，奠定了氯消毒技术在水处理中的重要地位。

John Snow 证实水源与霍乱关联、Koch 发现氯杀菌后，氯消毒开始走向应用。1902 年，比利时 Middelkerke 市因供水污染威胁居民健康，率先尝试氯消毒工艺。市政部门精准控制氯气投放量处理水源水，实践表明，消毒后水中细菌骤减，肠道传染病发病率大幅下降。其成功促使氯消毒技术在全球推广，改善了世界饮用水安全状况。

这些事件串联起微生物致病理论、化学消毒技术与公共卫生实践的关键突破。Snow 的流行病学调查开创科学防疫范式，Koch 的发现赋予人类对抗病原的"化学武器"，Middelkerke 市的应用则将技术转化为全球公共卫生福祉。三者共同推动水处理从被动净化走向主动防控，构建了"污染识别—病原灭活—安全保障"的完整逻辑链，使消毒成为现代水处理不可缺少的核心工序，将人类饮用水安全保障能力提升至全新维度，至今仍是全球用水安全的基石性框架。

4. 消毒方法

消毒方法主要分为化学药剂法、物理法、机械法和辐射法。化学药剂法如氯系消毒剂（含游离氯、化合氯）、臭氧、二氧化氯等，通过氧化作用灭活微生物；物理法包括热消毒、紫外线照射（破坏核酸）；机械法如膜过滤拦截微生物；辐射法如 γ 射线、电子束等。实际应用中需依据水质、用途等选择，如饮用水常用氯或紫外线，污水多采用氯系或臭氧消毒，以达到杀灭病原微生物的目标。

五、常用消毒技术及机理

饮用水消毒，控制水中微生物的危害是水质安全保障的一项核心内容。从 1906 年美国新泽西州首次大规模使用氯对饮用水消毒至今，饮用水消毒已经走过了一个多世纪。在此期间消毒方法和消毒工艺不断改善、改良，形成了相对稳定的饮用水消毒工艺和方法。目前，常用的饮用水消毒方法有：自由氯消毒、氯胺消毒、二氧化氯消毒、臭氧消毒、高锰酸钾消毒、紫外线消毒、微波处理、煮沸、超滤膜处理等。消毒剂除了用于杀灭病原微生物外，有的还作为氧化剂去除原水的异味、色、氧化铁和锰等，提高水中悬浮物和胶体物质的混凝效率和过滤效果，并抑制沉淀池、滤池中藻类和细菌的生长繁殖，防止饮用水管网系统的生物再生长。

1. 氯消毒

氯消毒是应用时间最早且至今使用范围最广的消毒方式，自 1906 年问世以来，在全世界得到普及，有效防止了水介传染病的传播。氯消毒使用的消毒剂主要有液氯、漂白粉和次氯酸钠三种，是目前公共给水系统中最为经济有效的消毒方法，具有技术成熟、灭菌能力强、持续时间长、成本低廉等优点。

（1）氯消毒的基本原理

氯消毒使用的药剂是 $HOCl$、Cl_2、$NaOCl$、$Ca(OCl)_2$ 等，它们和水反应都可以产生 $HOCl$。$HOCl$ 是水中氯消毒的有效形态，尽管属于弱酸的电离，但还是有一部分 $HOCl$ 电离形成 OCl^-，而且 $HOCl$ 和 OCl^- 的比例与水中温度和 pH 有关。根据反应式可以看出，当 pH 高时，OCl^- 较多。

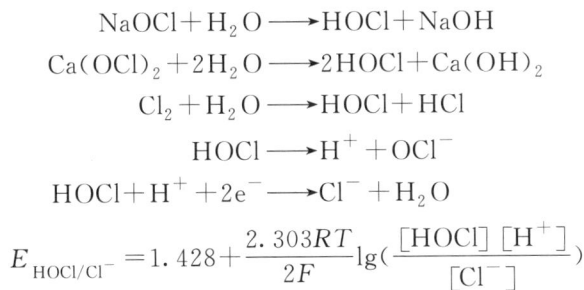

$$NaOCl + H_2O \longrightarrow HOCl + NaOH$$
$$Ca(OCl)_2 + 2H_2O \longrightarrow 2HOCl + Ca(OH)_2$$
$$Cl_2 + H_2O \longrightarrow HOCl + HCl$$
$$HOCl \longrightarrow H^+ + OCl^-$$
$$HOCl + H^+ + 2e^- \longrightarrow Cl^- + H_2O$$
$$E_{HOCl/Cl^-} = 1.428 + \frac{2.303RT}{2F} \lg(\frac{[HOCl][H^+]}{[Cl^-]})$$

pH>9，OCl^- 接近 100%；pH<6，$HOCl$ 接近 100%；pH=7.54，$[HOCl] = [OCl^-]$。

尽管 $HOCl$ 和 OCl^- 都有氧化能力，并且二者氧化能力差别不大，但通常认为 $HOCl$ 是消毒灭菌的主要形态。因为水中的细菌一般都带有负电荷，OCl^- 所带的负电荷被认为会阻碍其接触细菌，更无法进入细菌内部，因而消毒效果较差。$HOCl$ 是很小的中性分子，能扩散到细菌表面，容易与细胞紧密接触，可能穿透细胞壁到细菌内部，破坏细菌酶系统或者其他重要的生命结构。因此氯消毒主要是通过 $HOCl$ 的作用来实现的。实验研究也证明了这一点，pH 越低，消毒作用越强。当然这种结果也可以从另一方面加以解释。从 $HOCl$ 在水中的电离方面看，$HOCl$ 是弱电解质，其电离平衡常数为

2.95×10^{-8}，在 pH 值为 6～8 的水中无论开始的形态是 OCl^- 还是 HOCl，依然是以 HOCl 为主要形态。当 pH 值较低的时候，细菌等微生物所带的负电荷被降低，使 HOCl 和 OCl^- 都更容易与其接触并发生反应。

（2）消毒动力学

消毒动力学主要研究消毒剂在特定条件下对微生物的杀灭速率及影响因素，是评估消毒效果、优化消毒方案的重要理论基础。水处理消毒动力学是消毒动力学在水处理领域的具体应用，主要研究消毒剂（如氯、臭氧、紫外线等）在水体中对病原微生物（细菌、病毒、原生动物等）的杀灭速率、影响因素，并进行数学建模，以优化水处理工艺参数，确保水质安全。

1）接触时间对消毒效果的影响

在一定消毒剂的浓度下，消毒速度为：

$$-\mathrm{d}N/\mathrm{d}t = kN$$

$$N = N_0 \mathrm{e}^{-kt}$$

$$\ln \frac{N}{N_0} = -kt$$

式中，N 为 t 时刻活的微生物数；k 为消毒反应速率常数；t 为反应时间；N_0 为初始活微生物数。

2）浓度对消毒效果的影响

如果考虑消毒剂浓度，则在不同浓度的消毒剂条件下，消毒效果应为：

$$\ln \frac{N}{N_0} = -k'C^n t$$

式中，k' 为比反应速率常数；C 为消毒剂浓度。

$$\ln C = -\frac{1}{n}\ln t + \frac{1}{n}\ln \left[\frac{1}{k'}(-\ln \frac{N}{N_0})\right]$$

给定灭活率，在 log-log 坐标上，作 C 和 t 之间的关系，可求得 n。

$n=1$：浓度和时间都同等影响。

$n>1$：浓度影响大。

$n<1$：时间影响大。

在一般情况下，可以视 $n=1$。

消毒时，加氯量必须满足水中杂质消耗的氯量（需氯量），并在接触一定时间后（通常饮水消毒采用的接触时间为 30min），水中余留有一定的氯量（余氯量），才能保证消毒的可靠。为保证氯消毒的效果，必须有足够的加氯量和接触时间。实验证明，在一定的消毒效果条件下，消毒剂浓度 C 与接触时间 T 存在着一定关系。消毒剂浓度越高，所需要的接触时间越短；消毒剂浓度越低，所需要的接触时间越长。据此可得出浓时积（CT 值）公式：

$$C^n T = K$$

式中　C——消毒剂浓度；

　　　T——达到一定杀菌要求时间；

　　　n——浓度系数，当消毒剂浓度变化与时间变化影响相等时，$n=1$；

　　　K——浓时积常数。

为此，消毒剂浓度与接触时间的乘积 CT 值，被认为与消毒的效果有很大关系。大多数饮用水处理规定某种消毒剂所允许的最小 CT 值，以确保饮用水安全。CT 值作为消毒剂消毒能力的判断指标，一般认为 CT 值越小的消毒剂消毒能力越强。

表5-3为实现99％大肠埃希菌和异养细菌杀灭能力的各种消毒剂的浓时积。氯消毒时对应的是 HOCl 和 OCl$^-$，它们杀灭99％大肠埃希菌的浓时积分别为 0.04（mg/L）·min（pH 为 6.0、5℃）和 0.92（mg/L）·min（pH 为 10.0、5℃）；杀灭99％异养细菌的浓时积分别为（0.08±0.02）（mg/L）·min（pH 为 7.0、1～2℃）和（3.3±1.0）（mg/L）·min（pH 为 8.5、1～2℃）。

表 5-3　达到99％细菌灭活效果时消毒剂对比

消毒剂	大肠埃希菌			异养细菌		
	pH	温度/℃	CT 值/[(mg/L)·min]	pH	温度/℃	CT 值/[(mg/L)·min]
次氯酸	6.0	5	0.04	7.0	1～2	0.08±0.02
次氯酸根离子	10.0	5	0.92	8.5	1～2	3.3±1.0
二氧化氯	6.5	20	0.18	7.0	1～2	0.13±0.02
	6.5	15	0.38	8.5	1～2	0.19±0.06
	7.0	25	0.28			
一氯胺	9.0	15	64	7.0	1～2	94.0±7.0
				8.5	1～2	278±46.0

饮用水氯消毒对于原生动物（尤其是隐孢子虫属）和某些病毒作用较差，各种包囊对氯的耐受能力亦很大。据报道在常温（23℃）下，pH 为 7～8 时，在 30min 内杀灭阿米巴包囊的最低氯量为 1.2～4.2mg/L。但另有报道指出，pH 为 7 时，加氯量达 100mg/L，接触 10min 只能杀灭患者排出的阿米巴包囊97.6％。此外，对于絮凝物或颗粒物内的病原体，消毒的效果较差，因为絮凝物和颗粒物可保护病原体，减轻消毒剂的作用。高浑浊度可减弱消毒效果，因此消毒时应增加氯的用量。

表5-4为综合各种不同类型氯对杀灭水中（不耗氯）99％各种病原体所需氯量，由此可看出各种病原体对氯耐受能力的差异。

表 5-4　杀灭病原体99％以上氯浓度　　　　　单位：mg/L

试剂	肠道细菌	肠道病毒	阿米巴包囊	芽孢
HOCl	0.02	0.002～0.4	69	10
OCl$^-$	2	＞20	103	＞10^3
NH$_2$Cl	5	10^2	20	4×10^2
Cl$_2$（pH=7）	0.04	0.8	20	20
Cl$_2$（pH=8）	0.1	2	50	50

注：接触时间 10min，水温 5℃。

不同条件下加氯消毒杀灭水中99％柯萨奇病毒 A2 型病毒的浓时积实验结果见表5-5。余氯量和接触时间可以在一定范围内调整，其乘积达到表5-5中的值时，消毒都同样有效。当浓时积超过表5-5中的值时，消毒效果更好。例如对水温为 10℃，pH 值为 7 的水消毒，浓时积 $CT=8$（mg/L）·min，消毒时间为 30min，则所需游离余氯量为 $C=8/30 \approx 0.27$mg/L。如在同样条件下，消毒时间缩短为 20min，则游离余氯量为 $C=8/20=0.4$mg/L。

表 5-5　不同条件（pH 值、温度）下加氯消毒杀灭 99% 柯萨奇病毒 A2 型病毒时的浓时积

pH	浓时积/[(mg/L)·min]	
	0~5℃	10℃
7.0~7.5	12	8
7.5~8.0	20	15
8.0~8.5	30	20
8.5~9.0	35	22

注：浓度系数 $n=1$，消毒剂浓度按余氯量计算。

灭活病毒和蓝氏贾第虫包囊所需要的浓时积（CT 值）分别见表 5-6 和表 5-7。

表 5-6　灭活病毒所需要的 CT 值（温度为 10℃，pH 为 6.0~9.0）

消毒剂	CT 值/[(mg/L)·min]		
	2-log 灭活(99.0%)	3-log 灭活(99.9%)	4-log 灭活(99.99%)
氯气	3	4	6
氯胺	643	1067	1491
二氧化氯	4.2	12.8	25.1

注：1. 使用地表水水源的情况，在处理流程中添加氨之前确定 CT 值。
2. 若未另外说明，氯胺的 CT 值是针对一氯胺测定的，二氯胺的值会更高。
资料来源：《公共水系统过滤和消毒要求合规指导手册》，美国环境保护署，2011 年。

表 5-7　灭活蓝氏贾第虫包囊所需要的 CT 值（温度为 10℃，pH 为 6.0~9.0）

消毒剂	CT 值/[(mg/L)·min]					
	0.5-log 灭活(68.0%)	1.0-log 灭活(90.0%)	1.5-log 灭活(96.8%)	2.0-log 灭活(99.0%)	2.5-log 灭活(99.7%)	3-log 灭活(99.9%)
氯气①	17	35	52	69	87	104
氯胺②	310	615	930	1230	1540	1850
二氧化氯	4	7.7	12	15	19	23

① pH 值为 7.0，余氯<0.4mg/L。
② 针对一氯胺，除非另有说明。
资料来源：《公共水系统过滤和消毒要求合规指导手册》，美国环境保护署，2011 年。

　　一般情况下，病毒对消毒剂比细菌有更高的抗性。也就是说，同样浓时积、同样的水质条件下，消毒剂对细菌的杀灭作用通常都强于对病毒的杀灭作用。上述浓时积是以柯萨奇病毒进行试验并计算得出的，因此对水中一般的细菌有较大的安全系数，也就是这样的浓时积对一般细菌的消毒同样有效。另外，对其他病毒等致病性微生物进行消毒处理时上述数据也可以作为参考，但有些病毒的抗性更强，需要更高的浓时积。比如有研究表明，甲肝病毒在水中 pH 小于 7、水温 20℃ 以上、水的浑浊度不大于 0.1 度时，浓时积为 35(mg/L)·min 可达到灭活目的。还有些致病性微生物对氯有极强的抗性，比如杀灭阿米巴包囊（3-log，99.9%）的浓时积需 650(mg/L)·min；杀灭炭疽芽孢的浓时积需高达 4500(mg/L)·min。如此高的浓时积，不仅增加了消毒剂的消耗，而且还可能造成更多、更复杂的后果，比如消毒副产物大增、水中有强刺激性异味等。因此对于这些情况，不宜采用氯消毒，可以

采用其他消毒方法，比如对于阿米巴包囊可采用过滤方式，炭疽芽孢则通过煮沸消毒；此外，臭氧消毒对耐氯微生物有较好的效果。

3）其他因素

影响氯消毒效果的因素很多，各种来源水的水质有很大不同，其中有些因素如水的 pH 值、水温、病原体种类等不易人为改变，因此为保证消毒效果，除了消毒剂的选择外，最重要的是掌握好加氯量和接触时间。这两个因素虽可互相调节，但它们的取值不能过大或过小，如剂量过小，时间再长也达不到消毒目的，反之亦然。因此，一般游离余氯不宜低于 $0.3mg/L$，接触时间不应短于 $15min$。在水源没有特殊污染或者严重污染情况下，温暖季节采用浓时积 $6 \sim 12(mg/L) \cdot min$，寒冷季节采用浓时积 $12 \sim 18(mg/L) \cdot min$，可保证有效消毒和水质安全。

（3）消毒工艺的核心控制要素

1）加氯量

即使经过前期的混凝、沉淀、过滤等工艺，水中仍然存在着多种杂质，其中一些杂质如有机物等还原性物质在经历消毒过程时，会与投加的消毒剂反应。此时的消毒剂对此类杂质所起的作用实际是氧化作用，不是消毒作用。消毒、灭活水中微生物也需要消耗一定量的消毒剂。上述过程都存在对消毒剂的消耗，具体的消毒剂的消耗量就是需氯量。需氯量就是灭活水中微生物、氧化有机物和还原性物质所消耗的氯量。

为抑制管网中残余病原微生物的生长和再度繁殖，管网中需要维持一定量的剩余氯。《生活饮用水卫生标准》（GB 5749—2022）中规定，出厂水接触30min后余氯不低于 $0.3mg/L$，在管网末梢不应低于 $0.05mg/L$。《饮用净水水质标准》（CJ/T 94—2005）中规定管网末梢水余氯限值为 $0.01mg/L$。

因此消毒过程中的加氯量应该为：

$$加氯量＝需氯量＋余氯$$

加氯曲线见图 5-14。

水中无任何微生物、有机物等，需氯量＝0，加氯量＝余氯，即图 5-14 中的直线 1。水中有机物较少时，需氯量满足以后就是余氯。加氯量＝需氯量（OM 段）＋余氯，即图 5-14 中的曲线 2。

当水中的污染物主要是氨和氮化合物时，情况复杂，见图 5-15。

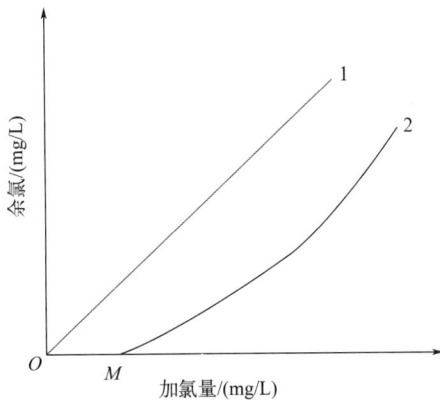

图 5-14　加氯曲线

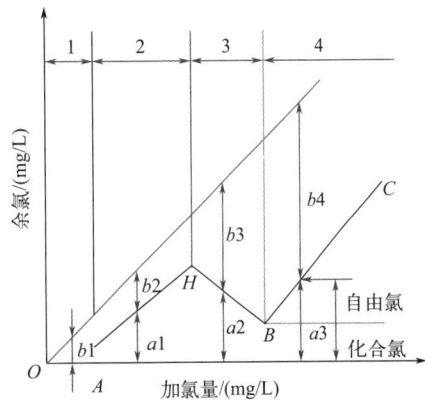

图 5-15　水中含氨时的加氯曲线

H：峰点，加氯过程中出现的第一个余氯极大值的位置就是峰点。

B：折点，峰点之后继续加氯过程中出现的极小值的位置就是折点。

OA 段：水中存在能消耗氯的杂质，加氯后活性氯被迅速还原耗尽，构成需氯量。此时余氯量为零。

AH 段：能与氯反应消耗余氯的其他杂质消耗之后，余氯与氨反应，此时形成化合性余氯（主要成分是一氯胺），有一定消毒效果。

HB 段：仍然是化合性余氯，加氯量继续增加，氯胺被氧化成不起消毒作用的物质——氮气，余氯反而减少。反应方程式为：

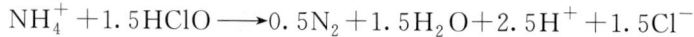

$$NH_4^+ + 1.5HClO \longrightarrow 0.5N_2 + 1.5H_2O + 2.5H^+ + 1.5Cl^-$$

BC 段：B 点以后，开始出现自由性余氯。

消毒时加氯量经常选择在超过折点需要量，此时消毒效果好，称为折点氯化或者折点加氯法。但应根据水中的游离氨含量选择不同的加氯量，氨含量高时，过多的加氯量导致水中的有机物和高浓度余氯有更多接触和反应的机会。这种情况对于消毒副产物的控制可能是不利的。

因此，当原水游离氨$<0.3\text{mg/L}$ 时，加氯量应控制在折点 B 后；当原水游离氨$>0.5\text{mg/L}$ 时，加氯量一般控制在峰点 H 前。

2）接触时间

氯消毒的接触时间是保障消毒效果的关键参数，消毒接触时间一般≥30min。它指消毒剂与水充分混合后，病原体与有效氯接触并被灭活的时长。接触时间不足时，即便加氯量达标，也可能因反应不充分导致微生物灭活不全；过长则可能增加副产物生成风险。实际应用中需通过实验确定最佳时长，《生活饮用水卫生标准》要求氯与水接触时间≥30min，以确保在合理投氯量下实现病原微生物的有效去除与副产物控制的平衡。

氯消毒的功效和可靠性毋庸置疑，从水处理的发展历程上看，氯消毒的应用减少了水传播疾病的流行，延长了人们的平均寿命，推动了社会进步，功不可没。但氯消毒还是存在其自身的缺陷。由于氯具有很强的取代作用，在消毒过程中还会与水中的有机物发生取代反应，生成一些对人体健康具有潜在危害的卤代副产物（如三卤甲烷、卤乙酸等）。因此，目前氯主要用于最后消毒而不倾向用于预氧化。次氯酸钠和次氯酸钙虽然降低了液氯操作过程中的某些危害和技术难度，但与液氯一样，也会形成许多有机副产物和无机副产物。所以采用液氯、次氯酸钠和次氯酸钙消毒时，其消毒副产物产生特征相似，都可以视为氯消毒一起讨论。

氯消毒产生的消毒副产物很多，如三卤甲烷（THMs）、卤乙酸（HAAs）、卤乙腈（HANs）、卤化氰（XCNs）、卤代乙醛（HATs）、卤代酚（HHBs）、卤代酮（HKs）、卤硝基甲烷（HNMs）等，其中三卤甲烷（THMs）、卤乙酸（HAAs）为主要成分。美国饮用水安全法规已经将三卤甲烷确定为致癌物，而将一溴二氯甲烷、二氯乙酸、溴酸盐等归为可疑致癌物，其余的消毒副产物大部分毒性一般，对人体器官有刺激或麻痹作用。大量的流行病学研究表明，长期饮用氯消毒的自来水可能会增加消化系统和泌尿系统癌变的风险。

2. 氯胺消毒

氯胺消毒的实质是把氯和氨同时或者先后投加到待消毒的水中，二者形成氯胺，从而起到消毒的作用。1916 年，氯胺首次在加拿大渥太华被应用于饮用水消毒。最初，加入氨和氯形成氯胺主要是用于控制水中的嗅和味。1917 年，美国科罗拉多州丹佛市开始使用氯胺消毒。20 世纪 20～30 年代，氯胺消毒得到广泛使用。

当水中存在氨氮时，加入水中的氯会与水中的氨氮发生一系列反应，生成一氯胺、二氯胺和三氯胺，也就是形成化合性余氯。其反应式如下：

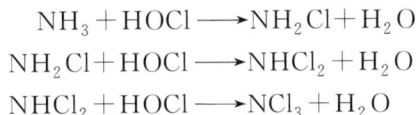

$$NH_3 + HOCl \longrightarrow NH_2Cl + H_2O$$

$$NH_2Cl + HOCl \longrightarrow NHCl_2 + H_2O$$

$$NHCl_2 + HOCl \longrightarrow NCl_3 + H_2O$$

氯胺消毒的作用特点包括：杀菌消毒，通过缓慢释放次氯酸，破坏微生物的细胞膜、核酸等，从而杀灭水中的细菌、病毒和其他病原微生物，保障饮用水的微生物安全性；控制消毒副产物，相较于传统的氯消毒，氯胺消毒能大大减少三卤甲烷和其他消毒副产物的生成量，降低对人体健康的潜在威胁；持续消毒能力强，在水中较为稳定，能在供水管网中保持较长时间的消毒能力，维持一定的余氯量，有效抑制管网中微生物的滋生和繁殖。

水中生成一氯胺、二氯胺和三氯胺的比例与 pH 有关。当 pH＞9 时，一氯胺占优势；pH 为 7 时，一氯胺和二氯胺同时存在；当 pH＜6.5 时，二氯胺占优势；当 pH＜4.5 时，三氯胺占优势。

研究表明，氯胺的消毒也是依靠 HOCl。氯胺可以缓慢地释放 HOCl，并且与水中的 HOCl 达到一定的平衡，当 HOCl 被消耗后，反应向左移动。氯胺在水中起到对 HOCl 的缓冲作用，HOCl 含量高且同时有氨存在时，形成氯胺，降低水中 HOCl 的浓度；当 HOCl 发挥消毒作用被消耗导致含量下降时，氯胺释放 HOCl，维持水中一定的 HOCl 水平，从而维持消毒效果。但氯胺的消毒效果较差，对一些病原体的灭活时间也要长于自由氯消毒。因此，有氯胺存在时，消毒作用比较缓慢、比较缓和，但消毒效果延续时间长。比如用氯消毒 5min，可杀灭细菌 99％以上，而用氯胺消毒，相同条件下仅杀灭 50％。

氨和氯投加顺序的不同，导致最终的消毒效果和抑菌时间存在差异，因而有先氨后氯、先氯后氨、氨氯同时投加等不同投加顺序。一般认为，先氨后氯的顺序可以更好地保持管网系统中残留消毒剂的含量，同时可以降低氯酚等致臭物质的产生。

20 世纪 70 年代，由于 DBPs 相继在氯消毒饮用水中发现，而氯胺消毒能够减少 THMs 的产生，使得国外许多水厂将目光再次投向氯胺消毒。与氯类似，氯胺（或许是 HOCl）可穿透细胞膜，使核酸变性，阻止蛋白质的合成从而杀灭微生物。同时它还具有穿透能力好、稳定性高、持续时间长、能够防止管网微生物生长、长期改善自来水色嗅的优点。氯胺消毒相比于液氯消毒，同等条件下 DBPs 生成量特别是 THMs 的生成量明显减少。因此美国环境保护署执行消毒副产物控制法令之后，氯胺被之前使用氯消毒导致 DBPs 不达标的水厂用以改善出水 DBPs。

近些年来随着检测技术的升级，饮用水中更多的微量、痕量物质被检测出来。令人遗憾的是，在氯胺被广泛认为可以减少常规消毒副产物 THMs 和 HAAS 等的产量，提高饮用水安全性并被广泛推广的同时，更多的消毒副产物被检出并发现其与氯胺消毒有关。研究人员在氯胺消毒饮用水中检出了潜在危害性更大的含氮消毒副产物，如氯化氰、N-亚硝基二甲胺（NDMA）、卤代硝基甲烷（HNMs）、卤代乙酰胺（HAMs）。这些含氮消毒副产物产量小，但毒性更大。如卤代硝基甲烷和卤代乙酰胺属痕量消毒副产物，有研究者检测到自来水中卤代硝基甲烷-浓度介于 0.1～5μg/L，卤代乙酰胺的浓度介于 0.1～3.9μg/L，虽然比 THMs 和 HAAs 还低 1～2 个数量级，却具有强烈的细胞遗传毒性和致突变性。有学者合成了 13 种含碘、溴和氯的卤乙酰胺并研究了其毒理性，发现卤乙酰胺的细胞毒性比 HAAs 大 142 倍，比 HNMs 大 4 倍，基因毒性比 HAAs 大 12 倍，比 HNMs 大 2.2 倍。碘代消毒副产物尤其是碘代乙酸被认为是迄今为止有最强毒性（基因毒性和细胞毒性）的消毒副产物，其毒性远大于溴代和氯代消毒副产物。而氯胺虽然可以减少氯代消毒副产物的产量，但对碘代消毒副产物和溴代消毒副产物的情况则大不相同。有的研究表明，与氯消毒相比，氯胺消毒将产生多种消毒副产物，包括更多的碘代消毒副产物，如碘仿、总有机碘化物（TOI），产生更多的不明消毒副产物（UTOX）。有研究指出，先氯后氨的氯胺消毒方式可以有效地控制碘代消毒副产物的产生。因为预先氯化可以让碘离子转化为碘酸根，从而不再与有机物发生反应，抑制碘代消毒副产物的生成。

因此，氯胺消毒尽管具有有效消毒时间长，氯代消毒副产物产量小的优点，但可能代价是会产生更多的含氮消毒副产物、碘代消毒副产物，尤其是不明消毒副产物。因此，人们不断对氯胺消毒技术进行深入的研究，并将其与其他消毒剂结合，形成复合消毒工艺，以期对其优化、改良，形成更加有效、可靠、安全的消毒方法。

3. 其他消毒方法

除氯消毒和氯胺消毒外，常见的消毒方法还包括氧化类消毒法和物理消毒法等。氧化类消毒法以强氧化剂破坏微生物结构，代表方法包括臭氧消毒和二氧化氯消毒。物理消毒法以物理手段直接作用于微生物，紫外线消毒和膜分离技术为典型代表。

（1）臭氧消毒

臭氧（O_3）用于饮用水消毒的作用原理：强氧化性驱动的高效灭菌。臭氧是一种由三个氧原子组成的强氧化剂，其消毒机制主要通过以下途径实现。

① 直接氧化：臭氧分子直接与微生物的细胞膜、酶系统或核酸发生反应，破坏其结构完整性。例如，臭氧可氧化细胞膜中的不饱和脂肪酸，导致细胞膜通透性增加，细胞内容物泄漏；同时，臭氧能氧化微生物体内的酶（如葡萄糖氧化酶、硫基酶），使其失去催化活性，阻断代谢路径。

② 间接氧化：臭氧在水中可能分解产生羟基自由基（·OH）。·OH是一种氧化性更强的次级产物（氧化还原电位为2.8V）。羟基自由基通过链式反应非选择性氧化微生物，对病毒、芽孢、隐孢子虫等抗氯病原微生物尤其有效。

臭氧消毒的优势突出体现在以下三点。

① 广谱高效，速度快：臭氧对细菌、病毒、真菌、藻类甚至抗氯的隐孢子虫和贾第鞭毛虫包囊均有极强的杀灭能力。例如，0.4mg/L的臭氧接触5min可灭活99.9%的大肠埃希菌，对甲肝病毒的灭活效率是氯的100倍以上。其消毒速度比氯快数百倍，适合对处理时间敏感的场景。

② 化学残留少，安全性高：臭氧消毒后分解为氧气，不引入任何化学残留或副产物（除非原水有机物含量过高，可能生成少量醛类，如甲醛）。这使其成为对水质纯度要求高的场景（如瓶装水、电子工业用水）的理想选择。

③ 对污染物的协同处理：除杀菌外，臭氧还能氧化分解水中的有机物（如腐殖酸、农药残留）、重金属离子（如Fe^{2+}、Mn^{2+}）及异味物质（如藻类代谢产物），提升水质的感官指标（如色度、嗅味），并降低后续消毒副产物生成前体。

臭氧消毒的缺陷体现在以下四点。

① 无持续消毒能力：臭氧在水中的半衰期仅20～30min（20℃时），无法在管网中维持余氯，因此需与氯、氯胺等联用，形成"臭氧主消毒＋氯系维持余氯"的组合工艺，确保从水厂到用户的全流程微生物安全。

② 成本高昂，设备复杂：臭氧不能保存，需现场制备（通常通过高压放电法或紫外线法），

设备投资大（如臭氧发生器、接触反应池），且运行能耗高（$0.5\sim1.5kW\cdot h/kg$，以 O_3 计）。

③ 水质依赖性强：臭氧在中性或碱性水中分解更快，且易受水温、浊度等影响。例如，水温每升高 $10℃$，臭氧分解速度增加 1 倍；浊度 $>2NTU$ 时，颗粒物可能吸附臭氧，降低有效浓度。

④ 副产物风险：臭氧消毒产生的典型副产物有溴酸盐和甲醛等。当原水溴离子含量较高时，臭氧预氧化可能生成溴酸盐（国际限值通常为 $10\mu g/L$）。臭氧与腐殖酸反应可能生成甲醛，可通过强化混凝去除前驱物或后续活性炭吸附处理。

臭氧消毒以其高效性、广谱性和低残留特性，成为饮用水深度处理的核心技术之一，尤其适用于高水质要求场景或微污染水源。但其应用需平衡成本、持续消毒需求与副产物风险，通过精准控制投加量、接触时间及工艺协同，充分发挥"高效灭菌＋污染物降解"的双重优势，同时规避局限性，确保饮用水安全与优质。

（2）紫外线消毒

紫外线消毒原理：紫外线消毒利用 $200\sim280nm$ 的紫外线照射水体，直接作用于微生物的 DNA/RNA，使核酸分子中的嘧啶碱基形成共价二聚体，破坏其遗传物质，阻断复制和转录过程，导致微生物无法繁殖或死亡。紫外线消毒效果最强的波段是 $253\sim260nm$，一般认为 $253.7nm$ 左右的紫外线杀菌效果最佳。这是因为细菌体的核蛋白和脱氧核糖核酸（DNA）的吸收光谱峰值在 $254nm$ 左右。当微生物吸收这个波段的紫外线能量后，更容易引起 DNA 分子间的交联破裂，使细菌的核蛋白和核酸之间的链断裂，从而造成细菌死亡或失去繁殖能力。低压汞灯的辐射峰值波长为 $253.7nm$，是比较理想的杀菌灯。同时，高剂量紫外线还可能激发水中物质产生活性氧，进一步破坏微生物的酶系统和细胞膜。这种物理消毒方式，能对细菌、病毒、藻类、原生动物包囊等各类病原微生物实现高效灭活，尤其对隐孢子虫等抗氯微生物效果显著。

紫外线消毒的主要特点：紫外线消毒具备快速广谱、无化学残留的显著优势，在几秒至几分钟内即可灭活 99％ 以上的常见致病性微生物，对传统氯消毒难以处理的病原微生物也有良好效果。因其无须投加化学药剂，不会产生消毒副产物，水质纯净，适用于对化学残留敏感的特殊用水场景。此外，设备操作简便，可实现自动化运行。

紫外线消毒局限性：紫外线消毒的效果高度依赖水质条件，当水中悬浮物、浊度超过 $1NTU$，或溶解性有机物含量较高时，紫外线易被散射或吸收，导致消毒效率大幅下降。此外，该技术仅在照射过程中发挥作用，无法在供水管网中形成持续消毒能力，难以保障用水末端的微生物安全。设备方面，紫外灯管使用寿命较短，更换频繁，且中压紫外系统能耗较大，投资和运行成本较高。特殊情况下，还可能产生溴酸盐等副产物，因此通常需要与其他消毒工艺联用，以弥补其固有缺陷。

六、消毒副产物的控制

在水处理领域，消毒工艺如同守护水质安全的"守门人"，然而这一过程却包含着复杂的化学反应。氯、臭氧、紫外等消毒手段在灭活病原微生物的同时，均可能与水中天然有机物、溴离子等成分发生反应，生成具有潜在危害的消毒副产物（DBPs）。从传统氯消毒产生的三卤甲烷、卤乙酸，到臭氧工艺可能释放的溴酸盐，再到紫外照射下偶发的醛类物质，这些副产物虽通常以痕量存在，却可能通过长期饮用在人体积累，对人体肝肾、生殖系统等造成危害甚至诱发癌症。世界卫生组织及各国水质标准虽对其制定了严格限值，但如何在"有效杀菌"与"控制副产物"间找到平衡，始终是水处理领域的核心挑战之一。下面将探讨消毒副产物，解析其产生机制与防控路径。

氯消毒后的饮用水中有时会散发出异味。人们习惯地把这种味道称为漂白粉味。然而恶臭和异味只是其中的一些表面问题，事实上，这味道背后的物质没有这么简单，还有更可怕的问题潜藏其中。多种毒性未知的化合物（即消毒副产物，DBPs）被检测出来，其中一部分在一定浓度时会使水产生异味。消毒副产物是水处理消毒过程中，消毒剂与水中有机物或其他物质发生反应生成的对水质安全造成危害或潜在危害的物质。

1974 年，Rook 等人从氯化后的高色度水中检测出三氯甲烷。1974 年美国环境保护署对新奥尔良市某水厂的出水进行测试和分析，在出水中检测出 66 种微量有机物，其中有机卤化物含量最高。统计结果显示，当地癌症的高发率与水体中有机卤化物的含量有关。此发现得到美国环境保护署的高度重视，在 1974—1975 年组织了对美国 80 个主要城市的各种不同水源的原水及经过不同流程处理的自来水出水的有机污染调查（NORS）。调查结果显示自来水中广泛存在 THMs，而且是在氯化过程中形成的。在 1976—1977 年的调查中发现，三氯甲烷是饮用水中最广泛存在的合成有机污染物，而且浓度最高。之后，从各种自来水中检出的有机化合物有几百种，有些是致癌物或者可能致癌。

1975 年，Robort 在其组建的美国橡树岭国家实验室的一次会议中首次提出饮用水氯化后的环境影响和健康因素。英国、美国及荷兰的一些流行病学研究证实，长期饮用含微量有机卤代物的水的居民群体，其消化道的癌症死亡率明显高于洁净水对照组的居民群；膀胱癌、直肠癌等的发病率与饮用水氯化消毒的量之间有潜在的相关性。根据加拿大某市的病例对照调查研究结果显示，男性居民患直肠癌的危险性与饮用水中累积的 THMs 有关。饮用含 THMs 浓度为 $75\mu g/L$ 的氯化消毒饮用水在 35 年以上的男性居民，患结肠癌的危险性比暴露时间不足 10 年的男性居民明显增加，但女性中未发现类似结果。而氯化消毒副产物与直肠癌之间是否具有正相关，目前尚未有确切结论。

氯仿的致癌作用已为众多研究者所证实。研究表明，氯仿主要是通过非遗传毒性作用诱导动物产生肿瘤。三溴甲烷、二溴一氯甲烷和一溴二氯甲烷能分别引起大鼠的肠肿瘤、肝肿瘤和肾肿瘤。目前已确认 THMs 与直肠、结肠等消化系统癌症有关，饮用水中的 THMs 含量越高，随着饮用时间的延长，对人体健康的损害越大，致癌的危险性也越高。

多年来，国内外对消毒副产物进行了大量的调查研究，结果证明其对人体有不同程度的危害作用。一系列研究显示，消毒副产物与神经管缺陷、先天性心脏病、泌尿系统畸形、头面部缺陷等存在相关性。消毒副产物还可增加孕妇早期流产的危险性并可导致婴儿患中枢神经缺陷，与心血管疾病也具有一定的相关性。研究机构发现，如果每天饮用 THMs 浓度＞$75\mu g/L$ 的氯化消毒饮用水 2L 以上，会增加早期流产的危险性。以上研究结果表明，饮用水中含有消毒副产物是出生缺陷的潜在影响因素，即使在相对低的暴露水平下，消毒副产物也对人类出生缺陷产生不可忽略的影响。

美国环境保护署就化学物质对人体健康的影响建立了综合风险信息系统，该系统给出了定性和定量的评价：①卤乙酸比三卤甲烷毒性高；②含溴的有机物普遍比氯代物毒性强。含有溴离子的水在氯化时会改变反应过程，溴离子被快速氧化成次溴酸，进而影响消毒副产物的形成和形态分布。溴与有机物的反应比氯与有机物的反应快，且溴代消毒副产物比氯代消毒副产物的毒性大。

美国癌症协会研究发现，三氯甲烷对人体的危害主要作用于中枢神经系统，造成肝和肾损伤，已被流行病学证实为动物致癌物。三氯甲烷在消化道内被迅速吸收，从人体脂肪到体液约需 2h，在体内转化为二氧化碳，使血液中的血红蛋白含量上升，令人出现中毒症状，导致呕吐、消化不良、食欲减退、虚弱恶心，并可能伴有神经过敏症、失眠症、忧郁症、精神错乱、精神病等。

消毒副产物不仅仅通过饮水产生危害。巴塞罗那市立大学医学研究院的一项研究指出，饮用加氯水或用其沐浴、游泳，都可能增加患膀胱癌的风险。参与这项研究的比利亚努埃瓦博士指出，消毒副产物通过呼吸道吸入或者被皮肤吸收时，对健康产生的危害程度和直接饮用是一样的。为调查身体暴露于 THMs 与患膀胱癌风险的关系，研究员选择了 1219 名膀胱癌患者以及 1271 名非膀胱癌患者参与研究，观测他们在饮水、游泳、淋浴时与加氯水的接触程度。研究员还测量了 123 个城市用水中的 THMs 平均水平。研究发现，每升家庭用水 THMs 含量平均超过 $49\mu g$ 的居民比家庭用水中 THMs 含量低于 $8\mu g$ 的居民患膀胱癌的风险高出一倍。研究指出，在很多工业化城市的用水中，THMs 含量都高达 $50\mu g/L$。在这些参与研究的人群中，饮用过加氯水的人患膀胱癌的风险比没有饮用过加氯水的人高 35%，而经常在游泳池中游泳的人患膀胱癌风险则高出 57%。长时间用 THMs 含量高的水淋浴或泡澡，以及居住在水中 THMs 含量高的地区的居民，患癌风险也较高。一旦 THMs 通过皮肤或经呼吸道由肺部吸收，其致癌性比其直接摄入会更高，因为它无法通过肝脏进行解毒。然而，上述消毒副产物的危害还不仅仅是这些。几种常见 DBPs 的毒性见表 2-4。

加入消毒剂后微生物风险和化学风险对比见图 5-16。世界卫生组织认为可以通过提供安全、充足水供应和建立足够的卫生设施以减少霍乱、伤寒、痢疾、麦地那龙线虫病、血吸虫病发病率，挽救更多的生命。通过提供安全饮用水可以降低新生儿死亡率 20%。

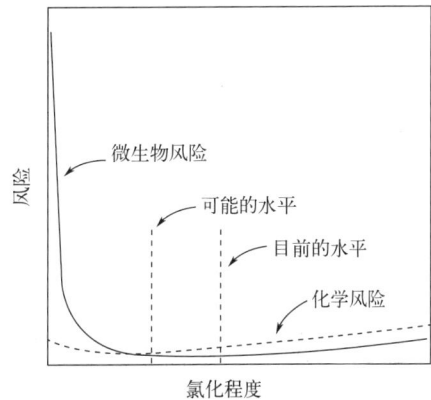

图 5-16　加入消毒剂后微生物风险和化学风险对比

消毒是饮用水水质安全的重要保障，必不可少，消毒副产物的风险远小于水媒微生物的风险。事实证明，由水媒介病原体引发疾病的风险和损失远高于消毒副产物造成的风险和损失。在缺少卫生和健康条件的不发达国家和地区，水媒介疾病导致的损失和危害更加突出。有些地方的婴儿死亡率很高，预期寿命短。安全饮用水的获取与 1 岁以下婴儿死亡率的关系见图 5-17。

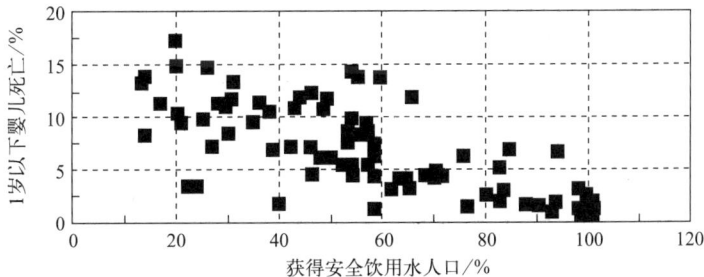

图 5-17　安全饮用水的获取与 1 岁以下婴儿死亡率的关系

历经多年发展，人们的健康水平和生活水平都得到了显著的提高。先前研究中的几个偏重消毒，忽视消毒副产物危害的说法依据都有不同程度的改变。首先，饮用水安全得到大多数政府和人民的广泛关注，饮用水卫生状况得到明显改善。水媒介传染病已经得到有效的控制，局部地区某些时候出现的水媒介传染病流行主要是由于操作的疏忽和水质条件突然变化所致。由于饮用水不卫生造成的婴儿死亡率和疾病发生率都有所下降，人们的平均寿命延长。消毒副产物对人体的长期效应和潜在效应逐渐显现。癌症已成为造成人类死亡的重要的死因之一。消毒副产物的危害并不仅限于可能引发癌症，还可能导致畸形、细胞突变、急慢性中毒反应等。比如亚氯酸盐可能导致人体生长发育和生殖方面发生病变；氯仿（三氯甲烷）不仅可能引发癌症，还对肝脏、肾脏有害，可能影响生殖能力；二溴一氯甲烷则危害神经系统、肝脏、肾脏，影响生殖能力；二氯乙酸不仅能引发癌症，还可能造成生殖和发育等方面的问题。可见，消毒副产物对人体的危害是多方面且复杂的。此外，根据消毒副产物产生和转化的机理，多种消毒剂本身及其转化形式、某些中间产物，如多种自由基等，在一些疾病的诱发机理中都有其身影。虽然尚不能明确其作用的程度，但仍不能排除其导致此类方面危害的可能。有些消毒副产物性质稳定，可能在体内富集；还有些消毒副产物可以通过母乳实现母婴传输，危害婴儿的健康。比如有研究者研究了人头发和母乳中的消毒副产物，发现头发中可能出现某些消毒副产物的富集，母乳中 HAAs 等消毒副产物可能传输给婴儿。更为令人担忧的是，在目前的研究水平和工作积累条件下，还有许多种消毒副产物未被确认，其化学稳定性、生成-转化-迁移规律、生物效应等仍不明确。其中或存在重要的水质安全隐患。可见，消毒副产物种类繁多，可能对人体健康产生多方面的危害和复杂影响，必须给予高度重视。

这些变化和认识的提升使得消毒副产物的控制显得更加重要。消毒副产物的危害已经被很多毒理研究证实，流行病调查和分析也逐渐形成清晰的结果。在有效消毒和经济可行的前提下，控制消毒副产物是饮用水安全保障的必然要求，现已成为水处理和水质安全领域的一个最重要的研究内容，受到多方关注。

尽管饮用水中氯消毒剂的使用对减少水媒传染病的发生和显著延长人类平均寿命功不可没，但氯消毒剂或者氧化剂引发的消毒副产物问题仍然值得深入探讨。这里涉及的是消毒剂及其转化形态与水中微生物以外的其他物质形成消毒副产物的反应。

消毒剂及其转化形态与水中其他物质的反应主要有：消毒剂与微生物代谢物的反应；消毒剂及其转化形态与水中有机物的反应；消毒剂及其转化形态与水中无机物的反应。

饮用水中最常检测到且含量最高的 DBPs 通常是三卤甲烷（THMs）。THMs 是甲烷分子中的三个氢原子被卤素原子取代后的产物，是一类物质的总称，其主要种类有三氯甲烷（TCM）、一溴二氯甲烷（BDCM）、二溴一氯甲烷（DBCM）和三溴甲烷（TBM）等，通常 TCM 含量最高。另一类含量仅次于 THMs 的 DBPs 是卤乙酸（HAAs）。HAAs 也是一类物质的总称，是乙酸处于 α 位的氢原子被卤素取代的产物。α 位的卤素能使羧酸的酸性增强，而且卤原子的数目越多，酸性越强。HAAs 主要包括一氯乙酸（MCAA）、二氯乙酸（DCAA）、三氯乙酸（TCAA）、一溴乙酸（MBAA）、二溴乙酸（DBAA）等。除此之外，DBPs 还有卤代酮类（HKs），如二氯丙酮（DCP）、三氯丙酮（TCP）等，卤乙腈（HANs）如二氯乙腈（DCAN）、三氯乙腈（TCAN）、溴氯乙腈（BCAN）、二溴乙腈（DBAN）等，卤乙醛类（HALs）、三氯硝基甲烷、甲醛、乙醛、2,4,5-三氯酚等。

随着测试手段和水质研究的深入，饮用水中被测出的消毒副产物日渐增多。据报道，已经发现的 DBPs 有 700 多种，但多数 DBPs 在检测方法、毒性和危害、反应机理、控制方法等方面尚未被充分研究，人们对其了解程度还非常有限。

有些研究者把一些消毒过程中产生的未知种类的有机卤化产物称为 UTOX，表示这些物质中的一些原子被卤素取代。在氯胺消毒过程中产生的这些未知有机卤化物占比甚至高达70%，比氯消毒产生的 UTOX（50%）还要高。有学者认为已知的 TOX（DBPs）并不能解释流行病调查有关饮用水毒性的危害，这些 UTOX 中应该含有一定量的在毒理学上非常重要的物质。

消毒副产物的产生和消毒剂的种类、剂量，水中有机物的种类、分布、浓度，水体 pH、温度、共存离子种类和浓度等有关。消毒副产物的形成反应非常复杂，而且相互之间存在一定程度的转化关系。不同种类的消毒副产物毒性差异非常大，因此造成的水质安全性问题非常突出。甚至有人因为消毒副产物的危害和风险，开始质疑消毒的必要性，并且引发了激烈的争论。

研究人员在下面这些方面展开了深入的研究。首先是消毒副产物的测定，消毒副产物是典型的微污染物，其在水厂出厂水中的浓度多是以 μg/L 或 mg/L 为单位的，检测本身就非常具有挑战性。经过科学家的努力，越来越多的 DBPs 被从水中检出。其次是 DBPs 的生物学效应，DBPs 含量虽然低，但其毒作用还是被不断提起，有些 DBPs 的危害令人震惊。比如碘代乙酸，被认为是迄今为止发现的致突变能力最强的 DBPs。再次是 DBPs 的形成、控制机理和动力学因素的研究，目前被系统研究过的 DBPs 种类仅有不到发现种类的 5%。很多 DBPs 的形成、控制机理和动力学因素至今仍不清楚。这种现象的产生与 DBPs 种类过多有关；再者，不断有新的 DBPs 被检出。这些都加重了 DBPs 形成、控制机理及动力学影响因素研究的难度和工作量。

结合对消毒副产物产生机理及危害的认识，消毒副产物的控制需从源头削减、过程优化、工艺联用等多维度协同推进。首先，强化预处理是关键，通过混凝沉淀、活性炭吸附或膜过滤去除水中天然有机物（如腐殖酸）、溴离子等副产物前驱物，减少反应底物；其次，优化消毒工艺参数，精准控制消毒剂投加量与接触时间，例如采用氯胺替代自由氯消毒，可显著降低三卤甲烷生成量，臭氧消毒时通过调节 pH 值、缩短反应时间来抑制溴酸盐形成；再次，采用组合工艺能实现优势互补，如紫外线与氯联合消毒，可减少氯投加量从而降低副产物，或臭氧-生物活性炭联用，利用活性炭吸附降解臭氧氧化副产物；最后，实时监测与动态调控不可或缺，通过在线监测设备追踪水中副产物浓度，结合水质变化及时调整消毒策略，确保饮用水在满足微生物安全的同时，将副产物浓度控制在安全限值内，实现消毒效果与健康风险的平衡。

第五节　水质深度加工

一、膜分离

膜分离技术是指利用隔膜使溶剂（通常是水）同溶质或微粒分离的技术，包括电渗析、微滤、反渗透和超滤等。膜分离是过滤的一种形式，主要是基于物质透过固态膜速率和倾向不同，将多组分混合物或溶液中的各组分加以分离、分级、纯化或富集的过程。在水处理领域，膜处理主要是分离水中的杂质以净化水质。

膜分离技术是 20 世纪 50 年代发展起来的一项技术，1953 年美国 C. E. Reid 建议美国内务部将反渗透研究列入国家计划，20 世纪 70 年代后在各工业领域及科研方面得到大规模应用。在水处理方面，膜技术最早主要用于苦咸水淡化和海水除盐。20 世纪 50 年代末出现电渗析技术，20 世纪 60 年代末起，建成了应用膜软化和反渗透等技术的城市给水厂，可将总溶解性固体（TDS）为 $5000 \sim 35000 \mathrm{mg/L}$ 的原水处理成符合标准的饮用水。根据 1993 年底统计数据，北美采用反渗透技术生产饮用水的水厂产量已达到 $80 \times 10^4 \mathrm{m}^3/\mathrm{d}$ 以上，其中最大的水厂产量为 $14000 \mathrm{m}^3/\mathrm{d}$。

经历几十年的迅猛发展，膜分离技术已经发展成为重要的物理分离、化学反应、试验研究和工业生产的技术，广泛应用于水处理、化工提纯、化工生产等方面。仅就水处理而言，膜分离技术被用于海水和苦咸水淡化、废水深度处理、废液和废水中有用物质的浓缩回收以及制取高纯水等。膜技术的应用不只限于淡化、除盐、软化，人们更加关注的是能否去除因加氯消毒产生的危害健康的消毒副产物（如 THMs）。

在膜分离技术中，用隔膜（过滤介质）分离溶液时，使溶质通过膜的方法称为渗析，使溶剂通过膜的方法称为渗透。溶质或溶剂透过膜的推动力是电动势（电渗析）、浓度差（扩散渗析）或压力差（反渗透、超滤等）。隔膜也就是膜分离中的膜片，是膜分离技术的关键部分，一般是用高分子材料制成的薄膜，具有选择性过滤的作用，种类很多。为适应不同膜技术的应用要求，膜片材料和膜组件设计加工的研究一直受到世界各国研究人员和工程技术人员的关注。

下面就膜分离（膜处理）技术在水处理方面的工作原理、各种膜分离技术分类及特性、膜处理的特点以及膜分离技术在民用水处理设备方面的应用做简要介绍。

（一）膜分离的分类及特性

膜分离的核心部件是膜组件，膜组件的核心是膜材料。根据膜材料的不同，可以把膜分为微滤膜、超滤膜、纳滤膜和反渗透膜等。

1. 微滤（microfiltration）

微滤的原理与普通过滤类似，只是其过滤孔径更加细致、均匀，微滤的过滤孔径在 $0.01 \sim 5 \mu \mathrm{m}$ 之间。微滤过程对压力要求低，可采用 $0.01 \sim 0.3 \mathrm{MPa}$ 的压力进行微滤处理。微滤的主要作用是去除微粒和细粒物质，难以充分去除微生物和异味杂质等。

对于饮用水处理方面，微滤主要用于对水中的砂粒等悬浮物质的去除。采用微滤为核心过滤组件的水处理器可以直接利用市政自来水网提供的压力实现过滤，不需要再额外提供压力。因此，微滤净水器体积小巧，且一般不用电。但微滤处理并不能去除病毒、有机物，不能去除水中的溶解性杂质，更不能去除消毒副产物。因此微滤多用于其他膜处理或其他处理的前处理过程，其自身只能适度改善水的外观，并不能很好地在分子水平上改善水质。目前已有利用微滤代替常规砂滤方面的研究，并且有些地方进行了一定规模的实验或小型的生产。比如美国华盛顿大学 Benjamin 研究小组利用微滤对华盛顿湖湖水进行过滤实验，已经取得一定的进展；中国江苏南通等地也有小规模生产性试验。

2. 超滤（ultrafiltration）

超滤同样是利用多孔膜的筛除机理去除水中杂质的膜分离技术。超滤膜孔径为 $1 \sim 10 \mathrm{nm}$，在 $0.1 \sim 0.5 \mathrm{MPa}$ 的静压差推动下截留各种可溶性大分子，如多糖、蛋白质、酶等分子量大于 500 的大分子及胶体。超滤时膜的孔径大小和膜的表面化学特性等分别发挥着不同的截留作用。超滤膜对不同分子量杂质的截留效率见图 5-18。

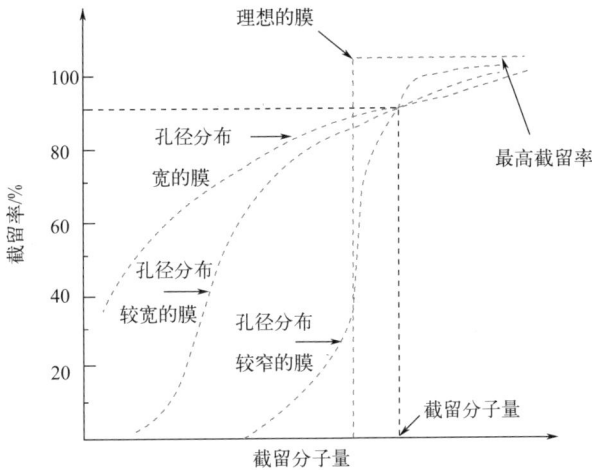

图 5-18　超滤膜对不同分子量杂质的截留效率

超滤膜对有些比膜孔径小的溶质分子也具有明显的分离效果，因为超滤膜对溶质的分离过程主要有两个方面：①在膜表面及微孔内吸附；②在膜面的机械截留类似筛分中的架桥现象。值得一提的是，超滤膜对溶质粒子的截留不仅与分子量有关，而且与分子的形状、可变性以及分子与膜的相互作用等因素有关。当分子量一定时，膜对球形分子的截留率远大于线形分子。

超滤膜的孔径比微滤膜小，因而超滤膜可以截留部分微生物、大颗粒杂质，对大分子物质也有一定去除效果。但超滤膜同样对小分子杂质、离子无效。

3. 纳滤（nanofiltration）

纳滤是一种介于反渗透和超滤之间的压力驱动膜分离过程，纳滤膜的孔径范围在 $0.1\sim2nm$，操作压力在 $0.5\sim3.5MPa$。其主要特点是能截留分子量大于 100 的有机物，如单糖、果糖、多聚糖以及多价离子，允许单价离子透过。纳滤既可以去除 Ca^{2+}、Mg^{2+} 等形成硬度的二价离子，对去除色度和消毒副产物前驱物等也有一定效果。虽然其去除杂质的能力远不如反渗透强，但由于操作压力的降低而大大降低了能量费用和制水成本。有报道指出，在相同条件下，纳滤与反渗透相比可节能 15％左右。因此，纳滤在咸水淡化、软化方面有广泛的应用。

纳滤系统孔径较小，操作压力较高，膜片容易堵塞，因而与反渗透一样，需要精细的预处理过程，预先去除水中的大颗粒物质、有机物粒子等。

4. 反渗透（reverse osmosis）

渗透是自然界中一种常见的现象。如果用一张只能透过水而不能透过溶质的半透膜将两种不同浓度的水溶液隔开，水会自然地透过半透膜渗透，从低浓度水溶液向高浓度水溶液一侧迁移，这一现象称为渗透。这一过程的推动力是低浓度溶液中水的化学位与高浓度溶液中水的化学位之差，表现为水的渗透压。随着水的渗透，高浓度水溶液一侧的液面升高，压力增大。当液面升高至一定高度 H 时，渗透达到平衡，此时两侧的压力差就称为渗透压。渗透过程达到平衡后，两侧推动水迁移的压力差消失，水不再发生渗透，渗透通量为零。人类很早以前就已经使用渗透原理保存食物、分离物质，比如用高盐、高糖的环境使微生物脱水，用以保存食物，制作腌菜、蜜饯等，只是当时人们并未认识到渗透现象并提出渗透理论。反渗透则是利用渗透原理，对自然渗透现象进行反向操作。如果在浓水一侧加上比自然渗透压更高的压力，使浓水一侧的压力大于自然渗透压，将扭转渗透方向，把浓水中的水压到半透膜的另一侧，这一过程就称为反渗透或逆渗透。反渗透必须具备两个条件：一是必须有高选择性和透水性的选择性半透膜，且该膜的机械强度要足够高；二是操作压力必须高于水溶液的渗透压。

反渗透膜的孔径一般比纳滤膜更小，甚至有学者认为反渗透膜没有物理意义上的孔径。反渗透的工作压力一般在 1.5～10MPa 之间。反渗透膜的透过机理仍在发展和完善中，目前一般认为溶解-扩散理论能较好地说明膜透过现象。溶解-扩散理论认为，水与溶质透膜的机理是由于水在膜中溶解，然后在化学位差的推动力下，从膜的一侧向另一侧进行扩散，直至透过膜。另外还有氢键理论、优先吸附-毛细孔流理论等也能对其透过机理进行解释。氢键理论认为，水透过膜是由于水分子和膜的活化点形成氢键及断开氢键的过程。即在高压作用下，溶液中水分子和膜表皮层活化点缔合，原活化点上的结合水解离出来，解离出来的水分子继续和下一个活化点缔合，又解离出下一个结合水。这样，水分子通过一连串的缔合-解离过程，依次从一个活化点转移到下一个活化点，直至离开表皮层，进入并穿过多孔层。优先吸附-毛细孔流理论把反渗透膜看作一种微细多孔结构物质，能有选择性吸附水分子而排斥溶质分子的化学特性。当水溶液同膜接触时，膜表面优先吸附水分子，在界面上形成一层不含溶质的纯水分子层，其厚度视界面性质而异，或为单分子层或为多分子层。在外压作用下，界面水层在膜孔内产生毛细管流，连续地透过膜。此外，有的学者还提出扩散-细孔流理论、结合水-空穴有序理论以及自由体积理论等。也有学者根据反渗透现象是一种膜透过现象，而把它当作是非可逆热力学现象来研究。

反渗透膜除盐及分离杂质的特点如下。

① 电解质比非电解质容易分离。对于电解质来说，电荷高的离子分离效果好，例如去除率大小顺序为 $Al^{3+} > Mg^{2+} > Na^+$、$PO_4^{3-} > SO_4^{2-} > Cl^-$。

② 无机离子的去除受该离子的水合离子及其半径的影响，水合离子半径越大越容易被去除，如阳离子的去除率大小顺序为 Mg^{2+}、$Ca^{2+} > Li^+ > Na^+ > K^+$，而阴离子为 $F^- > Cl^- > Br^- > NO_3^-$。硝酸盐、高锰酸盐、氰化物、硫氢化物不像氯离子那样容易去除，铵盐的去除效果也不如钠离子。

③ 对于非电解质来说，分子越大越容易去除。

④ 气体容易透过膜，如反渗透（RO）膜对氨、氯、二氧化碳、硫化氢、氧气等气体去除率很低。

⑤ 对弱酸、有机酸的去除率较低，在有机化合物中，去除率大小顺序为：柠檬酸＞酒石酸＞乙酸、乙醛＞乙醇＞胺＞甲酸。

不同类型的膜分离技术常用指标对比见表 5-8。

表 5-8 不同类型膜分离技术常用指标对比

膜分离技术	膜孔径/μm	工作压力/MPa	过滤机理	透过物	截留物
微滤	0.01～5	0.01～0.3	颗粒大小形状	水、溶剂溶解物	悬浮物颗粒
超滤	0.5～1.0	0.1～0.5	分子特性大小形状	水、溶剂小分子	胶体和超过截留分子量的分子
纳滤	0.0001～0.002	0.5～3.5	离子大小及电荷	水、一价离子	有机物、二价以上离子
反渗透	0.0001～0.002	1.5～10	溶剂的扩散传递等	水、溶剂	溶质、盐

（二）膜分离的特点

1. 膜分离技术的优点

在水处理的应用中，膜分离技术显示出其独特的优点。

① 膜分离过程不发生相变，能量转化效率高。例如目前各种海水淡化方法中，反渗透法能耗最低。

② 膜分离技术种类多，可选择性强，可以适应多种不同的处理要求。

③ 膜分离装置结构简单，操作简便，控制、维修容易，且分离效率高。与其他水处理方法相比，具有占地面积小、适用范围广、处理效率高等特点。

2. 膜处理的局限性

以反渗透膜分离为例，说明膜处理的局限性。

反渗透作为纯水处理中一种比较经济有效的方法，目前已被广泛开发、应用。然而，反渗透工艺的缺陷也很明显，因而不能取代常规工艺，只能作为精细加工的一种方式。

首先，反渗透需要有细致的预处理工艺，将颗粒物、有机物等控制在一定浓度以下，才可以过 RO 膜。若进水颗粒物含量高，RO 膜很容易被颗粒物堵塞，导致通透量下降，产水量下降，甚至造成 RO 膜的物理性损伤。即使进水颗粒物得到有效控制，RO 膜依然非常容易受到损伤。反渗透在高压（几个至十个大气压）下进行，水中溶解性物质的溶解度在 1atm❶ 和高压下将发生一定程度的变化，尤其在浓水一侧；有些条件可能造成结垢、化学沉淀，对 RO 膜造成损害。余氯等水中常见的消毒剂，对有些 RO 膜具有损伤作用。微生物也可能对膜造成侵蚀。为保证膜处理正常进行，进水中通常要投加阻垢剂、清洗剂、消毒剂等一系列药剂。

其次，反渗透的实质是对污染物进行分离、分配，纯水中的杂质被分配到浓水之中，纯水的水质提升是与浓水的水质恶化相为表里的。在考虑能量损耗和膜组件寿命等因素后，通常浓水的量要远大于纯水，目前一般浓水与纯水的比例为（2～5）：1。而浓水至今没有很好的处理方法。反渗透的主要作用之一就是用于脱盐，浓盐水的处理一直是水处理的难题。此外反渗透清洗水中存在阻垢剂、清洗剂、消毒剂等一系列药剂，加重了后续处理的负担。

再次，反渗透纯水对水中大多数杂质、多数离子都可去除。水中有些元素或者杂质对生命活动是相当重要的。根据现有的研究报道，至今仍然无法排除有些元素主要来源于饮水的可能。反渗透的水是纯净的、无污染的，但不等同于是健康水。因此，长期单纯饮用纯水不一定是合理的选择。

反渗透膜只是膜系列中的一类，上述问题实际上在各类膜中普遍存在，只是不同的膜在某些方面的侧重不同。

在多种水处理技术中，膜技术作为目前最具发展前景的技术之一，受到世界各国的高度重视。但长期以来，膜处理一直被认为是成本高、产水量小的技术，其推广和应用也因此受到限制。目前膜处理技术正在寻求解决上述问题的途径，首先是降低成本，反渗透技术自商品化以来，所需操作压力明显下降，能量费用随之降低，预计今后在保证产水量的前提下，将继续降低操作压力，使其与其他净水工艺相比有更大的竞争力；其次是通过膜材料研发，增加产水量；再次是减少浓水排量，寻求浓水及清洗水的处置途径。

---

❶ 1atm＝101325Pa。

（三）民用净水机/纯水机

国家和地方各级政府及相关部门对环境保护的重视程度和实施力度都明显提升，人们对水污染知识的了解程度增强，对水污染或水媒介导致疾病的认识深入人心。人们普遍存在对饮用水水质的担忧。随着经济高速发展，人们收入水平和生活水平明显提升，对健康生活品质的需求逐渐旺盛。

水质净化方面的科研开发活动得到了多方支持，发展迅猛。众多企业、商家投入大量资金、资源开发净水机系列产品。自来水终端净化技术逐渐成熟，生产能力快速增长，单机成本大幅下降。这一切都成为重要的原动力，催生、推动了民用净水机市场的形成和发展。

1. 家用纯水机分类及特点

家用纯水机市场上有简单的自来水过滤器、净水器；有采用超滤膜技术的称为超滤净水机；也有较复杂的，通过反渗透膜对自来水进行过滤的称为纯水机。按净水技术机理可分为吸附型、膜过滤型、吸附＋膜过滤型等三大类型。

（1）吸附型净水器

吸附型净水器利用各种吸附剂吸附水中的有机物、重金属等，使水得以净化。吸附型净水器是家用净水器的基本类型之一。目前，家用吸附型净水器的吸附剂主要是活性炭，也有的用硅藻土、沸石、吸附陶瓷、离子交换树脂等。吸附型净水器结构简单，甚至无须用电。但是也存在不足，吸附剂使用一定时间后会因吸附饱和而失效，并且吸附剂会因吸附杂质、滋生细菌等而受污染。吸附饱和与受污染后的吸附剂很难清洗，只能进行更换。如不及时更换，不但不能净水，反而会污染进水，有些情况下会使水质变得更差。单纯以吸附为核心技术的吸附型净水器存在制水量小、速度慢、质量不稳定等问题。

（2）膜过滤型净水机

膜过滤型净水机采用膜分离技术去除水中的多种污染物和杂质，主要有反渗透、微滤、超滤等。通常由粗滤、精滤、超滤、反渗透等一系列过滤过程构成。国内外市场上膜分离滤芯主要是由有机高分子材料制成的，其材质和形式都有多种。膜过滤型净水机出水水质一般较为稳定，水质较好，可以去除水中大颗粒杂质、微生物、有机物甚至离子等杂质。但其最大的缺点是膜易被污染、淤塞且难以清洗，此外，反渗透过程耗水量大。

（3）吸附＋膜过滤型净水机

吸附＋膜过滤型净水机一般采用吸附和膜过滤相结合的技术。如上海某环保科技公司生产的家用全自动反渗透净水机，采用五级过滤工艺：第一、第三级采用聚丙烯滤材，滤除水中的泥沙、悬浮物；第二级采用压缩活性炭滤芯，吸附水中的异味、异色、重金属以及一些有机物；第四级采用反渗透膜，滤除水中极细微杂质、细菌等；第五级采用活性炭滤芯，再次吸附，提高出水口感。经过五级净化工艺，可有效滤除杂质、胶体、铁锈、细菌、病毒、大分子有机物等，净化后的水质清澈，煮沸后无水垢，水质趋近于纯水。不过，反渗透出水中有益矿物质和微量元素几乎都被滤除。

2. 纯水机/净水机的优势

纯水机的制水过程是一种纯物理的净化过程，它通过将 PP 棉（聚丙烯熔喷）滤芯、活性炭滤芯、超滤膜滤芯和反渗透膜滤芯四种类型的滤芯，以不同的方式进行组合，再配合增压水泵提供外力，对原水进行逐级过滤、吸附、净化处理，从而把原水中的泥沙、铁锈、藻类、异色、异味、余氯、细菌、病毒、重金属、有机物等物质过滤、吸附除去，最终获得纯水。原水溶液中，只有水分子能够通过反渗透膜滤芯，其他物质不能通过，都被过滤并留存在废水溶液中，随着废水溶液被排掉。

可解决自来水二次污染问题。自来水加氯消毒后，可以杀灭病毒、细菌，但无法去除重金属、挥发性物质等；自来水经管道长途运送后，易发生二次污染，所以人们基本都会选择将其烧开后再喝，但烧开只能解决细菌问题，无法解决泥沙、铁锈、重金属、挥发性物质等问题，而且自来水还会在消毒之后与自来水中的有机物反应产生三卤甲烷，将对身体健康造成严重隐患。纯水机实现了对自来水的深度净化，大多数污染物都得到有效控制，包括部分消毒副产物。

可替代桶装水。桶装水一桶为 8~16 元，成本较高，这种水多数都是用大型净水器或者纯水机加工的自来水；桶装水保质时间短，与饮水机连接使用后处于开放状态，易被空气中的污染物污染；有些桶装水质量得不到保证，因此不是理想的饮用水解决方案。而纯水机或者净水机制水现做现用，水质新鲜有保障，在一定程度上避免了桶装水存在的上述问题。

反渗透纯水机的电能消耗也是人们经常讨论的话题，目前国内反渗透纯水机在制造纯水时，需要增加 294~490kPa 的压力。以产水量为 8L/h 的家用纯水机计，其功率通常为 25~48W，功率约等于普通的白炽灯。

3. 纯水机/净水机存在的问题

纯水机和净水机在设计和使用中存在多种问题。纯水机采用反渗透技术，虽能深度净化，但会过度过滤导致水中矿物质流失；运行时产生大量"废水"，造成水资源浪费，且 RO 膜更换成本高；需通电运行，存在电气隐患；储水罐也有二次污染风险。净水机（超滤/微滤型）过滤精度有限，无法去除重金属、有机物等有害物质，适用于水质较好的地区；其滤芯易堵塞，维护频繁，且无杀菌功能，对原水水质依赖度高。两类设备都存在水质监测不直观、用户难以及时判断滤芯状态的问题，同时安装售后成本高，塑料耗材还会造成环境负担。因此，用户需根据实际水质和使用需求谨慎选择设备，并重视设备的定期维护与环保设计。

（1）矿物元素的问题

在肯定反渗透过滤功能、有效去除污染物的同时，反渗透技术被认为会将有利于人体的微量元素绝大部分去除。根据行业标准和技术定义，除盐率需达到 90% 以上（通常为 95%~99.9%），且过滤精度需达到 0.0001μm（0.1nm），才能被认定为反渗透膜。不少专家认为，纯净水不宜长期饮用。有人认为，过量饮用纯净水会导致人体酸碱失衡。医学专家认为长期饮用纯水会导致人体酸碱不平衡进而引发身体疾病，所以不宜长期大量饮用。尽管这种说法在原理上似乎是合理的，但缺乏充分的证据，尤其是流行病统计方面的证据。

有企业对此进行设计和相应产品的研发，推出超滤纳滤膜净水机。超滤纳滤膜净水机由多级前置过滤和超滤膜、纳滤膜组成，能截留绝大部分细菌等有害物质，是分离、过滤效果较为理想的直饮水净水装置。其内置的负离子滤芯，能保留对人体有益的矿物质和微量元素；再利用活性炭去除水中的异色异味，确保过滤后的水更安全；再用后置活性炭，调节水的口感，使水喝起来甘甜可口。此外，其产水量较大，快捷方便，便于家庭厨房使用。但问题的实质依然没变，就是要么牺牲污染截留率，保留部分矿物质；要么牺牲矿物质，维护污染截留率。超滤纳滤膜净水机在矿物质保留方面存在诸多缺陷。其依赖电荷吸附和孔径筛分截留杂质，但天然水中矿物质离子特性复杂，钙、镁等有益离子与重金属电荷属性相近，导致保留量不稳定，且水质差异会显著影响纳滤效果。在污染物去除上，其对病毒和小分子有机物截留能力不足，存在健康风险。同时，该类净水机滤芯易被胶体、腐殖酸污染，通量下降快，维护成本高且再生难度大。

另一些厂家对此的反应是，在纯水段加装一些可以缓释溶出矿物元素的配件。通过反渗透膜生产纯水，靠这些配件补充矿物质。这是一种看似合理的做法，提示矿化原理及相关技术研发成为提升水质的关键一环。如果要有效补充矿物元素，其前提是知道究竟哪些元素是应该存在于水中的，它们应该以什么形态存在，它们相互之间应该以多大的比例存在，它们的量应该如何选择和控制。不幸的是，这些问题都没有令人满意的答案。由于不知道饮用纯水会不会真的造成矿物质损失，不知道健康饮用水中矿物质组成和形态应该是怎么样的，不知道安装的矿物元素缓释配件释放速率，有些企业已经开始了积极的尝试。比如，某企业于2025年推出的矿泉净水器，采用了Al矿化缓释系统。该系统运用天然熔岩物理复合技术、矿石微孔钝化技术以及Al矿物缓释算法，模拟火山爆发高温熔岩煅烧促进矿物元素析出的过程，通过高温活化处理提高孔隙率，并依据水温、流量、流速、水压智能调节整机系统，据称实现了矿石中有益矿物质的长效稳定释放。

不过，从营养学角度，人体所需矿物质主要源于食物，饮水补充占比极低，该类产品强调的"矿物质保留"更多的是满足消费者心理需求，实际健康价值有限。

（2）消毒副产物的问题

根据近期研究，发现自来水中含有一定量的消毒副产物。部分可电离的副产物如卤乙酸等，在反渗透的作用下，去除效果较好，但是对于一些分子态的消毒副产物如三卤甲烷等，反渗透去除效果不是很好。对多种品牌的反渗透纯水机进行检验发现，纯水机处理过的水并不像人们想象的那样，就是百分之百的安全。研究表明，自来水中含有较高浓度的三卤甲烷，虽然不同地区的水质也不尽相同，但是三卤甲烷含量普遍较高，基本均在30μg/L以上，甚至有的小区水质更差，三卤甲烷含量能到达76μg/L。这已经威胁到了人体的健康，应该给予高度的重视，采取合理措施来降低饮用水的安全风险。同时发现，反渗透纯水机虽然对三卤甲烷有一定的去除作用，但是仍然有一部分三卤甲烷能够透过反渗透膜。三卤甲烷透过率在28%～76%，并且随着纯水机使用时间的延长，去除效果也会不断下降，所以及时更换过滤元件还是很有必要的。

（3）耗水量的问题

反渗透膜的浓纯比是一个经久不衰的话题。就反渗透净水机而言，前期纯水机出水率比较低，通常制取1L纯水的代价是3L废水（浓水）。现行的《净水机水效限定值及水效等级》（GB 34914—2021）于2022年7月1日起要求出厂产品必须符合3级水效限定值。该标准适用于以市政自来水或其他集中式供水为原水，以反渗透膜或纳滤膜作为主要净化元件，供家庭或类似场所使用的小型净水机。与旧版相比，其适用范围从仅反渗透净水机扩展至纳滤净水机；水效等级指标调整阈值并增加总净水量要求，1级水效为最高等级，净水产水率≥65%，额定总净水量≥4000L，2级水效净水产水率≥55%，额定总净水量≥3000L，3级水效作为水效限定值，是市场准入最低标准，净水产水率≥45%，额定总净水量≥2000L，达不到此标准的净水机不允许生产和销售。

（4）膜结垢、膜污染

膜结垢是指膜分离过程中，由于膜表面与水中的溶解盐类、胶体、微生物、有机物等物质发生相互作用，这些物质在膜表面沉积、吸附或沉淀，形成垢层的现象。膜结垢会降低膜的透水性能，增加膜过滤的阻力，降低水处理效果。更严重的后果是膜结垢加速膜的机械性损伤，影响膜的使用寿命。膜结垢问题一直成为膜过滤的软肋，也是基于膜的作用机理确不能改变的一个"硬伤"。

膜污染是指在膜分离过程中，膜表面和膜孔内积累的污染物导致膜的透水性能下降、过滤阻力增加、产水量减少以及水质变差的现象。膜污染会引起膜内部的变化，是膜技术应用中的主要挑战之一，严重影响膜系统的运行效率和经济性。膜污染是制约净水机发展的关键因素，减轻膜污染可以延长滤芯使用寿命、降低成本。

膜结垢和膜污染都是膜处理过程中随着运行时间的推移不可避免的现象。膜结垢和膜污染尽管属于不同的概念，其间相互掺杂、相互影响，但产生的负面作用相似，应尽力避免。然而，净水机在努力降低耗水量，压缩浓纯比的同时，会加剧膜结垢和膜污染的发生。

（5）异味

国内外普遍使用的家用纯水机一般由主机、压力桶、鹅颈水龙头构成，由于反渗透元件出水量小，要想正常使用纯净水必须先将水储存到压力桶里备用。压力桶里的橡胶内胆在使用过程中可能出现微生物繁殖、亚硝酸盐超标、橡胶异味等问题。此外，膜后置活性炭如果得不到及时更换，也容易导致水异味的问题。

（6）使用问题

除了部分厂家生产的净水机本身不合格外，消费者教育不充分也是普遍存在的突出问题。净水机使用不当也会造成纯净水中的菌落总数、亚硝酸盐等超标。所以厂家应尽可能在用户使用说明书中写清楚具体使用规范，避免此类问题发生，让用户喝到真正的安全水。消费者也应该充分了解净水机的工作原理和保养要求，让其真正发挥作用，提高自身饮用水的安全保障。

目前关于净水机替换滤芯的价格和使用时效没有统一的强制性规定，但有一些相关标准和规范对其有间接影响。例如，《净水机水效限定值及水效等级》（GB 34914—2021）虽然主要针对净水机的水效，但为了达到相应水效标准，滤芯的质量和性能需满足一定要求，这可能会影响其价格和使用时效。一般来说，符合更高水效标准的滤芯，往往在材质和工艺上更优，价格可能较高，使用时效也可能更有保障。

另外，一些行业规范和企业标准也会对滤芯作出规定。比如，企业需在产品说明书、包装或官方网站等渠道，明确标示滤芯的材质、规格、适用范围等信息，其中也会包含价格和使用时效的建议。

相信在日常生活中都有这样的经验，在自来水供水管网停水后，再供水时，开始一段时间的水很浑浊，水中含有大量的泥沙、铁锈等。这主要有两方面的原因：一方面，城市自来水管网系统用了几十年，可能存在锈蚀、穿孔、破损、渗漏等问题；另一方面，平时吸附在管壁的铁锈、胶体等也会随停、供水的水流冲击而从管壁脱落进入水中。这样就造成初供水时的水质较差。这种水进入纯水机后，反渗透纯水机的前置滤芯很快堵塞和失效。出于这种考虑，有人提议在自来水入户水表前（或后）安装前置滤网式过滤器，可以保护家中的各种净水器，还可以保护各种水龙头。这里同时涉及关于反渗透前处理滤芯的更换频率问题。

二、矿化、软化和脱盐

1. 水的矿化

目前人们对纯净水持有一定的警惕态度，认为纯净水中的矿物元素和人体必需的其他元素过少，或许会对健康产生不良影响。这种影响在理论比较极端的情况下或许是成立的，但仍然缺乏足够系统和有说服力的证据。

人体细胞是在有一定浓度杂质的液态环境中生存的，也就是说人体细胞的环境中是存在一定的渗透压的。假如饮用纯净水导致体液环境突然被稀释，渗透压在细胞外突然降低，这样对细胞的状态也会造成一定的影响，就会出现异常。人们至今并没有对异常渗透压环境下细胞的生长、生存状态进行系统、实质性的研究。但是有一点是明确的，就是渗透压的异常波动对细胞是一种考验，或者是一种伤害。曾有一种说法认为非常纯净的水可以让细胞破裂，这算是纯净水对细胞造成伤害的一个极端的例子。如果从这样的意义上讲，纯净水对人体或许是有害的。但还是缺乏客观实际的证据和案例，目前这方面的认识仅存在理论或者想象中的推测。

进一步分析，人体在饮水的过程中，水质是在不断发生变化的。这些变化不仅包括物理性质，还包括化学、生物性质。也就是说，水质在饮用的过程中发生着一定程度的变化。纯净水的纯度是很难保持的。在制作实验用超纯水的时候，即使经过了反渗透，经过了离子交换床，超纯水（电阻率大于 $18M\Omega \cdot cm$）也只是短暂存在。一旦与空气接触，电阻率立即下降，说明这时的水已经不再是超纯水了。饮用水不可能用超纯水，这样既不经济，也不可能，还不必要。饮用的即使是纯而又纯的超纯水，即只有水分子的水（这是不可能的，只是这里用来做一个极端的例子协助理解问题），水在和人体接触的一瞬间，即被嘴唇、口中的杂质所沾染，不再是纯净水，而是逐渐变成水溶液，其渗透压也随之改变。不仅如此，身体对物质吸收、代谢和转化有精妙的调控，足以适应一定程度的水质波动。那么最先接触"超纯水"的那部分上皮细胞会受到伤害吗？或许会，但程度不会很大。人体上皮表面都有一定程度的角化层，这是自然生长形成的一层由角化细胞及其残体构成的保护层。最先接触水的必然是这一层角化层，对内层细胞接触的水起到混杂和缓冲的作用。因此，即使是最先接触"超纯水"的那部分上皮细胞也不会明显受到伤害。从另一个角度考虑，如果有明显的伤害，人体的感觉系统也会感知到不适。

另一个问题是，饮用纯净水是否会带走体内的必需元素。理论上认为，水中的杂质和水周边环境物质之间存在一定的平衡关系。水里的溶解、分散物质与周边环境物质达成平衡的时候，水质是稳定的。这时的水既没有侵蚀倾向，也没有结垢倾向，除非环境因素（pH值、温度、压力、磁场、周边物质组分等）发生变化。那么人们很自然会想到，如果饮用含矿物营养素少的纯净水，会不会不仅不能补充营养素，反而把身体中的某些营养素带进水中随汗液、尿液等排泄掉呢？从尿液和汗液的成分分析来看，其中的确有一定量的矿物质、尿素及其他代谢物。这样的疑虑应该是有一定道理的，但仍然缺乏系统、客观的实验证据。

当然，饮用纯净水会比自来水、矿化水少含有一些物质，比如矿物质等，但其生理健康效果应该并不明显。因为通过饮水进入人体的矿物质数量非常有限，尽管矿物微量元素通过饮水途径进入人体或许更有利于吸收。从流行病实证调查的角度看，"长期、大量饮用纯净水"这一前提非常难以实现。也就是说，这个问题的前提是不存在的，没有谁长期、大量且只饮用纯净水，因此也就没有后续的结论。

水的矿化就是在这种认识的基础上产生的。矿化水的制作方法是先对水进行纯化，去除水中的污染物等杂质，之后让水接触富含某些矿物质的微溶矿物，或者加入某些矿物盐，使水中的矿物质尤其是某些所谓有益离子达到一定的浓度。这样的水就成为矿化水。常见的矿物质来源有麦饭石（复合硅铝酸盐矿物）、某些金属硅酸盐等。

矿物质矿化水并不复杂，是依赖矿物的溶解原理。矿化水的功能主要是依赖水中矿物离子的功能所赋予的。

2. 水的软化

含有较多钙、镁等二价及以上金属离子（无机矿物质）的水称为硬水；其中钙、镁等二价及以上金属离子的浓度称为水的硬度。含有一定硬度的水在使用中会产生结垢、沉淀、增加洗涤剂消耗等负面作用，因而就有对水进行软化的需求。软化就是消除水中的致硬离子的处理过程。软化水的方法通常有加热法、加药法、离子交换法和膜处理法等。软化水更适用于洗浴、洗涤以及锅炉用水等场合。

纳滤膜及反渗透膜均可以拦截水中的钙镁离子，从而从根本上降低水的硬度。这种方法的特点是效果明显而稳定，处理后的水适用范围广；但是对进水压力有较高要求，设备投资、运行成本都较高。一般较少用于专门的软化处理。

3. 脱盐

对于含盐溶液，由于其溶质溶解度的不同，其从溶液中结晶析出有两种方案：一是对于溶解度随温度变化不大的物质，一般采用蒸发溶剂的方法；二是溶解度随温度变化较大的物质，一般采用冷却溶液的方法。

水处理中的脱盐主要有两个方面：一方面是盐水淡化，如海水淡化；另一方面是将所含易于除去的强电解质除去或减少到一定程度，其剩余含盐量应控制在一定范围（如1～5mg/L）内。含盐废水的处理主要考虑高盐度对污水处理系统的冲击或影响，以及资源回收等内容，不在此讨论。

脱盐的方法主要有以下三种。

① 蒸馏法，将含盐的水加热蒸发，再将蒸气冷凝即得脱盐水。

② 膜处理脱盐，包括两种类型。其一为电渗析法，借助离子交换膜对离子的选择透过性，在外加电场作用下，使两种离子交换膜之间的水中的阳、阴离子，分别通过交换膜向阴、阳两极移动。于是膜间区成为淡水区，膜外为浓水区。从淡水区引出的水即为脱盐水。其二为反渗透/纳滤处理。反渗透可以大比例去除水中的盐类，实现脱盐。

③ 离子交换法。使含盐的水通过装有离子交换剂的交换柱，矿物盐离子留在交换柱上，滤过的水为脱盐水。如果选择适当的阴、阳离子混床进行离子交换脱盐，可以制取完全脱盐的水（去离子水）。超纯水就是利用这一原理完成最后一步水纯化过程的。

三、热处理

对水进行加热处理，会对水质产生重要的影响。热处理可以消毒、去除某些类型的污染物以及改变水的物理性质。热处理广泛用于饮用水、食品加工用水、锅炉用水等方面。

结合第二章所述，温度对水质存在多方面影响，因此热处理的作用不容忽视。

水在不同温度下，分子间缔合情况将发生相应的变化。由于氢键形成的分子间作用力不够稳固，温度升高导致水分子缔合体系变小，也就是能形成所谓的"小分子水"。水分子间缔合程度的变化对水中某些杂质的溶解度和反应性能都可能产生影响。这方面的作用或许就隐藏于温度对水中化学反应或生物化学反应的影响之中。

水温不同，水的 pH 值会发生相应的变化。弱酸弱碱的 pH 值随温度变化相对明显。天然水中碳酸盐体系是主要的缓冲体系，因而受到温度的影响较大，应重视热处理导致的 pH 值体系变化对水质的复杂影响。

在不同温度的水中，矿物质以及其他溶质的溶解能力和沉淀特性将发生复杂变化。比如，据此原理可利用加热来部分去除水中暂时硬度等。这种溶解能力的差异体现了水的侵蚀性和水中某些物质的沉积性，可能影响体液渗透压，从而可能对人体产生相应的影响。这种变化通常小到不易察觉，但其长期作用对人体健康的影响或许不容忽视。

水温对水中的微生物影响较大，温度对水中微生物及其代谢物的控制尤为重要。微生物尤其是致病性微生物适宜的温度范围在 5～55℃之间。一般而言，水生生物对温度变化的反应比陆生动物敏感，耐受性差。水温高于 70℃，大多数致病性微生物不能存活，因此加热煮沸是日常饮用水消毒的重要方式。

第六章 水处理技术评价与对比

第一节 水处理技术评价

一、水处理技术评价的必要性

水污染和水质改善问题被广泛关注。环境标准和水质要求逐渐明晰、逐步提升；原水水质以及环境条件不同，污水处理技术种类繁多；水处理设施投资大，相关部门或企业试错成本高。这些都催生了对水处理技术、设施与设备的科学评估体系的迫切需求。

水处理技术、设施与设备的评估体系的建立将为当前多种技术比对提供客观依据，规范水处理技术与设施设备的市场化选择、运行，健全和规范我国水处理市场和秩序，促进高效率、低成本、低能耗、易维护水处理技术的推广应用，是我国当前水处理行业发展中亟须解决的关键问题。

二、水处理评价的内容

水处理技术、设施与设备的科学评估涉及内容非常复杂，包括原水水质、出水要求、处理规模、核心技术、上下游匹配、药剂、材质、结构、成本等。

我国污水处理设施与设备已建立了一套相对系统的标准体系，相关标准已覆盖设施设计、设备制造、运行维护、水质检测、环境影响等多个环节。但在实际应用中仍存在部分领域标准不完善、区域执行差异、新型技术标准滞后等问题。目前国内外报道中水处理研究或工程环境背景、原水水质、出水要求、规模、计算口径等差异大；水处理技术、设施与设备评估难度大。除关注设备、设施本身性能外，对比评价工作还需要对水处理技术、设施与设备相关气候、地理及经济因素进行综合考虑。此外，材质、制作工艺、成本、稳定性、适应性等方面都需要界定，以保证设备、设施发挥应有功能，正常运行。

通常依据专家推荐等方法进行工艺比选，多从污染负荷、处理效率、优缺点等方面进行定性对比。评价对比的内容主要有占地面积、初始构建成本、运行成本、能耗、污泥产量及处理效果等，具有一定的主观性和局限性，可靠性差。因而急需建立系统、科学、合理、可行的水处理技术相关评估体系。

三、解决问题的思路和方法

在建立水处理技术评估体系时，评价方法应该系统设计，从目标体系、评价标准、评价机制、评价监督、实效演示等方面展开系统、合理的评价。水处理系统应进行整体设计，从物质流、能量流和信息流的角度协调各环节污染物的形态、构成、降解能力和污染强度等，充分利用工厂污废水处理能力、区域水体自净能力，实现整体效益、成本投入最优化。评估体系应从处理效率、稳定性、安全性和经济性等方面对水处理技术相关内容做出评估。

随着国家"双碳"目标的确定，对水污染控制原理和技术的认识必须提升到一个新的高度，确立明确的目标体系，把低碳纳入水处理的目标体系，因而对水污染控制原理和技术提出了重新评估、优化和改善的要求。一些发达国家（地区）的评估过程或值得借鉴。其分散型污水处理设施与设备评估的标准化流程一般顺序为：①企业向第三方评估主体提交完整的相关文字材料与设备；②第三方评估主体对文件进行文字技术审查，对设备进行包括材料质量、污染物去除性能、设备安全等方面的评估工作；③若其中一项及几项未通过相关检测，企业可以进行相关整改，直至最终通过评估；④通过评估后，由第三方评估主体提供测试报告或相关技术文件，证明该类设施与设备具有与实验数据相符合的污染物处理能力；⑤设备与设施据此可以在一定时限内在市场进行销售与使用。

对于评估认证结果的使用时限，所有相关制度相对成熟的国家均不太长，一般为3～5年，并且统一规定在时限内可以进行不定期抽查。若抽查不合格，则取消该批次设备与设施的合格认证结果。这是为保证上位水环境保护法律的执行效果而对设备生产与使用过程采取的有效监督与管理措施。

四、水处理技术评估体系构建步骤

水处理技术评估体系构建的主要步骤包括：目标体系的明确，影响因素的选择，评估依据绩效的量化，不同依据权重的分配。评估体系需要结合实际情况来构建。

① 明确的目标体系应包括处理效率、成本、稳定性、安全性和碳排放强度等方面。

② 影响因素的选择主要从经济、技术、环境、社会等四个方面考虑，不同地区的影响因素和评估体系的决策指标未必相同，应结合当地情况选取。

③ 量化过程就是赋值过程。以往的评估量化方法过度依赖于专家评分法，对定性依据的量化不足，定量依据量化的客观性不充分。国外提出的评估依据量化方法包括生命周期评价、有效能评价、社会-生态原则、计算机模拟及能量物质守恒理论等，值得借鉴。近年相关研究就集中在融合、改善上述量化方法等方面做探索和推进。

④ 权重的分配方法主要包括主观赋权法和客观赋权法。主观赋权法主要包括层次分析法、专家评分法、强制评分法等；客观赋权法包括二元对比相对平均法、变异系数法、熵值法、主成分分析法、因子分析法等。

第二节　对比和筛选

水污染控制工艺的选择需要结合原水水质、出水水质要求或环境标准、处理规模、处理效率等，还需要对相关气候、地理及经济因素进行综合考虑。

比如，结合原水水质特征可以考虑水的可生化性和污染强度，并以此选择相应的处理方法和工艺流程。除去一般概念指代的内容，这里所说的污染强度更多的是反映有毒有害污染物的污染强度。可生化性低且污染强度高的原水，可选用前置分离＋化学降解的处理框架；可生化性高且污染强度高的，选用前置分离＋厌氧消化＋好氧生化；可生化性低、污染强度低的，选择物理化学降解或分离；可生化性高、污染强度低的，选择生态治理、湿地处理等方式。

这些属于粗线条的框架选择，进一步应该考虑更具体的内容，如效率、成本、碳排放、稳定性、安全性等。

一、处理效率

水处理系统无论其原理是分离还是转化，其处理效率、效能通常都以单位时间处理达标的水量来衡量。水处理效率可以从理论推测和实际单位规模验证等方面进行对比和评价。由于水处理存在规模效应，可以规定一定处理流量为标准对照评价流量，比如 $1m^3/h$ 等，对比待测工艺或技术方法对该标准水样（或实际污水样）的处理效率，具体对比指标是典型污染物单位时间去除率、综合污染指数改善率等。在此基础上，推演更大规模和实际规模的处理效能。

水处理的时间分布通常指的是水处理过程中各个阶段或单元操作的时间安排和持续时间。这个概念可以应用于水处理项目的设计和规划阶段，也涉及水处理厂的日常运行。不同的水处理流程、水处理单元操作在稳定有效运行中所消耗的时间差别较大。比如，生物降解过程可能需要数小时到数天的时间来将有机物质分解为无机物，而化学沉淀法则可能只需要较短的时间就能去除水中的重金属或其他污染物。这种差别一方面决定了处理设备、设施有效容积的大小，提供了改善水处理流程设计的着眼点；另一方面提供了监控节点的选择机会，可在时间分布较长的单元操作中设定监控点。

在处理效果（出水水质）既定的前提下，水处理的时间分布成为一个重要的技术评价、对比的内容。水处理单元操作的稳定有效运行时间取决于多种因素，包括水处理技术、处理规模、水质特性、设备维护、操作管理等。比如，不同的水处理技术（如沉淀、过滤、反渗透等）有不同的运行周期；大规模的水处理厂可能需要更长的运行时间来处理大量的水，而小型或分散式水处理系统可能运行时间较短；能耗和成本也是决定水处理单元运行时间的因素，要在处理效果和经济性之间找到平衡；环境温度、季节变化等会影响水处理单元的运行效率和时间等。因此，水处理单元操作的稳定有效运行时间需要根据具体情况进行评估，并采取适当的措施来优化运行效率和处理效果。

水处理流程及单元操作的时间控制和时间分布经常考虑的内容如下。

（1）设计阶段

在设计水处理厂时，应考虑不同处理单元的时间需求，以确保整个系统能够高效运行并满足水质标准。

（2）预处理

预处理步骤（如格栅、沉淀、初级过滤）通常需要较短的时间。例如，格栅或筛网用于去除大型固体物（如树枝和垃圾），通常在几分钟内完成；初级沉淀用于去除重颗粒物，可能需要几十分钟到几小时。

（3）生物处理

生物处理单元（如活性污泥法）依赖微生物降解有机物，通常需要较长的时间。如活性污泥法、生物滤池等，可能需要几个小时到 24 小时，具体时间取决于微生物降解有机物的速度。

（4）沉淀和澄清

沉淀和澄清过程需要足够的时间来确保固体颗粒沉降，这取决于颗粒的大小和密度。二次沉淀用于去除生物处理过程中产生的生物固体，通常需要几十分钟到几个小时。在前处理中有混凝操作的过程时，混凝效果会显著影响沉淀和澄清的时间。

（5）过滤

过滤过程的时间取决于过滤介质的类型、过滤速度以及需要处理的水量。如砂滤、活性炭过滤，可能需要几分钟到几十分钟；膜处理（如微滤、超滤、纳滤、反渗透）可能需要几十分钟到几小时，具体时间取决于膜的类型和处理流量。

（6）消毒

消毒过程（如氯消毒、臭氧处理或紫外线照射）通常需要较短的时间，但必须确保足够的接触时间以消灭病原体。如氯消毒的接触时间通常在 30 分钟到几小时，臭氧消毒可能只需要几分钟，而紫外线消毒通常在几秒到几分钟内完成。

（7）深度处理

如果需要进一步净化水质，如去除特定的化学物质或微量污染物，深度处理单元（如反渗透、纳滤或离子交换）可能需要额外的时间。如离子交换用于去除特定的离子，可能需要几个小时。

（8）污泥处理

污泥处理（包括浓缩、消化、脱水）也需要考虑在水处理的时间分布内，因为它们是水处理过程中不可或缺的一部分。例如，污泥浓缩可能需要几个小时；厌氧消化可能需要几天到几周；脱水如使用压滤机，可能需要几十分钟到几个小时。

（9）峰值流量

在设计水处理厂时，需要考虑峰值流量，即在用水高峰期水处理厂必须能够处理的最大水量。

（10）能源效率

水处理厂的能源效率也是时间分布的一个考虑因素，因为某些处理单元在夜间或非高峰时段运行可能更为经济。

水处理流程、水处理单元操作的时间分布经常被隐含在流程设计之中。这里突出地表述出来是希望可以提供一个水处理工艺、技术甚至材料（包括药剂等）设计、改进、研发更清晰的思考维度，同时可以作为水处理技术评价和对比的一个维度。

二、经济成本

环境问题往往来源于经济发展，并成为经济发展的限制性条件之一。对环境治理技术、工艺、设备、工程的经济分析是相对困难的，至少要考虑经济成本、环境成本、资源回收及利用收益、社会福利、生态价值等多方面。在此仅就经济成本、环境成本和资源回收等作简要介绍。

经济成本大致包括：

① 建设费用，即水处理设施的单位建设费用，包括设备购置费、建筑工程费、安装工

程等费用；

② 运行费用，包括设施运行所需的水电费、材料费、维护费和维修费等，并作单位运行费用转化；

③ 占地面积，指水处理构筑物和辅助构筑物的单位占地面积。

针对处理技术和工艺基本设置，以单位处理规模核算处理设施构建成本；结合运行条件和标准评价中的运行参数，核算运行成本。

水处理成本和水质标准密切相关。根据水处理对污染物的控制水平，可以得出类似成本-收益曲线。该曲线反映将某种污染物控制到一定水平所付出的处理成本。污染物的控制水平越高，处理成本越高。因此，水环境标准（或水质要求）的提高对水处理成本产生重要影响。

水处理成本的基准因素还包括标准工业药剂、材料、设备的市场价格或基准价格，用电价格等。

结合污泥、废气或降解物转化状况以及副产物危害性，核算附属设施、附属防护措施的构建和运行成本。

三、稳定性

稳定性是指水处理工艺、设施与设备维持一定处理效率稳定运行的能力，可以用在一定的污染冲击、环境因子等变化条件下，运行效果的波动大小表示；同时考虑系统和关键设备、配件等维修、维护周期等。

参照具体环境因子，设置典型环境条件，测试水处理技术、工艺效果，完成环境因子评价。在标准水样对比评价的基础上，结合污废水及具体原水样，做进一步对比评价，以适应具体水质条件。向污水中添加一定比例的特征污染物，在既定环境条件下，对比水处理技术、设备等的处理效率的波动性；调整温度、水量等波动参数，对比水处理技术、设备等的处理效率的波动性。

对于水处理系统和关键设备、配件等的稳定性对比还可以借鉴一些发达国家的分散型污水设施与设备评估经验。除了考虑到对常规碳、氮、磷等主要污染物质的处理效率外，污水设施与设备本身的材料质量与结构安全也应重点评估。具体而言，要求外形尺寸、进出水连接、可达性及水密性为所有型号设备的必测项目；结构行为的检测则在同一系列中的最大型号设备下进行；而处理效果则在最小型号设备下获得数据，以便评估设备在最恶劣条件下的真实性能。

四、碳排放

水处理技术的碳排放评价用以评估水处理过程中产生的温室气体排放，特别是 CO_2、N_2O、CH_4 等，以了解其对气候变化的影响。水处理技术的碳排放包括直接排放和间接排放两部分，此外还应该考虑污泥处理/处置过程的碳排放。直接排放包括在污染物生物化学降解过程中产生的 CO_2、N_2O、CH_4 等气体，尽管此类 CO_2 等的生成和释放属于生物源，根据政府间气候变化专门委员会（IPCC）规则在碳排放核算中被扣除，但仍然构成了大气成分中 CO_2 的增长。间接排放，包括水处理涉及的电耗和药剂等在生产、运输和储存等过程中产生的碳排放。其中碳排放评价时应着重考虑的内容如下。

（1）能源消耗

能源消耗是水处理过程中碳排放的主要来源。水处理过程中的能耗主要包括泵送、搅拌、曝气、过滤、反渗透、蒸馏等环节。

（2）设备和材料

考虑水处理设备和材料的制造、运输和安装、维护和维修、更换等过程中的碳排放。

（3）化学添加剂

评估在水处理过程中使用的化学添加剂（如混凝剂、消毒剂、氧化剂等）的生产和运输过程中的碳排放。

（4）污泥处理

水处理过程中产生大量的污泥，尤其是污水处理。剩余污泥或底泥中含有大量有机物和微生物，处理过程包括脱水、过滤、生物处理、填埋等。污泥处理和处置过程会产生碳排放，需要进行评估。如剩余污泥处理中采用厌氧消化、生物堆肥、土地利用等方式，将不同程度地产生 CO_2、N_2O、CH_4 等温室气体。

（5）碳足迹计算

碳足迹（carbon footprint）是指个人、组织、事件或产品在其整个生命周期中直接或间接产生的温室气体（CO_2 以及折算成 CO_2）排放总量，用来衡量其对全球气候变化的贡献。准确计算水处理技术的碳足迹有助于提高水处理行业的可持续性，识别减排机会，制定减排策略，合理甄别水处理技术可行性，推动水处理技术向低碳—碳中和的方向发展。应针对水处理技术的具体构成，计算水处理技术每单位产出（如每立方米水处理）的碳足迹。水处理技术的碳足迹计算涉及水处理过程中产生的温室气体排放，主要是二氧化碳（CO_2），以及甲烷（CH_4）和氧化亚氮（N_2O）等。

根据上述内容，拟定效能、成本（环境成本或防护成本）、稳定性等方面对比要素，分类或加权计算总体技术、工艺评价，确定评价结果。据此做出对水处理技术、设备等的筛选。

这里提出的评价和对比方法，即使在系统性和实效性等方面都不一定完善，但仍然可以概括出技术、方法中的核心要件特征，或有助于解读和选择水处理技术，希望可以起到抛砖引玉的作用。

第三节　水处理技术展望

"精准医疗"本身是个医学概念，但在水处理技术等其他领域，也可以借鉴精准医疗的理念和方法，实现更加精准、高效的水处理。"精准医疗"式的水处理技术，通过对水质的实时监测和分析，根据不同的水质情况选择最适合的水处理工艺和药剂，实现精准水处理，提高水处理的效果和效率，保障水质安全。

一、"精准医疗"的水处理技术

精准医疗是一种基于个体基因、环境和生活方式等信息的医疗模式，旨在通过更准确的诊断、更有针对性的治疗和预防措施，提高治疗效果和患者的生活质量。其核心是利用现代技术手段，对个体的这些信息进行全面的分析和评估，从而制定出更加个性化的医疗方案。

"精准医疗"水处理技术的关键主要包括：①水质监测与分析技术；②个性化处理工艺设计；③智能控制系统。

1. 水质监测与分析技术

高精度检测设备："精准医疗"的水处理需要先进的水质监测设备，能够精确、及时（实时）检测水中各种污染物的浓度、种类以及微生物的存在情况等。例如，利用高灵敏度的光谱分析仪可以检测出水中微量的重金属离子；采用先进的生物传感器能够快速准确地检测出水中的细菌、病毒等微生物。这些高精度的检测设备为后续的精准处理提供了数据支持。

实时监测系统：建立实时在线的水质监测系统，以便随时掌握水质的动态变化。通过传感器网络将监测数据实时传输到控制中心，能够及时发现水质异常情况，并为处理工艺的调整提供依据。

数据分析与处理：对大量的水质监测数据进行分析和处理，挖掘数据中的潜在信息和规律。利用大数据分析技术和人工智能算法，可以对水质数据进行深度分析，预测水质的变化趋势，为水处理工艺的优化提供决策支持。

2. 个性化处理工艺设计

针对不同水源和水质的定制化处理：不同地区的水源水质存在差异，不同企业产生的污水成分也各不相同，因此需要根据具体的水源和水质情况设计个性化的处理工艺。例如，对于含有放射性物质的医疗污水，需要采用特殊的处理工艺去除放射性污染物；对于含有高浓度有机物的污水，可能需要采用生物处理与化学处理相结合的工艺。

精准投药与剂量控制：在水处理过程中，药剂的投加量需要根据水质情况进行精准控制。通过自动化的投药系统和精确的计量设备，能够根据实时监测的水质数据自动调整药剂的投加量，避免药剂的浪费和过量投加对水质造成的二次污染。例如，在使用消毒剂对医疗污水进行消毒时，根据污水中的病原体浓度和种类，精确控制消毒剂的投加量，以确保消毒效果的同时降低消毒副产物的产生。又比如，中国华北某污水处理厂通过自动反馈投药系统代替手工控制投药降低药剂消耗 $30\%\sim50\%$。

多工艺协同处理：综合运用多种水处理工艺，发挥不同工艺的优势，实现协同处理。例如，将物理过滤、生物处理、膜分离技术等相结合，对污水进行深度处理，去除水中的各种污染物。膜分离技术可以有效去除水中的微小颗粒和大分子有机物，生物处理可以降解水中的可生物降解有机物，物理过滤则可以去除水中的大颗粒杂质，通过多种工艺的协同作用，提高水处理的效果和效率。

3. 智能控制系统

自动化控制：建立自动化的水处理控制系统，实现对处理过程的精确控制和无人值守运行。通过可编程逻辑控制器（PLC）和分布式控制系统（DCS）等自动化控制设备，对水处理设备的运行参数进行实时监测和调整，确保处理过程的稳定性和可靠性。例如，在污水处理厂中，通过自动化控制系统可以实现对曝气设备、加药设备、污泥处理设备等的自动控制，提高生产效率和处理效果，同时还可能节约运行成本。

智能优化算法：采用智能优化算法对水处理工艺进行优化，提高处理效率和降低运行成本。例如，利用遗传算法、粒子群算法等优化算法，对水处理工艺的参数进行优化，寻找最佳的运行参数组合，使水处理系统在满足水质要求的前提下，实现能耗最小化和运行成本最低化。

远程监控与管理：借助物联网技术，实现对水处理系统的远程监控和管理。通过互联网将水处理设备与监控中心连接起来，管理人员可以在远程实时查看设备的运行状态、水质数据等信息，并对设备进行远程控制和管理。这不仅方便了设备的维护和管理，还提高了水处理系统的应急响应能力。

二、"精准医疗"水处理技术与当代科技的结合

"精准医疗"水处理技术的发展和成熟依赖于准确、实时的水质监测与分析技术，精致的工艺设计，及时、稳定的智能控制系统等；或许现在仍受限于较高的成本和可靠的仪器软硬件系统，受限于管理和认识水平的不足。结合人工智能（AI）技术、机器学习、大数据等当代科技的发展，将有力地推动对水质－功能及其达成方面的认知和水质改善方面的研究、应用和实践，推动水污染控制更好地发展。

水处理技术与人工智能、机器学习、大数据的结合是当前水处理领域的重要发展趋势。

1. 水质监测与预测

（1）数据采集与整合

通过在水处理系统的各个环节设置大量的传感器，如水质传感器、流量传感器、压力传感器等，实时采集包括水温、pH值、溶解氧、浊度、化学需氧量等在内的多种水质参数数据，以及设备运行状态数据等。然后借助大数据技术对这些海量、多源、异构的数据进行整合、存储和管理，为后续的分析处理提供基础。

（2）智能监测与预警

利用机器学习算法，如决策树、支持向量机、神经网络等，对采集到的水质数据进行深度分析，建立水质监测模型，能够实时监测水质的变化情况，及时发现水质异常，并准确地发出预警信息。例如，通过对历史水质数据和实时数据的学习和分析，模型可以识别出不同季节、不同时段水质变化的规律和趋势。当出现水质恶化趋势或某项水质参数超出正常范围时，系统会自动发出预警，提醒相关人员及时采取措施，防止和控制水污染事件的发生。

（3）水质预测

基于大数据和机器学习算法，还可以构建水质预测模型，对未来一段时间内的水质变化进行预测。通过分析历史水质数据与气象数据、水文数据等外部因素之间的相关性，模型可以预测出水质的变化趋势，为水处理厂的运行管理提供决策支持，提前调整水处理工艺和参数，优化药剂投加量等，以确保出水水质稳定达标。

2. 水处理工艺优化

（1）工艺参数优化

机器学习算法可以对水处理工艺的运行参数进行优化。通过对大量历史运行数据和实验数据的学习和分析，建立起水处理工艺参数与出水水质之间的映射关系模型，然后根据实时水质监测数据和进水水质情况，自动调整和优化工艺参数，如混凝剂投加量、曝气时间、过滤速度等，以提高水处理效率和效果，降低处理成本。

（2）新工艺研发与评估

借助人工智能和大数据技术，可以对新型水处理工艺进行虚拟建模和仿真模拟，快速评估其可行性和性能表现。通过对模拟结果的分析和优化，缩短新工艺从实验室到实际应用的周期，降低研发成本和风险。同时，还可以利用大数据分析不同地区、不同水质条件下各种水处理工艺的应用效果，为新工艺的推广和应用提供参考依据。

3. 设备故障诊断与维护

（1）故障诊断

基于机器学习的故障诊断模型可以对水处理设备的运行数据进行实时监测和分析，自动

识别设备的故障特征和潜在故障隐患，提高故障诊断的准确性和及时性。例如，通过对水泵、风机、阀门等设备的振动数据、温度数据、电流数据等进行分析，模型可以提前发现设备的异常运行状态，诊断出故障类型和故障位置，为设备的维修和保养提供指导，减少设备停机时间和维修成本。

（2）维护计划优化

利用大数据分析设备的历史故障数据、运行时间、维护记录等信息，可以制定出更加科学合理的设备维护计划。根据设备的实际运行状况和故障风险评估结果，合理安排预防性维护和定期检修的时间和内容，实现设备维护的精准化和智能化，延长设备的使用寿命，提高设备的可靠性和稳定性。

4. 水资源管理与调度

（1）水资源评估与规划

大数据技术可以对水资源的分布情况、利用情况、水质状况等进行全面的评估和分析，为水资源的合理规划和管理提供科学依据。通过整合气象数据、水文数据、用水数据等多源数据，建立水资源模型，预测水资源的变化趋势和供需平衡情况，制定出科学合理的水资源开发、利用和保护规划，实现水资源的可持续利用。

（2）智能调度与分配

结合人工智能和机器学习算法，对水处理厂、供水系统、污水处理系统等进行智能调度和优化分配。根据实时的用水需求、水质状况和设备运行情况，自动调整水处理厂的运行负荷和供水流量，优化污水收集和处理的路径和方式，提高水资源的利用效率，降低能源消耗和运行成本。

5. 智慧水务管理平台

（1）一体化管理

通过构建智慧水务管理平台，将水处理系统中的各个环节，包括水源地、水处理厂、供水管网、污水管网、污水处理厂等进行有机整合，实现对整个水务系统的一体化管理和监控。利用人工智能技术和大数据分析，对水务系统的运行状态、水质变化、设备故障等信息进行实时展示和分析，为水务管理人员提供全面、直观的决策支持，提高水务管理的效率和水平。

（2）远程监控与操作

借助互联网技术和远程通信技术，智慧水务管理平台可以实现对水处理设备的远程监控和操作。管理人员可以通过手机、电脑等终端设备随时随地查看设备运行状态、水质数据等信息，并对设备进行远程控制和参数调整，实现水务管理的智能化和便捷化。

三、"精准医疗"水处理技术前景

1. 精准、快速、低成本的水处理技术

对于解决水处理技术繁多、投资大、试错成本高、外延复杂等问题，"精准医疗"水处理技术体现了突出的魅力。通过精准、及时的水质监测与分析技术、个性化处理工艺设计和智能控制系统，形成精准、快速、低成本的水处理技术。

2. 技术不断创新和发展

新型材料的应用：研发和应用新型的水处理材料，如高效吸附材料、新型膜材料等，将提高水处理的效果和效率。例如，新型的纳米材料具有强大的吸附能力和催化性能，可以有

效地去除水中的污染物；新型的膜材料具有更高的分离精度和抗污染性能，能够延长膜的使用寿命。

生物技术的发展：生物技术在水处理领域的应用将不断深入。例如，利用基因工程技术培育出具有特殊功能的微生物，能够高效地降解水中的难降解有机物；利用生物传感器技术实时监测水中的生物污染物，为水处理工艺的调整提供依据。

智能化技术的融合：随着人工智能、物联网等智能化技术的不断发展，其与水处理技术的融合将越来越紧密。未来的水处理系统将具备更强的智能感知、智能决策和智能控制能力，实现水处理过程的自动化、智能化和高效化。

3. 市场需求持续增长

随着环保政策的不断加强，对水处理的要求也越来越严格，必须加强污水处理，达到国家的排放标准。当前企业、医疗、生活等来源的污废水构成重要的污染源，且水质差异明显。从处理效果、运营成本和环境效益等多方面考虑，每一种水质都有最适合自身水质特点的水处理技术。这种状况构成对"精准医疗"式的水处理技术的巨大需求。这将推动"精准医疗"的水处理技术在医疗领域的广泛应用，市场需求将不断增长，前景广阔。

"精准医疗"的水处理技术和第三章中提到的利用物质流、能量流和信息流整合水处理技术的理念相呼应，把水处理技术发展过程归纳为以主要污染物流量和流向为主线的污染物控制系统。"精准医疗"的水处理技术更加突出水处理中信息流的作用。在此基础上，国家提出的"双碳"目标对水处理行业提出低碳化要求，"精准医疗"式的水处理目标体系和优化措施应作出相应的调整。结合人工智能（AI）技术、机器学习、大数据等技术开发及应用，水处理技术通过对信息流的精准掌控，主导物质流、能量流充分发挥作用，以污染物控制（水质改善）有效性、成本经济性和低碳-碳中和构成目标体系，针对性地解决水污染和水质改善过程中遇到的问题，必将成为水污染控制、水资源合理利用等的重要工具。

→ 参考文献

［1］ 汤鸿霄. 用水废水化学基础[M]. 北京:中国建筑工业出版社,1979.

［2］ 王子健. 饮用水安全评价[M]. 北京:化学工业出版社,2008.

［3］ 汤鸿霄. 无机高分子絮凝理论与絮凝剂[M]. 北京:中国建筑工业出版社,2006.

［4］ 刘海龙. 饮用水水质特征及其达成[M]. 北京:光明日报出版社,2016.

［5］ 刘海龙,赵华章,杨迪,等. 水质功能及其达成[M]. 北京:中国环境出版集团,2022.

［6］ Е•Л• 巴宾科夫. 论水的混凝[M]. 郭连起,译. 北京:中国建筑工业出版社,1982.

［7］ 何志谦. 人类营养学[M]. 北京:人民卫生出版社,1988.

［8］ 黄海明,傅忠,肖贤明,等. 氨氮废水处理技术效费分析及研究应用进展[J]. 化工进展,2009, 28(9):1642-1647.

［9］ 齐嵘,周文理,郭雪松,等. 我国农村分散型污水处理设施与设备性能评估体系的建立[J]. 环境工程学报,2020,14(9):2310-2317.

[10] 史世强,王培京,胡明,等. 基于层次分析-灰色评价法的北京市农村污水处理技术评估[J]. 环境科学学报,2022,42(5):13-21.

[11] 汤鸿霄. 环境纳米污染物与微界面水质过程[J]. 环境科学学报,2003,23(2):146-155.

[12] 许保玖,安鼎年. 给水处理理论与设计[M]. 北京:中国建筑工业出版社,1992.

[13] 王占生,刘文君. 微污染水源饮用水处理[M]. 北京:中国建筑工业出版社,1999.

[14] 中国城镇供水协会. 城市供水行业2010年技术进步发展规划及2020年远景目标[M]. 北京:中国建筑工业出版社,2005.

[15] Criquet J, Allard S, Salhi E, et al. Iodate and iodo-trihalomethane formation during chlorination of iodide-containing Waters:role of bromide[J]. Environ. Sci. Technol. 2012, 46: 7350-7357.

[16] Ray C, Jain R. Drinking water treatment:Focusing on appropriate technology and sustainability[M]. Berlin:Springer, 2011.

[17] Ingram C. The drinking water book[M]. Berkeley:Celestial Arts, 2006.

[18] Pontius F W. Water quality and treatment[M]. 4 th ed. The American Water Work Association. Inc. 1990.

[19] Pandey N, Gusain R, Suthar S. Exploring the efficacy of powered guar gum(Cyamopsis tetragonoloba)seeds, duckweed(Spirodela polyrhiza), and Indian plum (Ziziphus mauritiana) leaves in urban wastewater treatment [J]. Journal of Cleaner Production, 2020, 264, 121680.